U0949087

浙江省高等教育重点建设教材

Visual Basic 6.0 程序设计

张　健／主　编
陆亿红／副主编

ZHEJIANG UNIVERSITY PRESS
浙江大学出版社

总　　序

姒健敏

随着高等教育大众化，成人高等教育面临的形势和任务也发生了很大的变化，成人高等教育日益呈现出新发展趋势：教育对象大众化；教育内容职业化；教育体系一体化；教育方式多样化；办学主体社会化。这些发展趋势，对成人高等教育的教学内容、教学方法、管理体制提出一系列改革与创新的要求，而教材改革则是其中最为迫切的改革要求。

经过细致的调查和分析，我们认为成人高等教育的教材，既要保证成人高等教育的规格，又要体现社会对成人高校的要求，才能适应已经变化和飞速发展的成人教育实际：首先，教材内容上，必须以实用性、应用性为主，以区别于普通高校教材侧重理论的特点。成人高等教育的培养目标已逐步转为广大在职者的学历补偿教育，职前职后的培训教育，因此，成人高等教育教材的理论深度，内容的难易程度要适中，同时偏向应用性、实用性。其次，在教材内容安排上，要分单元、分层次，充分考虑成人的学习特点，使教材内容前后连贯，以便从教材内容上充分体现对学习过程的层次控制。第三，在学习效果的检测上，以学生自己测试为主，将传统一次性考试变为对单元，学习时段的多层次考试。因此，材料要根据不同课时和单元配备习题成测试，以突出学生自己检测学习效果的特点。

按照上述思想，我们聘请一线专家和经验丰富的学科带头人精心编写了这套成人高等教育教材。相信这套精心策划、认真编写出版的系列教材会得到广大院校的认可。

2006年12月

姒健敏　浙江大学副校长，教授、博导。

前　言

本书的目的在于介绍 Visual Basic 的基础和技术。它是 Miccroft 公司推出的高级程序设计语言，是比较容易学习和掌握的一种应用系统的开发工具，它不仅是 Visual Basic 编程语言，Visual Basic 编程系统、Microsoft Excel 的 Applications Edition、Microsoft Access 和 Windows 的许多其他应用程序都使用这一语言。Visual Basic Scripting Edition(VBScript)是广泛使用的脚本语言，它是 Visual Basic 语言的子集。这样，学习 Visual Basic 就为更深入的学习作好了技术的准备。

本书编写充分考虑到成人教育的特殊性。在教材体系上重视理论结合实际，以便于读者低起点、高效率地掌握 Visual Basic 编程语言；在内容组织上把常用控件和程序的逻辑结构相结合，在编排上尽量体现各章节的关联和系统性；在文字叙述上力求条理清晰，概念准确。

为便于学生更好地学习和理解 Visual Basic 语言，使用案例驱动的方法，通过实例引入概念，例题中加入了部分代码注释。书中例题都是精选的，习题难易适中、覆盖面广，对较难的题提供提示以帮助学生解答。例题和习题强调了编程能力训练的重要性。

本书共分为十一章，第一章、第六章和第七章由浙江工业大学软件学院的张健老师编写，第二章、第三章、第四章、第五章和第十一章由浙江工业大学软件学院的陆亿红老师编写，第八章、第九章和第十章由浙江工业大学之江学院的赵剑锋老师编写。全书由张健统稿，并担任主编，陆亿红担任副主编。在本书编写过程中，得到了浙江工业大学胡同森教授和浙江大学出版社的大力支持，在此表示衷心感谢。

本书可以作为各类大专院校、各类培训与等级考试的教学用书，也可以作为 Visual Basic 程序设计爱好者自学用书。相信通过本书的学习，能为你打下 Visual Basic 程序设计坚实的基础。

因编者水平所限，书中难免存在疏漏之处，恳请广大读者提出宝贵意见。

编　者

2007 年 6 月

前　言

目 录

第 1 章

Visual Basic 6.0 概述

本章简要地介绍了 Visual Basic 6.0 的特点及其安装，阐述了 Visual Basic 的基本概念，窗体对象的常用属性、事件和方法，并通过一个简单的实例说明了 Visual Basic 应用程序中用户界面设计、编写代码、运行程序、保存程序等操作方法。

1.1 Visual Basic 简介

1.1.1 什么是 Visual Basic

Visual Basic(简称 VB)是使用 Basic 语言进行可视化程序设计的开发环境。“Visual”是指用于创建应用程序和用户之间的图形用户界面(GUI)方法。在图形用户界面下，不需要编写代码去描述用户程序的界面，只要把对象拖放到屏幕的适当位置，再进行简单的属性设置就可以了。“Basic”是指 Basic 高级程序设计语言。Visual Basic 在原有 Basic 语言的基础上进一步发展，沿用了传统 Basic 语言中的一些语法，功能得到大大加强，至少包含了数百条语句、函数及关键词，其中很多和 Windows GUI 有直接关系。

Visual Basic 提供了一套基于 Windows 平台的可视化编程环境，程序开发人员可以非常方便地建立应用程序的用户界面，它继承了传统 Basic 语言简单、易学、易用的特点，又采用了面向对象和事件驱动的编程机制。Visual Basic 是一种容易学习和掌握的可视化程序设计开发工具，初学者可以很快学会建立简单的应用程序。它还具有强大的数据库访问能力，可以利用多种方法连接现有的数据库，并被作为数据库应用程序的前台开发工具。

1.1.2 Visual Basic 的发展过程

1991 年，为了简化 Windows 应用程序的开发，微软公司推出了 Visual Basic 1.0，加入了事件驱动模型和可视化开发方法，它极大地改变了人们对 Windows 的看法以及使用 Windows 的方式。

VB 是 Microsoft 公司为开发 Windows 应用程序而提供的强有力的开发环境和工具，是具有很好的图形用户界面(Graphic User Interface，简写为 GUI)的程序设计语言。Visual Basic 应用程序的开发以对象为基础，并运用事件驱动机制实现对 Windows 操作系统的事件响应。Visual Basic 提供了大量控件，可用于设计界面和实现各种功能，用户可以通过拖放等操作完成界面设计，不仅大大减轻了工作量、简化了界面设计过程，而且有效地提高了应用程序的开发效率与可靠性。

Visual Basic 提供了各种常用功能，如界面设计、计算与绘图、网络通信、数据访问和Internet 访问等。使用 Visual Basic 不仅可以感受到 Windows 带来的新技术、新概念和新的开发方法，还可以感受到 Visual Basic 是众多 Windows 软件开发工具中效率最高的一个，是开发 Windows 应用程序的理想工具。

在随后的几年中，Visual Basic 几经修改完善，版本不断升级，于 1998 年推出了 Visual Basic 6.0。Visual Basic 6.0 已经是一款非常成熟和稳定的开发系统，微软把 Visual Basic 6.0 作为 Visual Studio 的组件发布，在 Visual Basic 6.0 中微软加入了 ADO 数据访问模型，使大数据量被快速访问成为可能，提高了 Visual Basic 对 n 层结构的分布式应用程序的开发能力，同时微软也为 Visual Basic 加入了开发 Web 应用程序的能力。2002 年 Visual Basic.Net 诞生了，这是 Visual Basic 的又一次革命，VB.Net 新增了许多功能，实现了 Visual Basic 6.0 不能实现的继承机制，VB.Net 还支持多线程。

1.2 Visual Basic 6.0 的安装与启动

1.2.1 Visual Basic 6.0 的系统要求

目前使用的微机配置一般都能满足 Visual Basic 6.0 的要求，为了能很好地运行集成环境，安装 Visual Basic 6.0 的计算机需满足以下配置：

- CPU 为 586 或更高的微处理器。
- 需要 16MB 以上内存。
- 硬盘空间要在 140MB 以上。
- 系统已经安装了 Windows 95/98/2000/2003/XP 或 Windows NT 3.51/4.0。

VB6.0 有三种版本，即标准版、专业版和企业版。三个版本针对不同的用户，对于初学者来讲，首选标准版。标准版不要求具有编程经验，这个版本是为学生、业余爱好者和别的任何想更多地了解基于 Windows 的应用程序是如何开发的人而设计的。专业版是为需要创建客户/服务器应用程序或能访问 Internet 的应用程序的个体专业人员或公司开发人员设计的。企业版是为欲创建分布式、高性能的客户/服务器应用程序或 Internet 及 Intranet 上的应用程序的开发组设计的。

除了安装系统本身以外，如果要安装 VB6.0 的帮助系统 MSDN，还需要 70M 以上的空间。最近微软件公司开通了 MSDN 的中文网站，读者可自行去该网站下载你所需要的帮助文件，网址如下：http://www.microsoft.com/china/msdn/vstudio/default.aspx。

1.2.2 Visual Basic 6.0 的安装

VB6.0 系统可能被存放在一张 CD 盘上，也可能在 Visual Studio(Visual C++、Visual FoxPro、Visual J++、Visual InterDev)产品的第一张 CD 盘上。一般通过执行 VB 自动安装程序进行安装，也可以通过执行 VB6.0 子目录下的 Setup.exe，在安装程序的提示下进行安装。

建议初学者采用“典型安装”方式。与以前 VB 版本不同的是，VB6.0 联机帮助文件都使用 MSDN(Microsoft Developer Network Library)文档的帮助方式。MSDN 文档与 VB6.0 系统不在同一张 CD 盘上，而“Visual Studio”产品的帮助资料集合在两张 CD 盘上，在安装过程中，系统会提示插入 MSDN 盘。

1.2.3　Visual Basic 6.0 的启动

安装 VB6.0 后，在“开始”菜单的“程序”组中将多出一个“Microsoft Visual Basic 6.0 中文版”菜单选项，这时就可以启动 VB6.0 了，步骤如下：

(1) 单击 Windows 任务栏的“开始”按钮，从“程序”组中选择其中的“Microsoft Visual Basic 6.0 中文版”启动 VB 后，显示如图 1-1 所示的“新建工程”窗口，提示用户选择应用程序类型。

图 1-1　“新建工程”窗口

(2) 在“新建”标签中选择“标准 EXE”，VB 显示集成开发环境主窗口，如图 1-2 所示。

在集成开发环境中集中了许多不同的功能，如程序设计、编辑、编译和调试等，所有的任务正是在这一环境中完成的。

1.3　编制 Visual Basic 应用程序的基本步骤

启动 VB 后，建立一个应用程序的三个基本步骤依次为：界面设计、过程设计、调试运行。下面通过一个求解一元二次方程实根的具体实例加以说明，使读者建立对这一过程的感性认识，并会用其他实例模仿这一过程。本节中所涉及的“工程”、“控件”、“属性”等一些 VB 中的术语，将在 1.5 节中介绍。

1.3.1 界面设计

(1) 添加控件

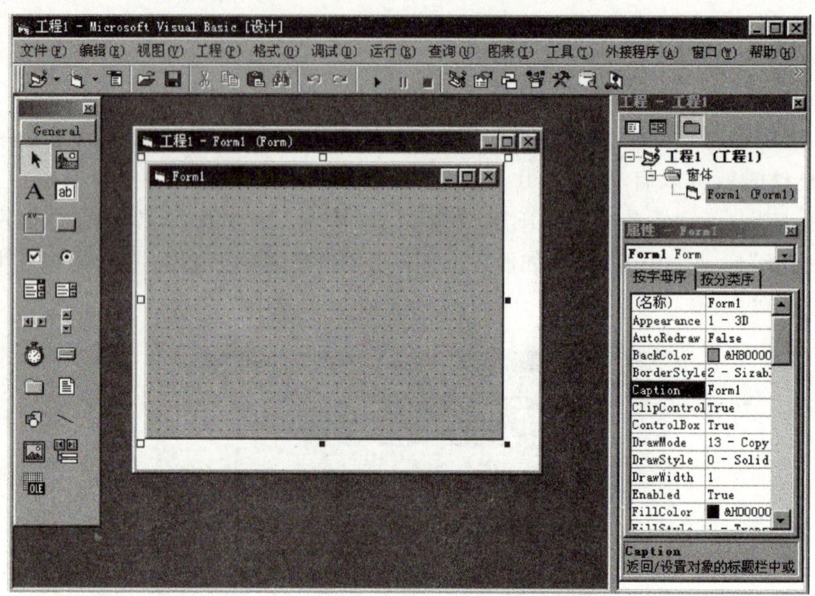

图 1-2 集成开发环境主窗口

在图 1-2 窗口左边的工具箱中，选中 A (标签控件 Label)，在窗体上用鼠标拖动，画出这一控件。用同样的方法画出其他三个标签、四个文本框(TextBox，在工具箱中图标为 abl)和两个命令按钮(CommandButton，在工具箱中图标为)。在窗体 Form1 上绘出了程序所需的控件时，若同类型的控件序号将依次自动增加。添加控件后的程序界面如图 1-3 所示。

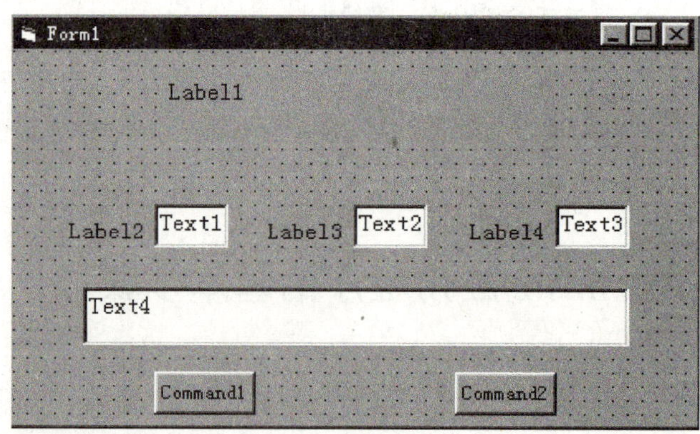

图 1-3 示例界面设计之一

向窗体中添加控件的方法：

单击工具箱中的控件图标，鼠标指针变成一个十字指针，在窗体的工作区按住鼠标左键拖动鼠标，即可在窗体上画出对应的控件。

在界面设计时，在窗体上画出控件后，控件的边框上出现 8 个蓝色小方块，这表明该控件是“活动”的，通常称为“当前控件”。用鼠标单击控件，可以使之成为当前控件。

对于选中的控件(即当前控件)，可以用两种方法进行缩放和移动：

① 直接使用鼠标拖动控件到需要的地方。利用鼠标指针对准控件的选中标志(8 个小方块)当出现双向箭头时，可以改变控件的大小(即高度和宽度)。

② 在属性窗口修改某些属性来改变控件的位置和大小。

与窗体和控件大小及位置有关的控件属性有 Left、Top、Width 及 Height。其中，(Left，Top)是窗体或控件左上角的坐标，Width 是其宽度，Height 是其高度。在属性窗口中可以找到这些属性，修改其值即可改变控件的大小和位置。

按照前面介绍的方法确定所需控件的位置、大小等属性后，可以继续设置各对象的其他属性，从而完成应用程序的界面设计。

(2) 设置属性

在 VB 中，可以通过两种方法设置对象的属性。第一种为：在设计阶段，可以在属性窗口中进行，一般采用的操作方法是**用鼠标单击选中该对象，在随后出现的该对象的属性窗口中对属性值作修改**。设置属性实际上是对原有属性的修改，对象的任何属性用户不作设置则该属性值取 VB 的缺省值(即 VB 编译系统已给定的默认值)。第二种为：在程序代码中通过赋值实现，其格式为：

对象.属性 = 属性值

下面用第一种方法设置对象的属性值：

① 设置窗体的属性

设置窗体如 Form1 的属性的方法是：单击窗体的空白区域(不是任何其他控件)，在属性窗口中找到标题属性 Caption，其缺省值为 Form1，可以将其值改为“简单示例”。

当然，窗体的其他属性也可根据程序的需要进行设置，如窗体的名称属性 Name、运行时窗体的背景颜色、边框风格、窗体的大小等。

② 设置窗体中其他控件的属性

单击选中某个控件，在该控件的属性窗口中根据需要逐一设置控件的各属性。

若选中标签控件“Label1”，将其边框风格属性(BorderStyle)改为“1 - Fixed”。然后用鼠标

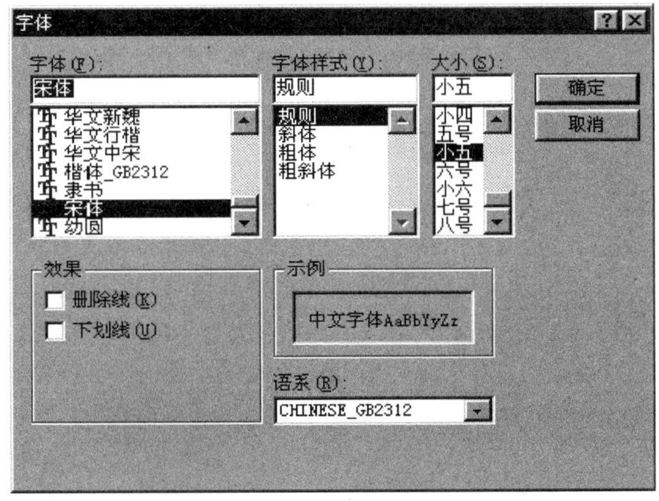

图 1-4　“字体”对话框

单击字体属性(Font)右边的"..."按钮,从弹出的"字体"对话框(如图 1-4 所示)中设置字体类型为"隶书"、字体大小为"三号"。

选中标签控件 Label2,将其 Caption 设置为"A =",AutoSize 设置为"True",设置字体大小为"二号"。用同样的方法设置标签控件 Label3、Label4。

选中文本框控件 Text1,将其 Text 属性值设置为空字符串,设置字体类型为"黑体"、字体大小为"四号"。用同样的方法设置其他文本框控件。

将两个命令按钮的标题(Caption)分别设置为"计算"和"结束"。

所有控件的其他属性均采用缺省值。属性设置后的窗体如图 1-5 所示。

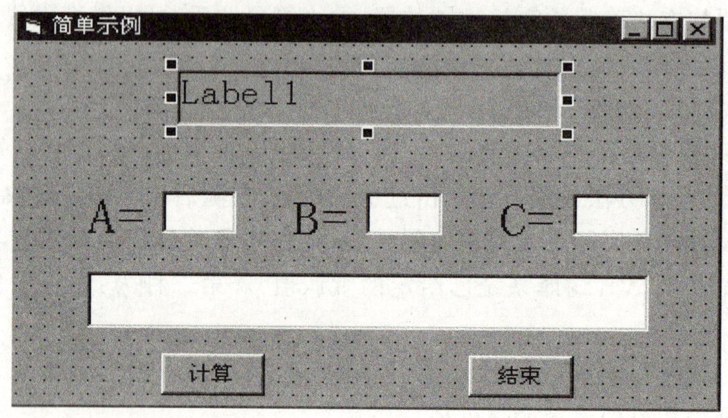

图 1-5　示例界面设计之二

1.3.2　过程设计

所谓的过程设计,也就是通常所说的代码设计,也就是说,在设计好用户界面后,要编写代码来完成整个应用程序的功能。通常,在菜单栏中"视图"各选项中选择"代码窗口",单击"对象"下拉列表框右边的箭头按钮,从中选择 Form 对象,如图 1-5 所示。

在"过程"的事件下拉列表框中选择 Load 事件,在代码窗口中输入下列代码。窗体的 Load 事件在运行中加载窗体时被自动执行,通常在该过程中动态设置一些对象的属性,作为一些原始数据的初始化部分。

```
Private Sub Form_Load()
  Label1.Caption = "解一元二次方程的根"
End Sub
```

用同样的方法,输入命令按钮 Command1 和 Command2 的单击(Click)事件过程代码:

```
Private Sub Command1_Click()
  Dim A As Single, B As Single, C As Single
  Dim X1 As Single, X2 As Single
  A = Val(Text1.Text)
  B = Val(Text2.Text)
  C = Text3.Text          'VB6.0 自动转换输入字符串为数值变量 C 赋值。
  If B * B - 4 * A * C >= 0 Then
    X1 = (-B + Sqr(B * B - 4 * A * C)) / (2 * A)
```

```
    X2 = ( - B - Sqr(B * B - 4 * A * C )) / (2 * A)
    Text4.Text = "X1 = " & Str(X1) & Space(2) & "X2 = " & Str(X2)
  Else
    Text4.Text = "方程无实根"
  End IF
End Sub
Private Sub Command2 _ Click()
  End
End Sub
```

事件过程的首尾两行“Private Sub Command1 _ Click()”、“End Sub”由系统自动给出。

在 Command1 _ Click()的事件过程中,完成了求二元一次方程的根的功能,在 Command2 _ Click()的事件过程中完成了退出应用程序的运行,回到应用程序编辑状态的功能。在事件过程中的语句,我们在以后的章节中将会陆续介绍。

程序中的逗号、引号等符号都必须是英文符号,中文标点符号只能出现在字符串中。如执行语句 Print "“走好,您哪!”",窗体上显示“走好,您哪!”。

由单引号或关键字 Rem 开始的一行文字,是程序中的注释语句,在程序运行时,注释部分不会参与编译,和代码所完成的功能无关,只是程序员为提高程序的易读性,在程序中插入适量的注释,便于自己和他人阅读,是较好的编程风格之一。

1.3.3 调试运行

单击工具栏上的“启动”按钮或按 F5 键,即运行工程。在文本框中输入一元二次方程的三个系数,用鼠标单击“计算”按钮,窗体显示如图 1-6 所示,单击“结束”按钮,则程序结束。

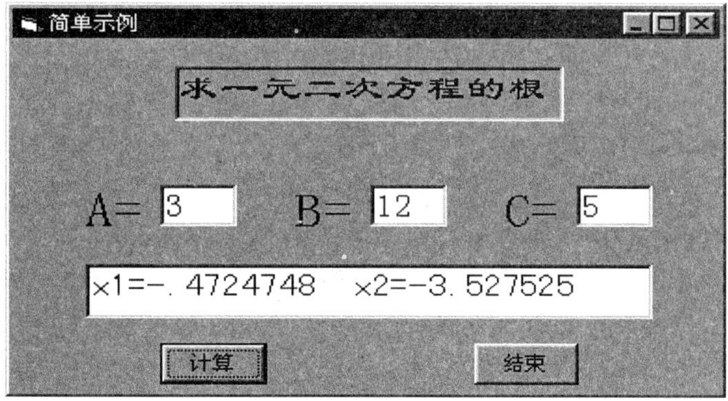

图 1-6 示例的运行结果

单击工具栏上的“结束”按钮也可结束程序运行,返回“窗体设计器”窗口。

在程序运行时,可以反复输入系数值,然后单击“计算”,得到多个方程的根。

如果应用程序的运行结果不符合设计的要求,则需要修改程序。修改程序包括修改对象的属性和代码,也可以添加新的对象和代码,或者调整控件的大小等,直到满足设计需要为止。

注意:在本例中,如果不输入系数而直接单击“计算”,则程序出错。如何限定必须先输入文本框中数据后才能单击“计算”按钮呢(即限定各控件的事件过程响应的先后顺序)? 可以将示例程序作如下修改：

(1) 界面设计，在窗体上添加命令按钮 Command3，将其 Caption 属性值设置为“开始”。

(2) 过程设计，增加、修改事件过程如下：

```
Rem 求解一元二次方程的根，每行首部的关键字 Rem 的作用是使本行作为注释行。
Private Sub Form_Load()
  Label1.Caption = "求一元二次方程的根"
  '注意：Label 控件的名称“Label1”中，最后 2 个字符依次是小写字母 L、数字 1。
  Command1.Enabled = False      '锁定“计算”按钮、不响应鼠标单击的事件。
End Sub
Private Sub Command3_Click()  '单击“开始”按钮的事件过程。
  Text1.SetFocus              '使 Text1 获得输入焦点(输入光标在文本框中闪烁)。
  Text4.Text = ""     '清空文本框 Text4，如重新开始则清除上次计算的显示结果。
  Command3.Visible = False      '设定“开始”按钮为不可见。
End Sub
Private Sub Text1_KeyPress(KeyAscii As Integer)
  '在控件 Text1 的文本框内输入回车(Ascii 码为 13)后，Text2 获得输入焦点。
  If KeyAscii = 13 Then Text2.SetFocus
End Sub
Private Sub Text2_KeyPress(KeyAscii As Integer)
  '在控件 Text2 的文本框内输入回车后，Text3 获得输入焦点。
  If KeyAscii = 13 Then Text3.SetFocus
End Sub
Private Sub Text3_KeyPress(KeyAscii As Integer)
  '在 Text3 的文本框内输入回车后，激活 Command1 按钮、可响应该控件的事件过程。
  If KeyAscii = 13 Then Command1.Enabled = True
End Sub
Private Sub Command1_Click()
  Dim a As Single, b As Single, c As Single
  Dim x1 As Single, x2 As Single
  a = Val(Text1.Text) : b = Val(Text2.Text) : c = Val(Text3.Text)
  If b * b - 4 * a * c >= 0 Then
     x1 = (-b + Sqr(b * b - 4 * a * c)) / (2 * a)
     x2 = (-b - Sqr(b * b - 4 * a * c)) / (2 * a)
     Text4.Text = "x1 =" & Str(x1) & Space(2) & "x2 =" & Str(x2)
  Else
    Text4.Text = "方程无实根"
  End If
  Text1.Text = "" : Text2.Text = "" : Text3.Text = ""
  Command1.Enabled = False        '锁定“计算”按钮为不可用。
  Command3.Visible = True         '恢复“开始”按钮为可见。
```

```
End Sub
Private Sub Command2 _ Click()
  End
End Sub
```

(3) 调试运行

程序启动后,加载窗体(Form1),自动触发 Load 事件,执行 Form _ Load 事件过程代码,设置 Label1 的 Caption 属性值,并将计算按钮设置为无效(不可用,灰色),如图 1-7a 所示。

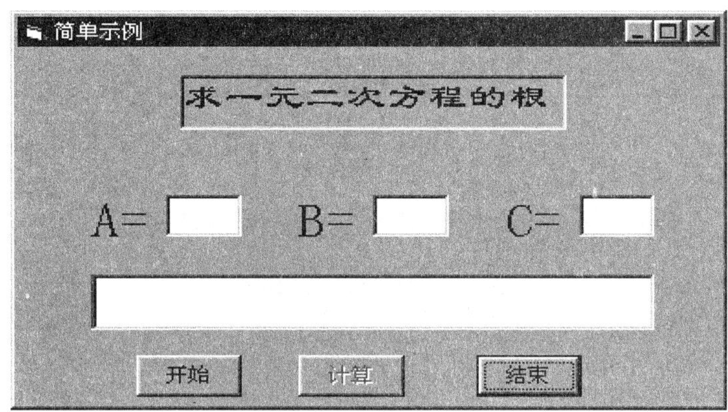

图 1-7a 示例程序修改后之运行结果一

单击开始按钮,将焦点设置到文本框 Text1(在 Text1 上有一闪动的光标,可以直接输入二次项系数),此时开始按钮被设置为不可见,如图 1-7b 所示。

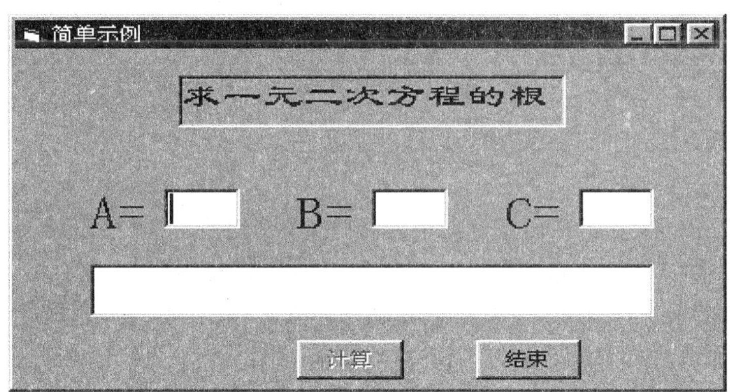

图 1-7b 示例程序修改后之运行结果二

在文本框 Text1 中输入二次项系数,按回车键,触发 Text1 _ KeyPress 事件,将焦点设置到 Text2;输入一次项系数,按回车键,触发 Text2 _ KeyPress 事件,将焦点设置到文本框 Text3;输入常数项系数后,触发 Text3 _ KeyPress 事件,将计算按钮设置为有效。此时,用户界面如图 1-7c 所示。

单击计算按钮,则 Text4 显示计算结果、其他文本框被清空,“计算”按钮再次设置为无效,“开始”按钮恢复为可见,如图 1-7d 所示。如此可以反复输入系数值,多次计算不同的方程。

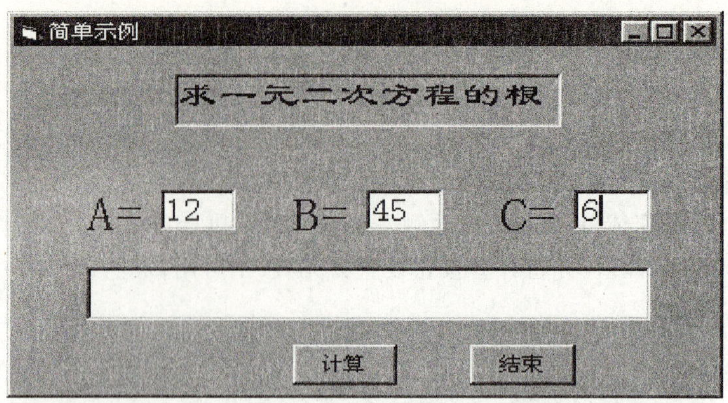

图 1-7c 示例程序修改后之运行结果三

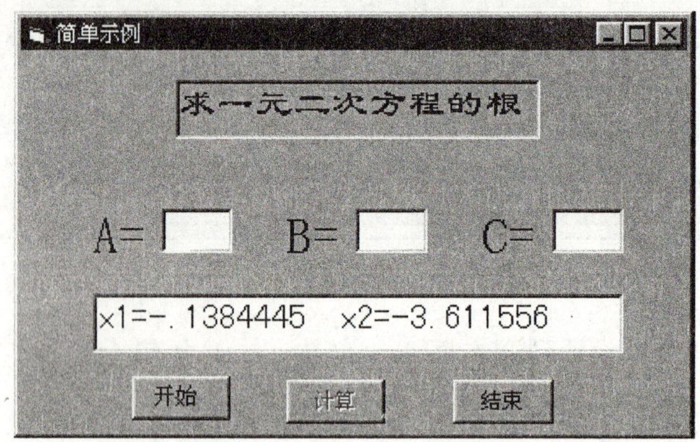

图 1-7d 示例程序修改后之运行结果四

1.3.4 保存和退出 VB 应用程序

在退出 VB 之前，需要保存设计好的应用程序，即将程序以文件的形式保存到磁盘上，在 VB 中称为保存工程。一般是先将程序写入磁盘，然后再调试程序；当然，也可先对程序进行调试和运行，再写入磁盘。注意，为了避免由于意外造成程序的丢失，在程序调试前应先保存应用程序到本地磁盘上。

(1) 保存工程

常用下面两种方法保存工程：

① 单击“文件”菜单中的“保存工程”或“工程另存为”。

② 单击工具栏上的“保存工程”按钮。

如果要保存从未保存过的新建工程，则系统打开“文件另存为”对话框，如图 1-8 所示。

由于一个工程含有多种文件，如工程文件和窗体文件，这些文件集合在一起才能构成应用程序。因此，建议用户在保存工程时，将同一工程所有类型的文件都存放在同一文件夹中，以便日后修改和管理程序文件。在“文件另存为”对话框中可以选择文件夹或选中图标按钮创建新文件夹。

保存工程时，窗体文件和工程文件等需要分别保存。系统会要求用户输入文件名、选择文

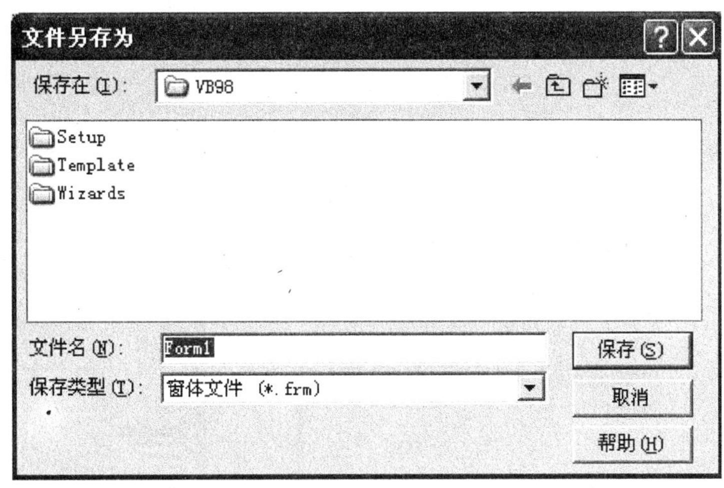

图 1-8　“文件另存为”对话框

件的保存类型。窗体文件的保存类型为“窗体文件(*.frm)”，默认窗体文件名为“Form1”，窗体文件存盘后系统自动弹出“工程另存为”对话框，工程文件的保存类型为“工程文件(*.vbp)”，默认工程文件名为“工程 1.vbp”。

如果想保存磁盘上已有但修改过的工程文件，直接单击工具栏上的“保存工程”按钮或“文件”菜单中的“保存工程”。此时，系统不会弹出“工程另存为”对话框。因此，若要将已经存在的工程保存到其他文件夹中或用其他文件名保存，则需要选择“工程另存为”菜单。

(2) 工程的编译

当完成工程的全部文件之后，可以将此工程转换成可执行文件(.exe)。

在 VB 中对程序(工程)的编译非常简单，在“文件”菜单中选择“生成工程 1.exe”。在打开的“生成工程”对话框中选择程序所保存的文件夹和文件名，然后单击“确定”按钮即可生成 Windows 中的应用程序，以后此工程即可脱离 VB 环境直接在 Windows 下运行(不要求在该系统中安装 VB)。

值得注意的是：对于一些简单的应用程序，所生成的执行文件可以直接在 Windows 下执行，但对于一些复杂的应用，它的执行还依赖于一些类和库文件(如 DLL 和 OCX 文件)。所以为了能够发布自己的程序，还需要将这些类库文件与应用程序一起打包(创建一个安装包)。

要为应用程序创建安装包，可以在 Windows 系统的“开始”菜单中选择“程序”中的“Microsoft Visual Basic 6.0 中文版”，再选择其中的“Microsoft Visual Basic 6.0 中文版工具”中的“Package & Deployment”，在“打包和展开向导”中完成。

当完成一个应用程序的设计后，如果还有其他的设计任务，则可选择“文件”菜单的“新建工程”选项。如果要退出 VB，可单击图 1-2 中 VB 窗口的“关闭”按钮，或选择“文件”菜单中的“退出”命令，VB 会自动判断用户是否修改了工程的内容，并询问用户是否保存文件或直接退出。

1.4　Visual Basic 6.0 集成开发环境

VB 提供了集成开发环境(IDE)，将应用程序的开发、测试、查错等功能集于一体，大大降低其操作复杂性，提高了开发效率。VB 集成开发环境除了具有标准 Windows 环境的标题栏、菜单栏、工具栏外，还有工具箱、工程资源管理器窗口、属性窗口、窗体设计器等组成。如下图 1-9 所示。

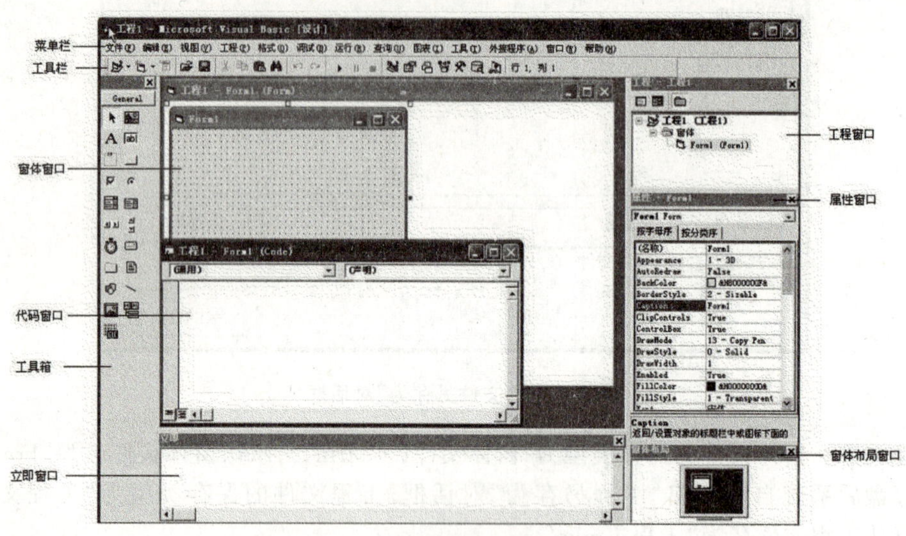

图 1-9　VB 的集成开发环境的组成

1.4.1　菜单栏

菜单栏提供开发应用程序所需的选项，包括“文件”、“编辑”、“视图”、“工程”、“格式”、“调试”、“运行”、“工具”、“外接程序”、“窗口”、“帮助”等菜单项，包含了 VB 编程的常用命令。

1.“文件”菜单项

包括用于文件操作的全部选项，如新建工程、打开工程、保存工程等。

2.“编辑”菜单项

包括正文编辑和控件编辑的操作选项。

3.“视图”菜单项

包括显示或隐藏集成开发环境中各种窗口如代码窗口、对象窗口、工程资源管理器窗口、属性窗口、工具箱、工具栏等的操作选项。

4.“工程”菜单项

包括用于多窗体程序设计的添加窗体选项、向工具箱添加控件的部件选项、用于设置某些工程属性的选项等。

5.“格式”菜单项

包括对齐窗体中控件等的选项。

6．“调试”菜单项

包括常用程序查错等选项。

7．“运行”菜单项

包括程序的启动和结束等选项。

8．“工具”菜单项

包括启动菜单编辑器等选项。

9．“外接程序”菜单项

包括 VB 外接程序及外接程序管理器等。

10．“窗口”菜单项

包括控制窗口布局的选项。

11．“帮助”菜单项

包括获取帮助信息的选项。

1.4.2　工具栏

菜单栏的下面是工具栏，工具栏提供了许多常用命令的快速访问按钮，单击某个按钮，即可执行相应的操作。主要有：

1．添加窗体

在工程中加入新窗体，在工具栏上的图标为 。

2．菜单编辑器

打开 VB 菜单编辑器，在工具栏上的图标为  。

3．打开工程

打开指定工程，在工具栏上的图标为 。

4．保存工程

保存当前工程，在工具栏上的图标为 。

5．剪切

剪切文本、控件等，在工具栏上的图标为 。

6. 复制

复制文本、控件等,在工具栏上的图标为 。

7. 粘贴

粘贴文本、控件等,在工具栏上的图标为  。

8. 启动

启动应用程序,在工具栏上的图标为 。

9. 结束

终止应用程序的执行,在工具栏上的图标为 。

10. 工程资源管理器

显示工程资源管理器窗口,在工具栏上的图标为  。

11. 属性窗口

显示属性窗口,在工具栏上的图标为 。

12. 工具箱

打开、显示工具箱,在工具栏上的图标为 。

1.4.3 工具箱

工具箱如图 1-10 所示,其中每个图标表示一种控件,包含了建立应用程序所需的常用控件。

根据程序设计的需要,在工具箱中还可扩充、添加新控件,其操作步骤如下:

首先,在工具箱的空白处单击鼠标右键,在弹出的快捷菜单中选择"部件",或单击"工程"菜单的"部件"选项,弹出"部件"对话框,如图 1-11 所示。

然后,在打开的"部件"对话框中,选中需要的控件,单击"确定"按钮后退出,则所选择的控件即可添加到工具箱中。

1.4.4 工程资源管理器窗口

工程资源管理器窗口采用 Windows 资源管理器式的界面,可以列出当前工程中的所有文件,如图 1-12 所示。

工程资源管理器窗口中,有"查看代码"、"查看对象"和"切换文件夹"三个按钮。

单击"查看代码"按钮,可打开"代码编辑器"查看代码;

单击"查看对象"按钮,可打开"窗体设计器"查看正在设计的窗体;

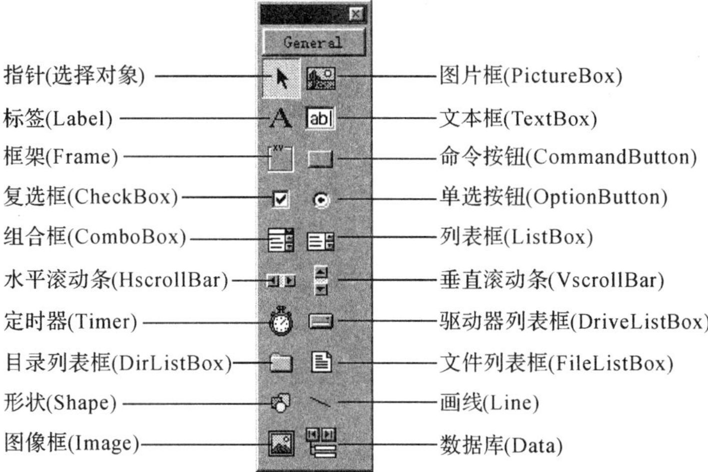

图 1-10　VB 工具箱中的常用控件类型

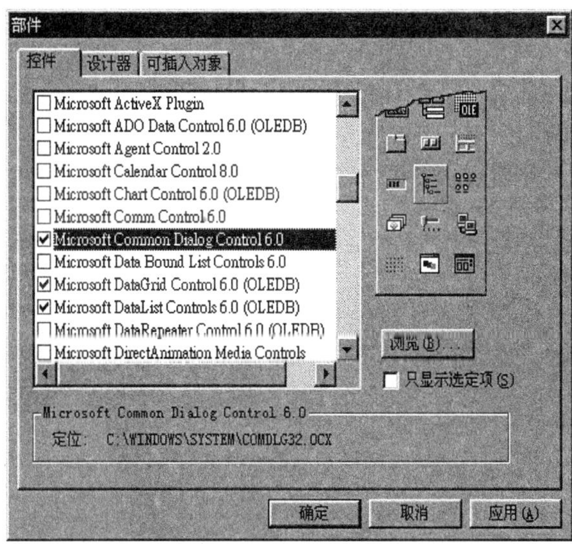

图 1-11　“部件”对话框

图 1-12　工程资源管理器窗口

单击“切换文件夹”按钮，则可以隐藏或显示包含在对象文件夹中个别项目列表。

一个 VB 应用程序可包括多个工程，本书只介绍包括一个工程的应用程序。

在此，“工程”是指用于创建一个应用程序的所有文件的集合：

每个工程至少有一个窗体，保存 VB 应用程序后，至少生成一个扩展名为.frm 的窗体文件。该文件记录窗体中描述所有控件外观、行为的程序代码，以及描述事件过程的程序代码、通用模块(通用模块包括模块级变量的声明语句、用户定义的可以为其他过程调用的通用过程)。

每个工程一定有一个扩展名为.vbp 的工程文件，工程文件是与该工程有关的所有文件和对象的清单。

有些工程还包括与窗体文件主名相同、扩展名为.frx 的文件，记录了被窗体中的控件调用的外部数据，如图片框、影像框控件中调用的图像文件。当生成了.frx 文件后，删除作为其数据源的外部文件，不会影响 VB 应用程序的执行。

1.4.5 属性窗口

"属性"窗口如图 1-13 所示，用于设置所选对象的属性，如对象大小、标题、颜色等。

在设计应用程序界面时，属性窗口中显示的是相应对象的缺省属性值。

在属性窗口中，一些属性(如 Caption)可以直接设置；另外一些属性可通过列表选择属性值；还有一些属性则通过打开的对话框窗口选择设置，如字体对话框和用于颜色设置的调色板窗口(如图 1-14 所示)。

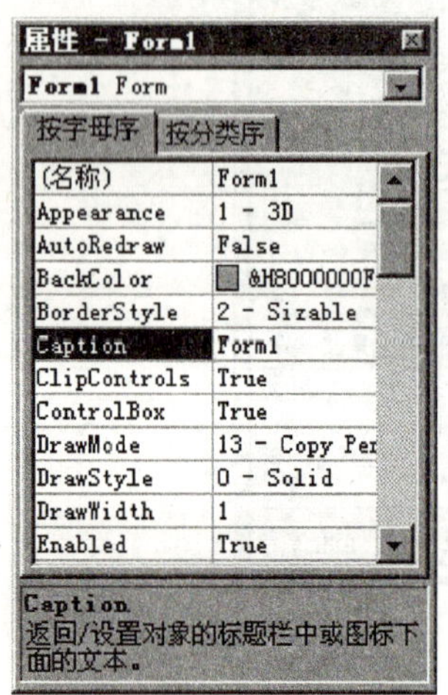

图 1-13 属性窗口

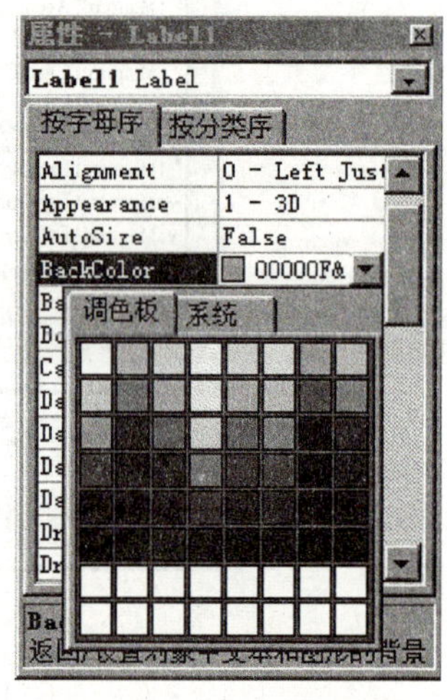

图 1-14 调色板窗口

1.4.6 窗体设计窗口

"窗体设计窗口"也称为对象窗口。应用程序的用户界面设计，就是通过在窗体上画出各种所需要的控件并设置相应的属性来完成的。

1.4.7 代码设计窗口

"代码设计窗口"也称为代码窗口(见图 1-15)或代码编辑器。应用程序的各个通用过程和事件过程代码均在此窗口上编写和修改。

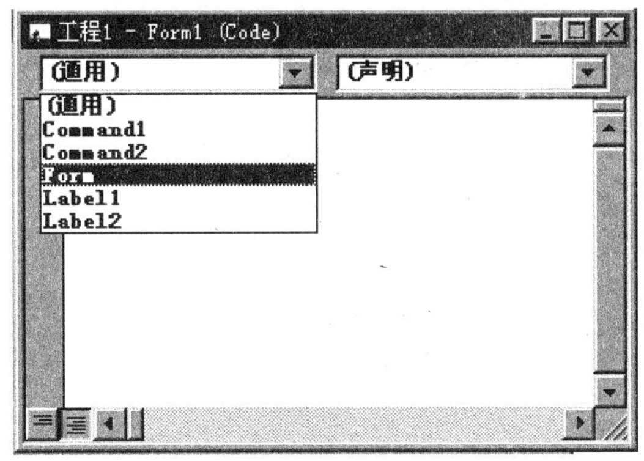

图 1-15　代码窗口一

有 4 种方法可以打开代码设计窗口：

1. 双击窗体

双击窗体的任何区域，都可以打开代码设计窗口。

如果双击的是空白区域则光标在事件过程 Form_Load(如不存在则自动建立)中，否则光标在所击控件的已有事件过程中(对运行时可见的控件，如不存在任何事件过程，则自动建立 Click 过程)。

2. 右击窗体，选择“查看代码”

鼠标右击窗体，在出现的快捷菜单中选择“查看代码”，也可以打开代码窗口。

3. 选择“视图”菜单中的“代码窗口”选项

4. 使用“工程资源管理器窗口”中的“查看代码”按钮

菜单栏中“视图”菜单的“工程资源管理器窗口”选项，不仅可以用来打开代码窗口，还可以用来装入窗体的视图。

在设计时，用户可以关闭 1 个工程中多个窗体中(最多允许 255 个)的一些窗体文件，需要时可以调出工程资源管理器窗口、用以打开已关闭的窗体。

初学者时常有找不到窗体的问题，如果确定已经建立过窗体文件，也许曾经关闭，可以尝试在工程资源管理器窗口操作。

在代码窗口中，有“对象下拉列表框”、“过程下拉列表框”和“代码区”(见图 1-15)：

“对象下拉列表框”中列出了当前窗体及所包含的全体对象名。其中，无论窗体的名称改为什么，作为窗体的对象名总是 Form。

“过程下拉列表框”中列出了所选对象的所有事件名。

“代码区”是程序代码编辑区，能够非常方便地进行代码的编辑和修改。另外它还具有自动列出成员特性、自动列举适当的选择(属性值、方法或函数原型)等功能(见图 1-16)，这一功能使代码编写更加方便。

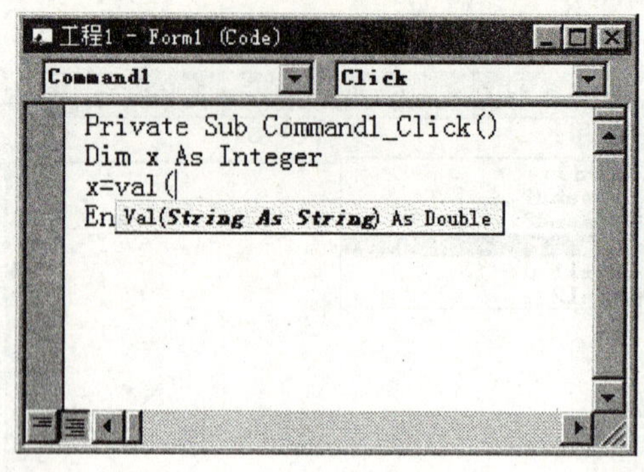

图 1-16 代码窗口二

1.4.8 立即窗口

立即窗口是为调试应用程序提供的，用户可直接在该窗口利用 Print 方法或直接在应用程序中用 Debug.Print 显示所关心的表达式的值。

1.5 Visual Basic 的基本概念

1.5.1 可视化编程

Visual Basic 的两个最大特点是“可视化”和“事件驱动”。

所谓的可视化编程，是指支持图形用户界面的可视化设计操作。“可视化”编程使程序员不用编写大量的代码去描述应用程序用户界面的外观和位置，而只需要用鼠标将 Visual Basic 预先建立好的控件(如:命令按钮、文本框等)拖放到屏幕上适当的位置即可，大大提高了编程效率。

Visual 的意思是“可视的”，VB 使用“可视化编程”方法，是“面向对象编程”技术的简化版。VB 提供多种“控件”支持可视化编程，利用它们可以快速创建强大的应用程序而不需涉及不必要的细节。这一点，通过前面实例的介绍，相信读者已经有了初步的认识。

所谓的事件驱动，是指只需要编写若干子程序，即只需编写响应用户动作的程序，如移动鼠标、单击鼠标等，而不必考虑每个步骤执行的精确次序，编写代码相对较少，降低了程序的编写难度。

1.5.2 对象、属性和方法

VB 是一种面向对象的程序设计语言，程序的核心由对象以及响应各种事物的代码组成。在 VB 中不仅提供了大量的控件对象，而且还提供了创建自定义对象的方法和工具，为开发应用程序带来了方便，下面介绍对象及其属性和方法。

1. 对象

可以把对象(Object)想象成日常生活中的各种物体,例如一只气球、一把椅子、一部电话等都是对象。

在 VB 程序中,**对象是指 VB 可以访问的实体**。如:窗体、命令按钮、列表框是对象,外部文件是对象,程序中的变量也是对象,等等。

2. 属性

属性是对象的性质。

每一种对象都有其属性,不同的对象有不同的属性,属性值决定了对象的外观和行为。

对于 VB 的控件而言,有些属性属于多数控件的公共属性,有些属性则是属于特定控件的专有属性。本书此后各章将介绍 VB 常用控件的属性,某些公共属性将分散在若干个控件中介绍,提请读者注意。

控件属性的设置一般有两条途径:

(1) 如果在界面设计时设置对象的属性,需要使用属性窗口。这时只要在属性窗口中选中要修改的属性,然后在右列中键入新的值即可设置对象的属性。

注意:

控件的某些公共属性如果不设定,则取控件所在窗体的属性值为其缺省值。

如标签、文本框、列表框、图片框控件的字体、颜色等属性。因此,本书只说明窗体属性的缺省值,而不说明其他控件公共属性的缺省值。

(2) 如果要在程序运行中动态地更改对象的属性,可以使用 VB 的赋值语句,在代码窗口中通过编程设置,其格式为:

对象名.属性名 = 属性值

其中"对象名.属性名"是 VB 中引用对象属性的方法,如下述代码可以设置标签控件 Label1 的标题为"第一个应用程序":

```
Label1.Caption = "第一个应用程序"
```

3. 方法

方法是某些规定好的用于完成某种特定功能的特殊过程。

如打印(Print)方法、显示窗体(Show)方法、移动窗体(Move)方法等。方法只能在代码中使用,用下面的格式调用:

对象名.方法名[参数]

如在图片框 Picture1 上以(50,80)为圆心、100 为半径画一个圆,可用如下命令:

```
Picture1.Circle (50,80),100
```

1.5.3 对象事件与事件过程

1. 事件

事件是 VB 预先定义的、对象能够识别的动作。

每个控件都可以对一个或多个事件进行识别和响应,如窗体加载事件(Load)、鼠标单击事件(Click)、鼠标双击事件(DblClick)等。事件是一种预先定义好的特定动作,由用户或系统激活,在多数情况下,事件是通过用户的交互操作产生的。

不同的对象能够识别的事件不一定是相同的,如窗体对象能识别加载事件(Load),而其他对象则不可能识别这一事件。

2. 事件过程

事件过程是用来完成事件发生后所要执行的操作。

当一个对象察觉到某一事件发生时(如 Click 等),就会对事件产生响应,即执行一段程序代码,所执行的这段程序代码就称为事件过程。

通常,VB 的控件都可以识别一个或一个以上的事件,所以对一个对象至少能够建立和使用一个事件过程,来对用户或系统的事件作出相应的反应。但是不一定每个事件过程对应用程序都是必须的,只要根据应用程序的需要来建立相应的事件过程就可以了。

3. 事件驱动程序设计

程序开始执行时,先等待某个事件的发生,然后再去执行处理此事件的事件过程。事件过程要经过事件触发才会被执行,这种动作模式就称为事件驱动程序设计(Event Driven Programming),也就是说,由事件控制整个程序的执行流程。

当 VB 处理完某一事件过程后,程序会进入等待状态,直到下一个事件发生为止。简单地说,VB 程序的执行步骤为:

(1) 等待事件的发生;

(2) 事件发生时,执行其对应的事件过程;

(3) 重复步骤(1);

如此周而复始地执行,直到程序结束。

1.5.4 窗 体

窗体(Form)也就是平时所说的窗口,它是 VB 编程中最常见的对象,各种控件对象必须建立在窗体上,一个窗体对应一个窗体模块。

1. 窗体的结构

同 Windows 环境下的应用程序窗口一样,VB 中的窗体也具有控制菜单、标题栏、最大化/还原按钮、最小化按钮、关闭按钮以及边框,等等。

窗体的操作与 Windows 下的窗口操作一样。通过鼠标左键拖动标题栏可以移动窗体;鼠标对准窗体边框,当出现双向箭头时拖动鼠标可以改变窗体的大小。

建立新窗体后,它的大小、背景颜色、标题及窗体名称等属性需要根据应用程序的要求进行设置。

2. 窗体的常用属性

通过设置窗体属性可以改变窗体内在或外在的结构特征,控制其外观。常用的窗体属性有:

(1) Name 属性,窗体的名称(缺省值 Form1),是 VB 访问窗体的标识符。

(2) Caption 属性,设置窗体的标题(缺省值 Form1),是窗体标题栏中显示的文本。

(3) BackColor 属性,用于确定窗体背景的颜色(缺省值 &H8000000F&,银灰色)。

(4) BoderStyle 属性,用于决定窗体的边框风格(缺省值 2)。

(5) Enabled 属性,设置窗体是否对事件产生响应(缺省值 True)。

(6) FontBold 属性,设置输出到窗体上的字符是否以粗体显示(缺省值 False)。

(7) FontItalic 属性,设置输出到窗体上的字符是否以斜体显示(缺省值 False)。

(8) FontName 属性,设置输出到窗体上的字符以何种字体显示(缺省值"宋体")。

(9) FontSize 属性,设置输出到窗体上的字符的大小(缺省值 9)。

以上 4 个关于字体的属性设置都在 Font 属性对话框中设置。

(10) Left 属性,设置窗体左上角的横坐标(缺省值 0)。

(11) Top 属性,设置窗体左上角的纵坐标(缺省值 0)。

(12) Width 属性,设置窗体的宽度(缺省值 4800)。

(13) Height 属性,设置窗体的高度(缺省值 3600)。

(14) Moveable 属性,设置窗体在运行时是否可移动(缺省值 True)。

(15) Visible 属性,设置窗体在运行时是否可见(缺省值 True)。

(16) WindowState 属性,该属性值设置窗体运行时大小状态。取值 0(缺省值)为标准状态,窗体宽、高分别约为屏幕宽、高的 1/3;取值 1 为最小化状态,成为任务栏上的一个图标;取值 2 为最大化状态,全屏幕显示。

3. 窗体的事件过程

窗体的常用事件过程有:

(1) Click 事件过程

当鼠标单击窗体时发生 Click 事件,导致 Form _ Click 事件过程被调用。

(2) DblClick 事件过程

当鼠标双击窗体时发生 DblClick 事件,导致 Form _ DblClick 事件过程被调用。

(3) Load 事件过程

当窗体被加载时,发生 Form _ Load 事件,导致 Form _ Load 事件过程被调用。

(4) Unload 事件过程

关闭窗体时发生 Form _ Unload 事件,导致 Form _ Unload 事件过程被调用。

4. 窗体的方法

作用于窗体的常用方法有:

(1) Print 方法

用于在窗体上输出信息,如"Print x, y, "WINDOWS""。

(2) Cls 方法

用于清除窗体上用 Print 方法输出的信息和用作图方法在窗体上绘制的图形。

(3) Show 方法

用于显示窗体,若指定窗体没有加载,则 VB 自动装载该窗体,并调用相应的 Load 事件。

(4) Hide 方法

用于隐藏窗体对象、但不能使窗体卸载,通常与 Show 方法一起用于多窗体程序设计。

注意：

只有调用窗体的方法时，才可以缺省对象名称。如要在图片框控件 Picture1 上用 Print 方法输出，必须指明对象名称，如"Picture1.Print x, y, "WINDOWS""。

5. 多窗体应用

建立新工程时，系统会自动创建一个窗体，但除了简单的练习外，应用程序均需要使用多个窗体，因此，还需要了解关于多窗体的基本操作。（详细操作见第七章）

1.6 实 例

例 1-1 理解 Click 和 DblClick 事件，用鼠标单击或双击窗体改变标签的显示信息（即标题 Coption 属性）。

(1) 界面设计，选择"新建"工程，进入窗体设计器，在窗体中添加一个标签控件 Label1；设置对象属性，如设置标签控件的字体类型和字体大小。

(2) 过程设计，编写窗体的 Click 和 DblClick 事件代码如图 1-17 所示。

(3) 程序运行的结果如图 1-18 所示。

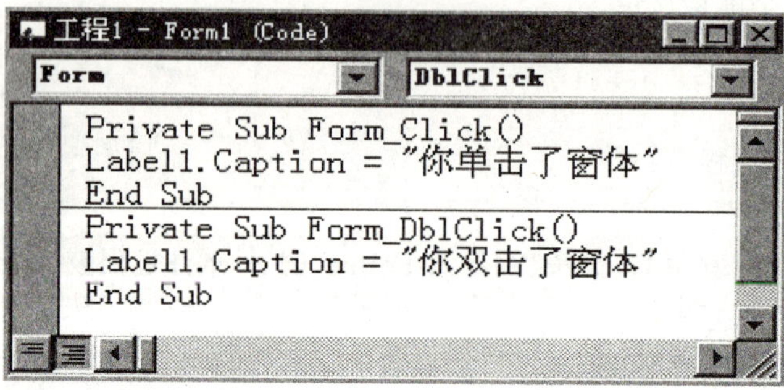

图 1-17 例 1-1 的代码设计

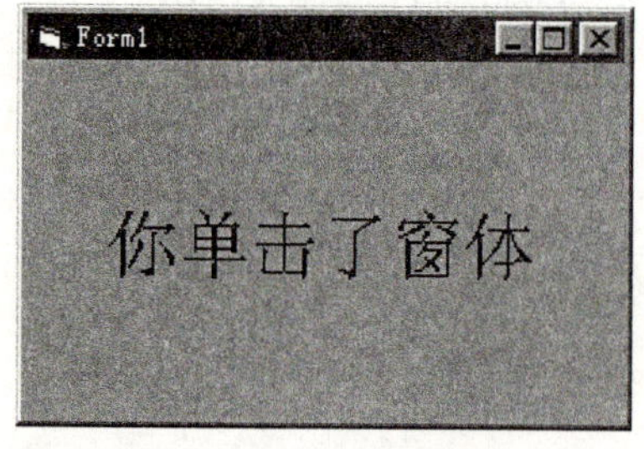

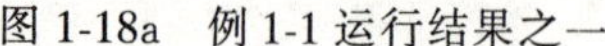

图 1-18a 例 1-1 运行结果之一

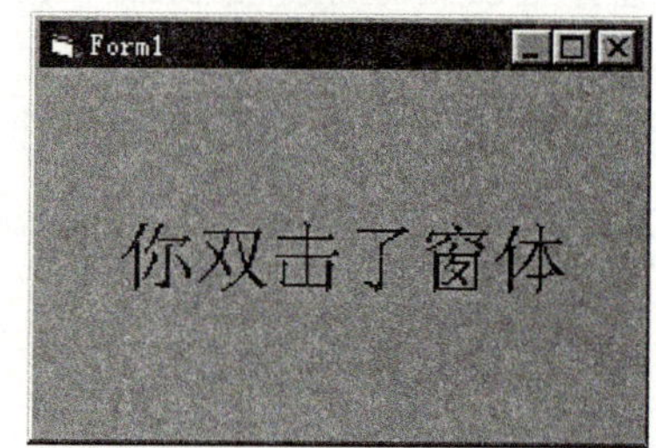

图 1-18b 例 1-1 运行结果之二

例 1-2 设计一个程序，用户界面如图 1-19a 所示。

单击"文字变大"按钮，窗体上显示"文字由小变大"，单击"文字变小"按钮，窗体上显示"文字由大变小"，单击"清除"按钮，则清除窗体上显示的内容。

注意观察窗体上显示的文字的大小变化情况。

(1) 界面设计，如图 1-19a 所示。在窗体中添加三个命令按钮，将三个命令按钮的名称

Name 分别改为 Cmd1、Cmd2、Cmd3，并按界面设计要求修改三个命令按钮的 Caption 属性。

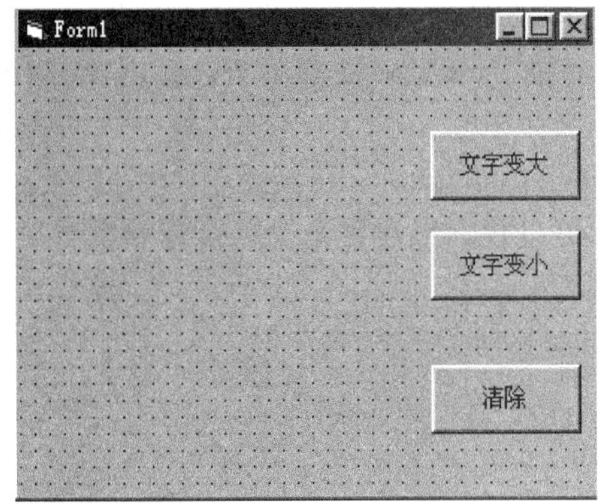

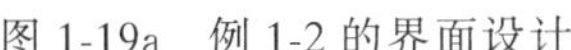
图 1-19a　例 1-2 的界面设计

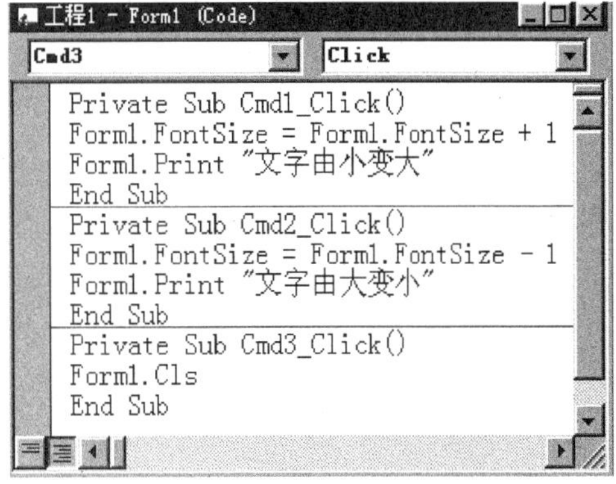

图 1-19b　例 1-2 的代码设计

(2) 过程设计，编写 Cmd1、Cmd2、Cmd3 的 Click 事件过程代码，如图 1-19b 所示。

(3) 运行结果如图 1-20 所示。通过本程序，读者应理解控件的名称(Name)与标题(Caption)的区别。此外，本例程序中窗体名称 Form1 可以省略，因为缺省的对象名就是窗体名 Form1。

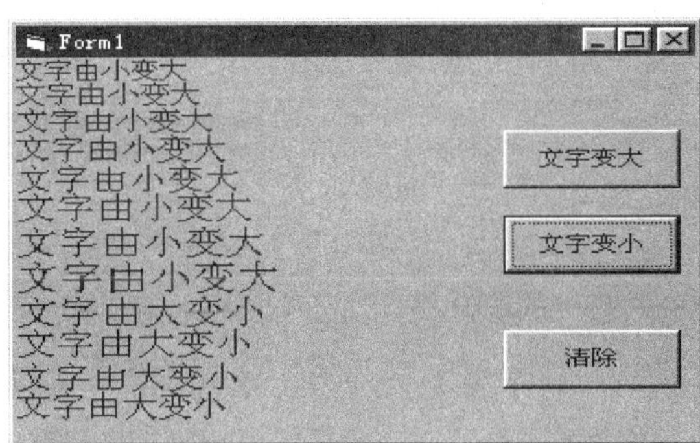

图 1-20　例 1-2 的运行结果

例 1-3　在窗体上画一个图片框(Picture)控件和两个命令按钮，在图片框上加载一部汽车。单击"前进"则汽车前进，单击"倒车"则倒车。界面设计如图 1-21 所示。

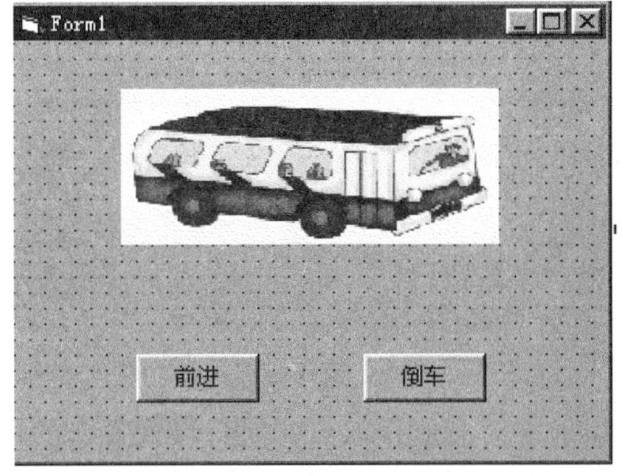

图 1-21　例 1-3 的界面设计

(1) 界面设计

① 在工具箱中单击[图片框图标],在窗体上画出图片框;用同样的方法画出两个命令按钮。

② 设置对象属性。选中 Picture1,在属性窗口中将 AutoSize 设置为 True,用鼠标单击 Picture 属性栏的对话框提示按钮,在弹出的对话框中选择图像文件。

在 Office 的系统中,一般会有各色各样的图像文件,在 Windows 开始菜单中单击“查找”,在文件名栏中输入“*.JPG”或其他一些图形文件名,可以找到适用图形文件的所在文件夹。

设置 Command1、Command2 的 Caption 属性分别为“前进”和“倒车”。

(2) 过程设计,编写 Command1、Command2 的 Click 事件过程代码如下:

```
Private Sub Command1_Click()
  Picture1.Left = Picture1.Left + 100
End Sub
Private Sub Command2_Click()
  Picture1.Left = Picture1.Left - 100
End Sub
```

本例中,图片框移动的距离,采用的是窗体的缺省坐标单位:缇,1 缇≈0.01764 毫米。

例 1-4 设计一个程序,有两个窗体,窗体用户界面如图 1-22a、图 1-22b 所示。在程序运行时,单击窗体一的“打开窗体二”按钮,则显示窗体二;单击窗体二的“返回窗体一”按钮,则回到窗体一;单击窗体 1 的“程序结束”按钮,则程序运行结束,运行的结果如图 1-23 所示。

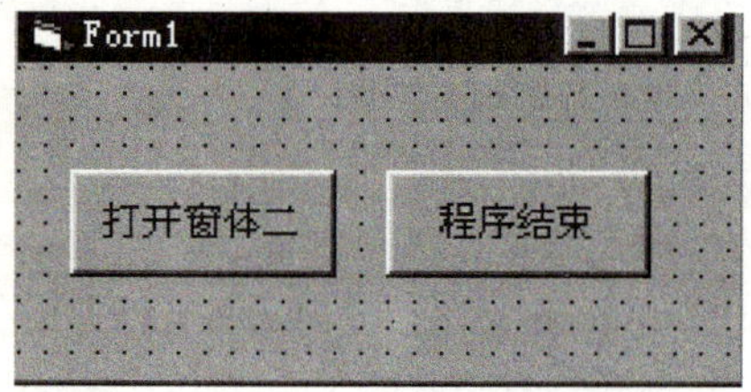

图 1-22a 例 1-4 窗体一的界面设计

图 1-22b 例 1-4 窗体二的界面设计

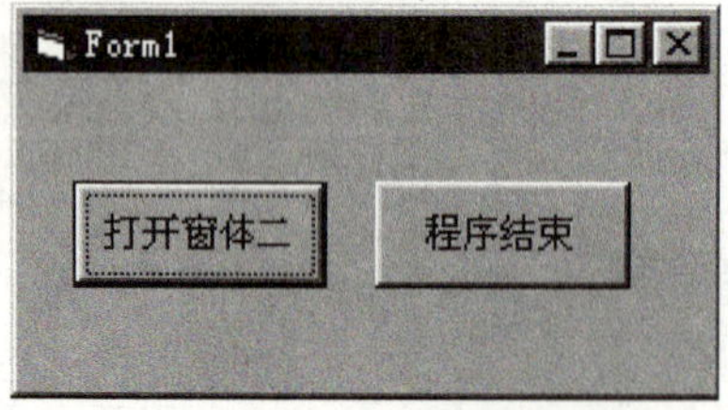

图 1-23a 例 1-4 运行时窗体一的显示

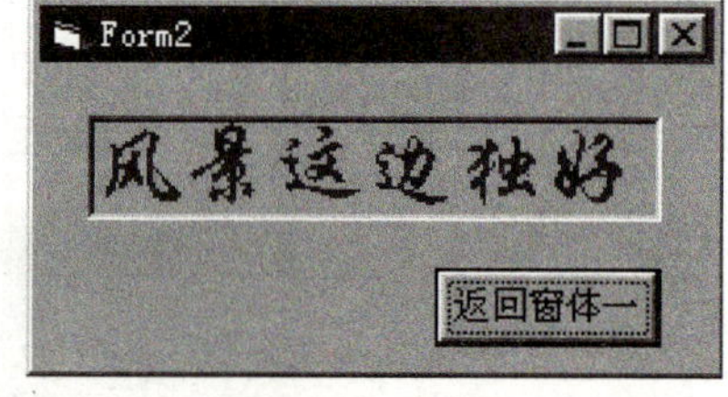

图 1-23b 例 1-4 运行时窗体二的显示

(1) 界面设计

① 在窗体一中添加两个命令按钮;

添加窗体,在窗体二中添加一个命令按钮和一个标签。

② 设置对象属性

窗体二中的标签控件 Label1 的 ForeColor(前景色)设置为红色、BoderStyle 设置为 1、字体类型为“华文行楷”、字体大小为“二号”。

(2) 过程设计

编写窗体一中 Command1、Command2 的 Click 事件过程代码如图 1-24a 所示，编写窗体二的 Form _ Load、Command1 的 Click 事件过程代码如图 1-24b 所示。

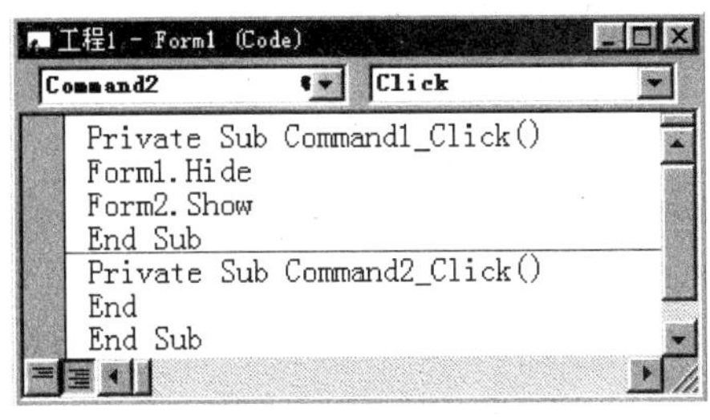

图 1-24a　例 1-4 窗体一的代码窗口

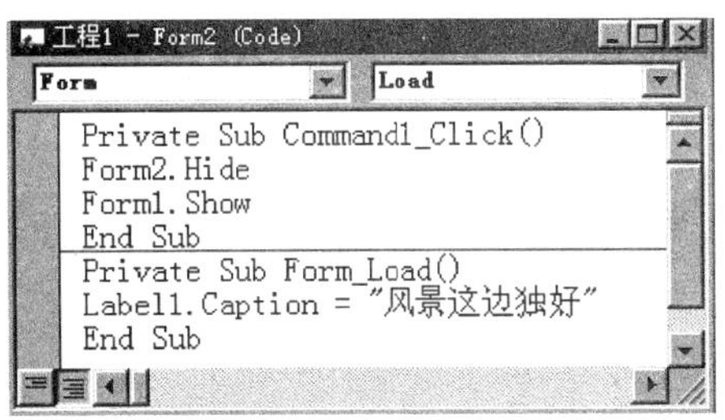

图 1-24b　例 1-4 窗体二的代码窗口

1.7　小　结

这一章介绍了 VB 的基本知识，使我们了解到：

1. 编制 VB 应用程序主要分三步

(1) 界面设计：根据应用程序的需要，选择工具箱中的控件在窗体上一一画出，并设置各个对象的有关属性。

(2) 过程设计：对象所能识别的事件一般有多个，编程时只要完成实现应用程序功能所需要的那部分过程代码就可以了。

(3) 运行调试：选择“启动”，即运行程序。若运行结果不满意，如窗体中缺少对象、对象属性设置不合理或程序代码错误，则需要作进一步修改。

2. 一个 VB 应用程序由多个文件组成

扩展名为“. vbp”的为工程文件，扩展名为“. frm”的为窗体文件，扩展名为“. frx”的为外部数据文件。

窗体文件包含了在窗体中描述的所有对象的外观、行为的程序代码以及描述事件过程的程序代码、通用模块等。

外部数据文件包含了窗体中控件所调用的外部数据(如 Picture 控件调用的图形文件)等。工程文件就是与该工程有关的所有文件和对象的清单。

在保存时，窗体文件和工程文件需要分别加以保存，为保证应用程序的完整性，建议将一个程序的所有文件都保存在同一文件夹中。

3. 多窗体应用

多个窗体的程序设计是商业化应用的实际需要，建立新工程时系统自动创建一个窗体。在应用程序的界面设计时，可通过“添加窗体”的方法创建新窗体如 Form2、Form3、Form4 等。

各个窗体的界面设计和过程设计是独立完成的，程序运行时，窗体之间的关联通过相应的方法如 Show、Hide 等实现。

本章还简单阐述了 VB 可视化编程的常用术语，如对象、属性、事件和方法等，介绍了窗体对象的常用属性、事件和方法。

通过本章的学习,我们可以总结出 VB 具有以下特点:

1. 可视化的设计平台

传统的程序设计语言,需要通过编程来设计程序的界面,在设计过程中看不到程序的实际显示效果,在运行程序的时候才能观察到。如果对程序的界面不满意,还要回到程序中去修改,这一过程常常需要多次反复,大大影响了编程的效率。

VB 提供的可视化设计平台,把 Windows 界面设计的复杂性“封装”起来。程序员不必再为界面的设计而编写大量程序代码,只需按设计要求,用系统提供的工具在屏幕上“画出”各种对象,VB 自动产生界面设计代码,程序员所需要编写的只是实现程序功能的那部分代码,从而大大提高了编程的效率。

2. 面向对象的设计方法

VB 采用面向对象的编程思想(OOP),把程序和数据封装起来作为一个对象,并为每个对象赋予相应的属性。在设计对象时,不必编写用于建立和描述每个对象的程序代码,而是用工具“画”在界面上,由 VB 自动生成对象的程序代码并封装起来。

3. 事件驱动的编程机制

VB 通过事件来执行对象的操作。在设计应用程序的时候,不必建立具有明显开始和结束的程序,而是编写若干个微小的子程序,即过程。这些过程分别面向不同的对象,由用户操作引发某个事件来驱动完成某种特定的功能,或由事件驱动程序调用通用过程来执行指定的操作。

4. 结构化的设计语言

VB 是在结构化的 Basic 语言基础上发展起来的,加上了面向对象的设计方法,因此是更出色的结构化程序设计语言。

习 题 一

一、判断题

1. VB 是以结构化的 Basic 语言为基础、以事件驱动作为运行机制的可视化程序设计语言。
2. 属性是对象的性质。
3. 同一窗体中的各控件可以相互重叠,其显示的上下层次的次序不可以调整。
4. 在 VB 中,有一些通用的过程和函数作为方法供用户直接调用。
5. 控件的属性值不可以在程序运行时动态地修改。
6. 许多属性可以直接在属性表上设置、修改,并立即在屏幕上看到效果。
7. 所谓保存工程,是指保存正在编辑的工程的窗体。
8. 在面向对象的程序设计中,对象是指可以访问的实体。
9. 决定对象是否可见的属性是 Visible 属性,决定对象可用性的属性是 Enabled 属性。

10. 保存 VB 文件时，若一个工程包含多个窗体或模块，则系统先保存工程文件，再分别保存各窗体或模块文件。
11. xxx.vbp 文件是用来管理构成应用程序 xxx 的所有文件和对象的清单。
12. 事件是由 VB 预先定义的对象能够识别的动作。
13. 事件过程可以由某个用户事件触发执行，它不能被其他过程调用。
14. 窗体中的控件，是使用工具箱中的工具在窗体上画出的各图形对象。
15. 可以从“运行”对话框或 MS-DOS 窗口中启动 VB。
16. 由 Visual Basic 语言编写的应用程序有解释和编译两种执行方式。
17. 在使用“格式”菜单前，不能选中窗体中的多个控件。
18. “视图”菜单可用于打开各种窗口（包括与浏览或显示有关的命令及属性页和工具箱的显示）。
19. “方法”是用来完成特定操作的特殊子程序。
20. “事件过程”是用来完成事件发生后所要执行的操作。

二、选择题

1. 工程文件的扩展名为______。

   A. .frx　　B. .bas　　C. .vbp　　D. .frm

2. 以下 4 个选项中，属性窗口未包含的是______。

   A. 对象列表　　B. 工具箱　　C. 属性列表　　D. 信息栏

3. VB 与传统 DOS 下的 Basic 相比，最大的优点在于______。

   A. 运用面向对象的观念　　B. 由代码和数据组成
   C. 使用了 HTML 语言　　D. 强调了对功能的模块化

4. 下列不属于对象的基本特征的是______。

   A. 属性　　B. 方法　　C. 事件　　D. 函数

5. 一个窗体最多能容纳______个控件。

   A. 55　　B. 155　　C. 255　　D. 355

6. 窗体的用户设计区是由许多点组成的网格，可通过______菜单中的“对齐到网格”命令来调整间距。

   A. “编辑”　　B. “格式”　　C. “窗口”　　D. “工具”

7. VB 中“程序运行”允许使用的快捷键是______。

   A. F2　　B. F5　　C. Alt + F3　　D. F8

8. 改变控件在窗体中的上下位置应修改该控件的______属性。

   A. Top　　B. Left　　C. Width　　D. Right

9. 窗体模块的扩展名为______。

   A. .exe　　B. .bas　　C. .frx　　D. .frm

10. 窗体的 DrawStyle 属性是设置直线样式的，其中虚线的设置值为______。

    A. 3　　B. 2　　C. 1　　D. 0

11. 窗体的 FontName 属性的缺省值是______。

    A. 宋体　　B. 仿宋体　　C. 楷体　　D. 黑体

12. FontSize 属性用以设置字体大小，窗体的 FontSize 属性缺省值为______。

A. 5　　B. 9　　C.12　　D. 16

13.在窗体上按下鼠标左键时产生的事件是______。

A. KeyDown　　B. MouseUp　　C. MouseMove　　D. MouseDown

14.下列选项中不属于事件的是______。

A. DblClick　　B. Load　　C. Show　　D. KeyUp

15.将 VB 编制的程序保存在磁盘上,至少会产生何种文件______。

A. .doc 与 .txt　　B. .com 与 .exe　　C. .bat 与 .frm　　D. .vbp 与 .frm

三、填空题

1.面向对象的程序设计是一种以______为基础,由______驱动对象的编程技术。

2.面向对象程序设计的核心是______。

3.属性是用来描述______的性质的。

4.VB 提供的用来完成特定操作的特殊子程序称为______。

5.设计时使用工具箱中的工具在窗体上画出的各图形对象叫做______。

6.窗体是用来存放______的容器。

7.属性窗口是由______、______、______组成的。

8.事件是由 VB 预先定义的______能够识别的动作。

9.改变控件在窗体中的左右位置,应修改该控件的______属性。

10.改变控件在窗体中的上下位置,应修改该控件的______属性。

11. 在打开某窗体时,初始化该窗体中的各控件,应选用______事件。

12.对窗体 Form 内各控件不能用鼠标任意精确定位是由于窗体中的______起作用。

13.新建工程时系统会自动将窗体标题设置为______。

14.控件和变量均称为______。

四、程序设计题

1.单击窗体后在窗体上显示"您好！×××同学"。

要求:

(1) 程序中用自己的姓名替代"×××"。

(2) 文字以红色、仿宋体、加粗、三号字显示,并在字下加横线。

(3) 建立一个命令按钮,结束时单击此按钮退出。

2.在窗体上建立 4 个命令按钮 Command1、Command2、Command3 和 Command4。

要求:

(1) 命令按钮的 Caption 属性分别为"字体变大"、"字体变小"、"加粗"和"标准"。

(2) 每单击 Command1 按钮和 Command2 按钮一次,字体变大或变小 3 个单位。

(3) 单击 Command3 按钮时,字体变粗;单击 Command4 按钮时,字体又由粗体变为标准。

(4) 4 个按钮每单击一次都在窗体上显示"欢迎使用 VB"。

(5) 双击窗体后可以退出。

3.在窗体上建立 4 个命令按钮 Command1、Command2、Command3 和 Command4。

要求：

(1) 4 个命令按钮的 Caption 属性分别为“窗体变大”、“窗体变小”、“窗体左移”、“窗体右移”。

(2) 单击 Command1 按钮时，窗体大小变为原来大小的两倍；单击 Command2 按钮时，窗体大小变为原来大小的一半；单击 Command3 和 Command4 按钮时，窗体分别左移或右移 5 个单位（单位为毫米）。

(3) 双击窗体可以退出。

第 2 章

基本数据类型与表达式

通过上一章的学习，使我们对 VB 有了初步的认识。读者可以参照例题，编写一些简单的应用程序。

完成应用程序的界面设计后，用户就需要编写事件过程代码，用来对用户事件和系统事件作出响应。只有界面设计合理、过程代码编写正确的程序，才能实现具体的功能。因此，掌握 VB6.0 的语法及其使用方法是开发应用程序的基础和关键。

2.1 数据类型

数据是程序的必要组成部分，也是程序处理的对象。除了最简单的程序之外，几乎所有的程序都具有输入数据，加工处理数据，再将数据输出这样的数据处理过程。

程序中需要处理的数据中包含最常见的以下两种类型：数值和字符串。数值可以是正数、负数、整数、小数等类型。字符是可以从键盘上输入的任何东西，如字母、标点符号和数字。字符连接在一起就成了字符串。例如货物的数量和重量通常作为数字处理，而它的名称通常作为字符串处理。VB 预定义了丰富的数据类型，不同数据类型体现了不同数据结构的特点，如表 2-1 所示。

表 2-1　VB6.0 的常用数据类型

类 型	名 称	字节数	取值范围和有效位数
整型	Integer	2	精确表示 －32768～32767 范围内的整数
长整型	Long	4	精确表示 －2147483648～2147483647 范围内的整数
单精度浮点型	Single	4	$-3.402823\times10^{38}\sim-1.401298\times10^{-45}$ $1.401298\times10^{-45}\sim3.402823\times10^{38}$ 7 位有效位数
双精度浮点型	Double	8	$-1.79769313486232\times10^{308}\sim-4.94065645841247\times10^{-324}$ $4.94065645841247\times10^{-324}\sim1.79769313486232\times10^{308}$ 15 位有效位数
货币型	Currency	8	－922337203685477.5808～922337203685477.5807
字节型	Byte	1	0～255
变长字符串	String	每个字符占 1 个字节，每个字符串最多可存放约 20 亿个字符	
定长字符串	String * size	size 是小于 65535 的无符号整常数，为字符串长度。	
逻辑型	Boolean	2	True 或 False
日期型	Date	8	100.1.1～9999.12.31
对象型	Object	4	任何对象的引用
变体型	Variant	若存放数值类型数据，占 16 个字节，最大可达 Double 的范围。 若存放字符串类型数据，字符串长度与变长字符串相同。	

表 2-1 中,“名称”用以标识变量的类型,“字节数”表示该类型数据所占内存空间的大小。

我们将在 2.3 节中介绍如何声明变量的类型。了解不同类型变量的取值范围和有效位数,以便我们在设计时根据实际需要正确地选择数据类型。

不同的数据,如:20(整数),“刘翔”(字符串),#09/11/2003#(时间),-62.5(单精度),1234567898(长整数),-4.2×10E-28(双精度)。计算机为了有效地使用内存来保存用户所指定的变量,便有数据类型的划分:使用最频繁的整数,只需两个字节,而单精度需 4 字节,双精度需 8 字节。如果把所有的变量都声明成双精度,那就大材小用了,就如同用一个大瓶子装一点点小东西一样不经济。因此,应该根据实际情况,正确地声明变量。

如:声明变量 a 用于存放某个同学一学期各门功课的总分(一般不超过 32767),可以声明“Dim a As Integer”,VB 处理系统会为变量 a 分配 2 个字节的存储空间。声明变量 b 用于存放某大学所有职工的工资总和(一般不小于 32767),则应声明“Dim b As Long”,VB 处理系统会为变量 b 分配 4 个字节的存储空间。

又如:计算圆柱体的体积,并存入变量 v,声明 v 为 Single 类型,半径和圆周率也采用 Single 类型,则结果 v 具有 7 位有效数字;如果要求计算结果具有更高的精确度,可以考虑采用 Double 类型。

不同类型的数值数据,其数值范围和有效位数的差别,或是由于所占用的存储空间大小不同、或是由于存储格式不同。

如:VB 用 1 个字节(8 个二进制位)存储 Byte 类型的数据,其最大值为$(11111111)_2$,因此该类型数据的最大值为 255。

又如,VB 用 2 个字节(16 个二进制位)存储 Integer 类型的数据,首位为符号位(正数为 0、负数为 1),因此其最大值为$(0111111111111111)_2$,即 32767。

至此,读者应可理解,为什么 Long 类型数据的数值范围超过了 Integer 类型的数据。

特别要指出的是,VB 的 Single、Double 类型数据,表示各自数值范围内的数据是有误差的。读者可以做一个尝试:将十进制数 0.6 转换为二进制数,会发现用二进制不可以将其精确表示。事实上,计算机不可能用无限位数来表示一个实数,误差就是这样产生的。

2.2 常　量

常量就是在程序运行过程中保持不变的量,也就是直接写在程序中的数据。常量的类型由它们的书写格式决定。

2.2.1 数值常量

VB 中的整型数、长整型数、单精度浮点数、双精度浮点数、货币型数、字节型数又统称为数值型数据,在使用数值型数据时,应注意以下几点:

(1) 如果数据包含小数,则应使用 Single、Double 或 Currency 类型。其中,Single 类型的有效数字为 7 位,Double 类型的有效数字为 15 位,Currency 类型支持 15 位整数和 4 位小数,适用于货币计算。

(2) 在 VB 中,数值类型数据都有一个有效的取值范围,程序中的数如果超出这个范围,就会出现“溢出”(Overflow)错误。

(3) VB 中的常量一般采用十进制数,但有时也使用十六进制数(数值前加前缀 &h)或八进制数(数值前加前缀 &o)。

如:赋值语句“d = &h1a2”的作用是,将 418(十进制)送入变量 d 所在的存储单元。

又如:赋值语句“d= &o216”的作用是,将 142(十进制)送入变量 d 所在的存储单元。

2.2.2 字符串常量

字符串常量是用双引号括起来的一串字符,格式为:"h1h2h3... hn"。每个字符占 1 个字节;可以是任何合法字符,如:"VB"、"123"、Chr(13)(回车符)、"无实数解",等等。

2.2.3 逻辑常量

逻辑常量只有两个值:真(True)和假(False)。当把数值常量转换为 Boolean 时,0 为 False,非 0 值为 True;当把 Boolean 常量转换为数值时,False 转换为 0,True 转换为 -1。

2.2.4 日期常量

日期常量用来表示日期和时间,VB 可以表示多种格式的日期和时间,输出格式由 Windows 设置的格式决定。日期数据用两个“#”把表示日期和时间的值括起来,如:#08/18/2001#、#08/18/2001 08:10:38 AM#,等等。

2.2.5 符号常量

当程序中多次出现某个数据时,为便于程序修改和阅读,可以给它赋予一个名字,以后用到这个值时就用名字代表,这个名字就称为符号常量。符号常量的定义格式如下:

Const 〈符号常量名〉 = 〈常量〉

可以在窗体模块的任何地方(通用对象声明部分或事件过程中)定义。

例 2-1 符号常量的作用域及应用。

```
Const pi = 3.14159          '在通用对象声明部分声明数值符号常量
Private Sub Command1_Click()
  Const pi = 3.14
  '事件过程与通用对象声明部分声明的符号常量同名,则事件过程内部引用的是内部
  '声明的值,下列 Print 语句的输出结果是 3.14 而不是 3.14159。
  Print pi
End Sub
Private Sub Command2_Click()
  '事件过程中未声明 pi,此处 pi 是通用对象声明部分所声明的 pi,输出 3.14159。
  Print pi
End Sub
```

2.3 变　量

在程序执行过程中，其值可以改变的量称为变量。常量的类型由书写格式决定，而变量的类型由类型声明决定。

2.3.1 变量的命名规则

变量都应有名字，即变量名。变量的命名规则如下：

(1) 变量名由首字符为英文字母、不超过 255 个字符的字母、数字、下划线符组成。如 Moon、a1、x_2 都是 VB 的变量名，而 a+b、x#y、2z 则不是。

(2) 不能使用 VB 的关键字作为变量名。关键字是指 VB 系统中已经定义的词，如语句、函数、运算符的名称等，如 Print、If 等都不能用作变量名。

(3) 变量名不能与过程名或符号常量名相同。

(4) VB 不区分变量名的大小写，即大小写是一样的。变量名 abc, Abc, ABC, abC 都表示同一个变量。

(5) 变量取名尽量做到"见名知义"，以提高程序的可读性。

2.3.2 变量声明

在程序中用到的变量，一般应声明其类型，由此决定变量的存取格式、取值范围、有效数位等。而声明变量类型的方法有两种：隐含声明和强制声明。

1. 隐含声明

在变量名的后面加上特定字符(后缀字符)，用于规定变量类型的方法称为隐含声明。由变量后缀字符决定变量类型的具体规定如下：

(1) 变量后缀字符为"%"，隐含声明该变量类型为整型。

(2) 变量后缀字符为"&"，隐含声明该变量类型为长整型。

(3) 变量后缀字符为"!"，隐含声明该变量类型为单精度浮点型。

(4) 变量后缀字符为"#"，隐含声明该变量类型为双精度浮点型。

(5) 变量后缀字符为"$"，隐含声明该变量类型为字符串型。

2. 强制声明

用 Dim 语句(类型强制声明语句)可以强制声明只能在本窗体中能使用的变量类型。

```
Dim yb As Byte, yc As Byte, nk As Integer, k As Long
Dim gx As Single, dy As Double, sname As String * 10
```

以上语句声明 yb、yc 为字节变量，声明 nk 为整型变量，声明 k 为长整型变量，声明 gx 为单精度浮点型变量，声明 dy 为双精度浮点型变量，声明 sname 为最多 10 个字符的定长字符串型变量。

注意:不可以将语句"Dim m As Integer, n As Integer"写作"Dim m, n As Integer",后者实际上将 m 声明为变体类型,增加了变量 m 的内存开销。

若强制声明了变量类型,则不可再为变量名加后缀字符。一个变量如没有声明,则 VB 将其作为变体类型变量。

好的程序设计风格是声明每一个变量的类型,一方面可以提高程序的可读性,另一方面,可避免采用变体数值类型数据,以减少程序运行时的内存开销。

2.3.3 变量的初始值

在程序中声明了变量以后,VB 自动将数值类型的变量赋初值 0,变长字符串被初始化为零长度的字符串(""),定长字符串则用空格填充,而逻辑型的变量初始化为 False。

同符号常量一样,可以在窗体模块的任何地方(通用对象声明部分或事件过程中)定义变量。

例 2-2 变量的作用域及应用。

```
Dim sMystring as String            '在通用对象声明部分声明字符串变量
Private Sub Form_Load()
  sMystring = "欢迎使用 VB6.0"
End Sub
Private Sub Form_Click()
  Print sMystring
End Sub
```

程序运行时,单击窗体,在窗体中显示"欢迎使用 VB6.0"。如果不在通用对象声明部分声明字符串变量 sMystring,或将其放在 Form_Click 或 Form_Load 事件过程中声明,则程序运行后什么也显示不出来。

2.4 运算符与表达式

2.4.1 算术运算符与算术表达式

1. 算术运算符

如表 2-2 所示,VB 共有 7 个算术运算符,除了负号是单目运算符,其他都是双目运算符。

2. 运算符的优先级

算术运算符之间的运算优先级从高到低如下所示,由此可知:指数运算优先级最高,而加、减运算优先级最低。

指数运算 ∧ → 取负 - → 乘、除 → 整除 \ → 求余 Mod → 加、减

其中,整除和求余运算只能对整型数据(Byte、Integer、Long)进行,如果其两边的任一个操

作数为实型(Single、Double),则 VB 自动将其四舍五入、再用四舍五入后的值作整除或求余运算。

乘、除和加、减分别为同级运算符,同级运算从左向右进行。在表达式中加括号可以改变表达式的求值顺序。

表 2-2　算术运算符

运算符	名　称	实　例
∧	乘方	2∧3 值为 8,－2∧3 值为－8
*	乘法	5 * 8
/	除法	7/2
\	整除	7\2 值为 3, 12.58\3.45 值为 4(两边先四舍五入再运算)
Mod	求余数	7 mod 2 值为 1,12.58 Mod 3.45 值为 1(两边先四舍五入再运算)
+	加法	1+2
－	减法、取负	5－8, －3

3. 算术表达式

常量、变量、函数是表达式,将它们加圆括号或用运算符作有意义的连接后也是表达式,书写 VB 的算术表达式,应注意与数学表达式在写法上的区别。

(1) 不能漏写运算符,如 3xy 应写作 3 * x * y。

(2) VB 算术表达式中使用的括号都是小括号。

例 2-3　由下列数学式写出相应的 VB 算术表达式。

$-(a^2+b^3)\cdot y^4$写作:－(a * a＋b * b * b) * y∧4

$\dfrac{1}{1+\dfrac{1}{1+x}}$写作:1/(1＋1/(1＋x))

$(-a^{b^c}+\sqrt{b})\cdot(a-b)^{-\frac{1}{2}}$写作:(－a∧(b∧c)＋b∧0.5) * (a－b)∧－0.5

变量 k 是一个两位整数,求其个位数与十位数之和的算术表达式为:k mod 10 + k \ 10

2.4.2　字符串运算符与字符串表达式

字符串运算符有两个:"＋"和"&",均为双目运算符、用于连接两边的字符串表达式。

"ABCD" & "efg" 计算后所得表达式的值为"ABCDefg"

"杭州" & "西湖" 计算后所得表达式的值为"杭州 西湖"

字符串连接符"&"具有自动将非字符串类型的数据转换成字符串后再进行连接的功能,而"＋"则不能。如:

"xyz" & 123　　　计算后所得表达式的值为"xyz123"

"xyz" + 123　　　出现类型不匹配错误

2.4.3 关系运算符与关系表达式

关系运算符也称为比较运算符，包括 <、<=、>、>=、=、<> 六种，均为双目运算符，用于比较两边的表达式是否满足条件，运算结果为 True 或 False。

在关系表达式求值时：

(1) 数值数据比较大小，如 3 <= 5 为 True。

(2) 日期类型数据比较先后，如 #11/18/1999# > #03/05/2001# 为 False。

(3) 字符类型数据比较字符的 ASCII 码：若两端首字符相同则比较第 2 个字符……直到比较出相应字符的 ASCII 值大小或两端所有字符比较结束。

如"ABCd" >= "ABCD" 为 True

"ABCd" >= "cd" 为 False

"ABCd" = "ABCd" 为 True

两个字符串的"="关系比较结果为 True，它们必定是两个完全相同的字符串。

2.4.4 逻辑运算符与逻辑表达式

常用的逻辑(布尔)运算符有三种，如表 2-3 所示。

表 2-3　逻辑运算符

运算符	名 称	实例说明
And	与	8 Mod 2=0 And 8 Mod 3=0，值为 False。只有当两个表达式的值都为真(True)时，结果才为真，否则为假(False)
Or	或	8 Mod 2=0 Or 8 Mod 3=0，值为 True。两个表达式中只要有一个为真(True)时，结果就为真；只有当两个表达式的值都为假(False)时，结果才为假(False)
Not	非	Not 1>0，值为 False，由真变假； Not 1<0，值为 True，由假变真

逻辑运算符的优先级是：**先 Not，次 And，后 Or。**

算术运算符、关系运算符和逻辑运算符的优先级关系为：算术运算符最高，其次是关系运算符，最后是逻辑运算符。

关系表达式的值为 False 或 True，因此也是逻辑表达式；逻辑表达式用逻辑运算符正确地连接后也是逻辑表达式。

例 2-4　由下列条件写出相应的 VB 逻辑表达式。

条件"-3<x<3"写作逻辑表达式为：-3 < x and x < 3

判断变量 a、b 均不为 0 的逻辑表达式为：a * b <> 0 或 a <> 0 and b <> 0

判断变量 a、b 中必有且仅有 1 个为 0 的逻辑表达式为：

a = 0 and b <> 0 or a <> 0 and b = 0 或 a * b = 0 and a + b <> 0

判断整型变量 k 是正的奇数的逻辑表达式为：k > 0 and k mod 2 = 1

判断变量 a、b、c 是否等比数列中顺序的 3 项，逻辑表达式为：a/b=b/c

平面三点坐标为(x1,y1)、(x2,y2)、(x3,y3)，判断它们是否共线的逻辑表达式为：(x2-

x1) * (y3 - y2) = (x3 - x2) * (y2 - y1)

2.5　常用内部函数

VB 的内部函数是系统事先对一些常用的功能写一段代码,可供用户直接调用。VB 函数的自变量必须用括号括起来,并满足一定的取值要求。这里主要介绍一些常用内部函数,其他函数可参见 VB 的有关资料。

2.5.1　数学函数

下列函数的参数均为数值类型。

(1) 三角函数:Sin(x)、Cos(x)、Tan(x),反正切函数 Atan(x)。

①以上函数分别返回正弦值、余弦值、正切值和反正切值。

②VB 没有余切函数,求 x 弧度的余切值可以表示为 1/Tan(x)。

③函数 Sin、Cos、Tan 的自变量必须是弧度,如数学式 Sin30°,写作 VB 的表达式为 Sin(30 * 3.1416/180)。

④其他反三角函数可以转换为等值的反正切函数,然后用 VB 的反正切函数 Atan 计算,如函数 Atan(x/sqr(1 - x * x))可以求 $\sin^{-1}x$(不可以写作 Asin(x),因为 VB 没有预定义反正弦函数 Asin)。

(2) Abs(x):返回 x 的绝对值。

(3) Exp(x):返回 e 的指定次幂,即 e^x。

(4) Log(x):返回 x 的自然对数。

(5) Sgn(x):符号函数,当 x>0 时,Sgn(x)的值为 1;当 x=0 时,Sgn(x)的值为 0;x<0 时,Sgn(x)的值为 -1。

(6) Sqr(x):返回 x 的平方根,如 Sqr(16)的值为 4,Sqr(1.44)的值为 1.2。

(7) Int(x):返回不大于 x 的最大整数,如 Int(7.8)值为 7,Int(-7.8)值为 -8。

(8) Fix(x):返回 x 的整数部分,如 Fix(7.8)值为 7,Fix(-7.8)值为 -7。

2.5.2　字符串函数

(1) Ltrim(x):返回删除字符串 x 前导空格符后的字符串。

如 Ltrim(" abc")的计算结果为字符串"abc"。

Rtrim(x):返回删除字符串 x 尾随空格符后的字符串。

如 Rtrim("abc ")的计算结果为字符串"abc"。

Trim(x):返回删除字符串 x 前导和尾随空格符后的字符串。

如 Trim(" abc ")的计算结果为字符串"abc"。

(2) Left(x,n):返回字符串 x 前 n 个字符所组成的字符串。

Right(x,n):返回字符串 x 后 n 个字符所组成的字符串。

Mid(x,m,n):返回字符串 x 从第 m 个字符起的 n 个字符所组成的字符串。

若 s="abcdefg",则函数 Left(s,2)返回"ab",函数 Right(s,2) 返回"fg",函数 Mid(s,9,3) 返回空字符串、Mid(s,2,3) 返回"bcd"。

(3) Len(x):返回字符串 x 的长度,如果 x 不是字符串,则返回 x 所占存储空间的字节数。

如函数 Len("abcdefg")的返回值为 7,而函数 Len(k%)的返回值为 2,因为 VB 用 2 个字节存储 Integer 类型的数据。

(4) LCase(x)和 UCase(x):分别返回以小写字母、大写字母组成的字符串。

如 LCase("abCDe") 返回"abcde",UCase("abCDe") 返回"ABCDE"。

(5) Space(n):返回由 n 个空格字符组成的字符串。

如执行语句 a="abc" + Space(5) + "def"后,变量 a 中的字符串为"abc   def"、其中包括 5 个空格字符。

(6) Instr(x,y):字符串查找函数,返回字符串 y 在字符串 x 中首次出现的位置。如果 y 不是 x 的子串,即 y 没有出现在 x 中,则返回值为 0。

如:a="abcd efg cd _ xy",则函数 Instr(a,"cd")的计算结果为 3,因为 a 中包含了"cd"、第一次出现的位置是在 a 中的第 3 个字符;而函数 Instr(a,"yx")的返回值为 0,因为字符串 a 中不存在子串"yx"。

2.5.3 日期和时间函数

(1) Date:返回系统当前日期,如语句"Print Date()"可以在窗体上输出当前日期。

(2) Time:返回系统当前时间,如语句"Print Time()"可以在窗体上输出当前时间。

(3) Minute(Now)、Minute(Time):返回系统当前时间"hh:mm:ss"中的 mm(分)值。

(4) Second(Now)、Second(Time):返回系统当前时间"hh:mm:ss"中的 ss(秒)值。

2.5.4 转换函数

(1) Str(x):返回把数值型数据 x 转换为字符型后的字符串。

如 Str(-123.45)返回"-123.45";大于零的数值转换后符号位用空格表示,如 Str(123.45)返回" 123.45"。

(2) Val(x):把一个数字字符串 x 转换为相应的数值。

如果字符串中包含非数字字符,则仅将第一个数字形式的字符串转换为相应的数值、后面的字符不作处理。

如函数 Val("123.45abc678")的计算结果为数值 123.45。

注意:此处函数名 Val 中全是字母,不要将字母 l 误写作数字 1。

(3) Chr(x):返回以 ASCII 值为 x 的字符,如 Chr(65)返回"A"。

(4) Asc(x):返回字符串 x 首字符所对应的 ASCII 值,是函数 Chr 的逆运算。如 Asc("ABcde")返回数值 65。

2.5.5 随机数语句和函数

(1) Randomize 语句:该语句的作用是初始化 VB 的随机函数发生器(为其赋初值)。

(2) Rnd 函数:产生 0～1 之间的随机数。

读者可以连续写出多个语句“Print Rnd”,可以看到每个语句的输出结果不同。

实际上,VB 的随机函数发生器是用一个特殊的公式计算“随机数”,而上一次计算的结果作为自变量参与下一次求随机函数的计算,因此所产生的是一种“伪随机数”。

一般的,要得到[a,b]之间的随机整数,可用公式“Int(Rnd * (b－a + 1)) + a”。

2.5.6 与 Print 方法有关的函数

为使数据按指定的位置输出,VB 提供了两个与 Print 配合使用的函数。

(1) Tab(n):将输出项定位到从第 n 列开始显示输出,Tab 函数与输出项之间用分号隔开。

如执行语句 Print Tab(10); 123, Tab(30); "abc",则在当前输出行的第 10 列起输出 123、在第 30 列起输出 3 个字符 abc。

(2) Spc(n):输出 n 个空格。

如执行语句“Print "abc"; Spc(3); "def"”后输出:abc   def

例 2-5 由下列条件写出相应的 VB 表达式。

①求变量 x 之绝对值的平方根,算术表达式为:Sqr(Abs(x))

②判断变量 k 的整数部分是否两位数的逻辑表达式为:Int(Abs(k)) > 9 And Int(Abs(k)) < 100

③数学式$\sqrt{s(s-a)(s-b)(s-c)}$写作算术表达式为:Sqr(s * (s－a) * (s－b) * (s－c))

④将大于 0 的单精度变量 k 四舍五入至小数点后两位的表达式为:Int(k * 100 + 0.5)/100

⑤数学式 $\cos 25° + \mathrm{ctg}32°$写作算术表达式为:

Cos(25 * 3.14159/180) + 1/Tan(32 * 3.14159/180)

⑥数学式 $e^{12.6}\cdot\ln 3 - 8.6$ 写作算术表达式为:Exp(12.6) * Log(3)－8.6

⑦数学式$(e^x - \log_{10} y)\cdot\cos 35°$写作算术表达式为:

(Exp(x)－Log(y)/Log(10)) * Cos(3.14159 * 35/180)

⑧N 是大于 0 的整数,求 N 的位数之表达式为:Len(Str(N))－1

2.6 InputBox 函数和 MsgBox 函数

2.6.1 InputBox 函数

InputBox 函数也称为输入对话框,返回用户在对话框中输入的信息。

格式: <变量名> = InputBox([<**提示信息**>][,[<**对话框标题**>][,<**默认值**>]]

其中:

(1) <提示信息> 指定在对话框中出现的文本信息。

(2) <对话框标题> 指定对话框的标题信息。

(3) <默认值> 可以指定文本框中显示的默认信息。

系统默认用该函数输入的数据为字符串类型,转换为与变量同一类型后赋值给变量。

如执行语句“n% = InputBox("请输入数据:", "数据输入", 10)”时,VB 显示输入对话框如图 2-1 所示。

图 2-1 输入对话框

若在输入栏中输入“123.45”,由于变量 n% 为 Integer 类型,输入数据被取整后赋值给 n%,因此 n% 为 123;

若在输入栏中输入“123.56”,则 n% 为 124;

若在输入栏中输入“Lac”,则系统显示“类型不匹配”之出错信息。

2.6.2 MsgBox 函数

MsgBox 函数也称为消息对话框,用户单击按钮后返回一个整数以标明单击了哪个按钮。

格式:[〈变量名〉] = MsgBox([〈提示信息〉][,[〈对话框类型〉][,〈对话框标题〉]])

其中:

(1) <提示信息> 指定在对话框中出现的文本信息。

(2) <对话框类型> 指定对话框中出现的按钮和图标样式。

(3) <对话框标题> 指定对话框的标题信息。

一般要通过三个参数的不同取值来获得所需要的按钮、图标样式以及默认按钮,详细规则如表 2-4、表 2-5 和表 2-6 所示。

表 2-4 按钮样式

值	VB 常量	按钮样式
0	vbOKOnly	确定按钮
1	vbOKCancle	确定和取消按钮
2	vbAbortRetryIgnore	终止、重试和忽略按钮
3	vbYesNoCancle	是、否和取消按钮
4	vbYesNo	是和否按钮
5	vbRetryCancle	重试和取消按钮

如,执行语句“n% = MsgBox("请确认输入的数据是否正确!", 3 + 32 + 0, "数据检查")”后,则弹出如图 2-2 所示的对话框。

在参数“3 + 32 + 0”中:按钮样式为 3、在对话框中显示“是、否和取消”按钮;

图标样式为 32、显示问号；

默认按钮为 0、将第 1 按钮“是(Y)”作为默认按钮。

表 2-5　图标样式

值	VB 常量	图标样式
16	VbCritical	停止图标
32	VbQuestion	问号(?)图标
48	vbExclamation	感叹号(!)图标
64	vbInformation	消息图标

表 2-6　默认按钮

值	VB 常量	说　明
0	vbDefaultButton1	第一按钮为默认按钮
256	vbDefaultButton2	第二按钮为默认按钮
512	vbDefaultButton3	第三按钮为默认按钮

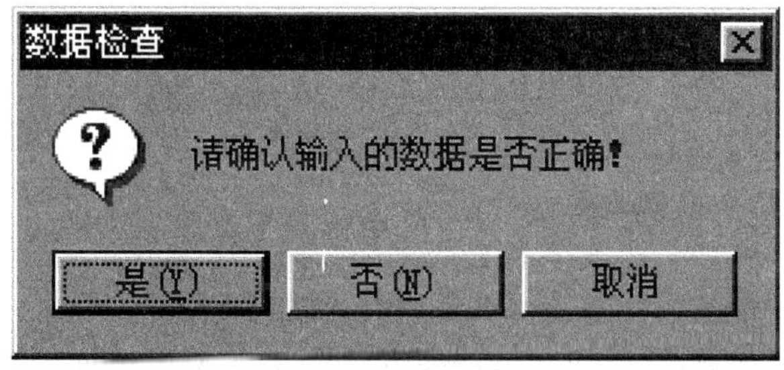

图 2-2　消息对话框

命令中的参数“3 + 32 + 0”也可以写作 35，VB 会自动分解为合适的参数组合。

(4) 函数 MsgBox 对用户在消息对话框中所单击的不同按钮，将返回产生 1 个不同的数值，其对应关系如表 2-7 所示。

表 2-7　单击消息对话框中不同按钮导致的不同返回值

返回值	按　钮	返回值	按　钮
1	“确定”按钮	5	“忽略”按钮
2	“取消”按钮	6	“是”按钮
3	“终止”按钮	7	“否”按钮
4	“重试”按钮		

应根据函数 MsgBox 的不同返回值编程，实现编程者的设计意图。

如下列程序段中的 MsgBox 函数，显示的对话框有“确定”、“取消”两个按钮(由按钮样式 1 决定)，图标样式为问号(由图标样式 32 决定)，默认按钮为第一按钮“确定”(由默认按钮 0 决定)。

```
n% = MsgBox("是否终止运行!", 1 + 32, "")
If n% = 1 Then End
```

如果用户要求终止运行、按了确定按钮，则函数返回值为 1(见表 2-7)。此后，判断 n% 值是否为 1 而决定是否终止程序运行。

2.7 小 结

本章介绍了 VB 程序设计的基本数据类型和表达式。通过本章的学习，我们应掌握 VB 程序设计的数据类型的定义和表达式的书写。

本章首先介绍了 VB 的基本数据类型、不同类型常量的书写方式及不同类型变量的声明语句，目的是为了在程序设计时，根据所要解决问题的实际需要，选择合适的数据类型、书写常量和定义变量。

然后介绍了 VB 的算术、关系、逻辑运算符和常用 VB 内部函数，读者应熟记这些运算符及其优先级、内部函数的书写形式和用法，以便能正确书写 VB 表达式。

习题二

一、判断题

1. 用 Dim 定义数值变量时，该数值变量自动赋初值为 0。
2. 整型数值常量有整数、长整数两种。
3. 在逻辑运算符 Not、Or、And 中，运算优先级由高到低依次为 Not、Or、And。
4. 关系表达式是用来比较两个数据的大小关系的，结果为逻辑值。
5. 一个表达式中若有多种运算，在同一层括号内，计算机按函数运算→逻辑运算→关系运算→算术运算的顺序对表达式求值。
6. 整型变量有 Byte、Integer、Long 类型三种。
7. Visual Basic 的 Double 类型数据可以精确表示其数值范围内的所有实数。
8. 变量的类型是由书写格式决定。
9. 函数 InputBox 的前 3 个参数分别是输入对话框的提示信息、标题以及默认值。
10. 函数 MsgBox 的前 3 个参数分别表示默认按钮、按钮样式以及图标样式。

二、选择题

1. 下列______语句不能用于变量说明。

   A. Dim　　B. Public　　C. Const　　D. Private

2. 输入对话框 InputBox 的返回值的类型是______。

   A. 字符串　　B. 整数　　C. 浮点数　　D. 长整数

3. 若 A≤B 且 C≤D 则 E=2，写作 VB 语句应为：If A<=B ______ C<=D Then E=2 。

   A. Xor　　B. And　　C. <>　　D. Or

4. Int(Rnd * 100) 表示的是______范围内的整数。

   A. [0,100]　　B. [1,99]　　C. [0,99]　　D. [1,100]

5. Integer 类型数据能够表示的最大整数为 ______。

A. 2^{75}　　B. $2^{15}-1$　　C. 2^{16}　　D. $2^{16}-1$

6. 运算符“\”两边的操作数若类型不同，则先______再运算。

A. 取整为 Byte 类型　　B. 取整为 Integer 类型

C. 四舍五入为整型　　D. 四舍五入为 Byte 类型

7. 下列程序段的输出结果是 ______。

```
a=10: b=10000: x=Log(b)/Log(a): Print "lg(10000)=";x
```

A. lg(10000)=5　B. lg(10000)=4　C. 4　D. 5

8. 返回删除字符串前导和尾随空格符后的字符串，用函数______。

A. Trim　　B. LTrim　　C. RTrim　　D. Mid

三、填空题

1. 长整型变量(Long 类型)占用______个字节。
2. 在数值常数后加符号“______”，隐含表示单精度浮点数。
3. 表达式 Right(String(65, Asc("abc")), 3)的值是______。
4. 表达式 2 * 4∧3 + 4 * 6/3 + 3∧2 的值是______。
5. 表达式 16/2-2 ∧ 3 * 7 Mod 9 的值是______。
6. 表达式 81\7 Mod 2 ∧ 2 的值是______。
7. 已知 Ch$ ="1234"，表达式 Val("&H" + Left$(Ch$, Len(Ch$)/2))的值是______。
8. 设 x 为一个两位数，将其个位和十位数交换后所得两位数的 VB 表达式是______。
9. 用随机函数产生一个两位整数的 VB 表达式是______。
10. 求 a 与 b 之积除以 c 的余数，用 VB 表达式可表示为______。
11. 算术式$\frac{b+\sqrt{b^2-4ac}}{2a}$，写成 VB 表达式为______。
12. 算术式 ln(x)+sin(30°)的 VB 表达式为______。
13. 算术式$(2tg(x)+e^{-5})\ln x$ 的 VB 表达式是______。
14. 声明单精度常量 PI 代表 3.1415926 的语句是 ______。
15. #20/5/01#表示______类型常量。
16. 设 I 为大于 0 的实数，写出大于 I 的最小整数的表达式 ______。

四、程序设计题

1. 编程，输入圆的半径，计算并输出圆的面积，按下列要求分别实现：

(1)界面设计尽可能美观、大方。

(2)创建一个文本框控件用于输入，单击命令按钮后通过标签控件显示计算结果。

(3)修改界面和程序：单击命令按钮后，调用 Inputbox 函数输入数据，通过标签控件显示计算结果。

(4)新建一个文件夹，保存工程(工程文件、窗体文件等等，可以用缺省的名称，也可以重命名)在该文件夹中，然后退出 Visual Basic。

(5)求计算结果具有 15 位有效位数，重新打开工程，检查程序并决定是否修改。

2. 编程，创建文本框控件 Text1 用于输入，单击窗体后通过标签控件 Label1 显示计算结果(输入数据自行确定)，事件过程如下：

```
Private Sub Form_Load()
    Dim x As Single, y As Single
    x = Text1.Text
    Label1.Caption = Sin(x)
End Sub
```

(1)运行该程序,体会 Single 类型数据有效位数不超过 6 位,以及 Sin 函数的自变量为弧度制,等等。

(2)修改该程序,体会其他数学函数、字符运算函数的功能以及使用规则。

第 3 章

顺序结构与常用控件

所有的结构化程序都可以由顺序结构、选择结构和循环结构这 3 种基本结构组成。

本章主要介绍顺序结构的基本语句以及命令按钮、标签和文本框控件。

在顺序结构中,各条语句是按照它们在程序中的排列顺序从上到下逐条执行的。

3.1 Print 语句、赋值语句

3.1.1 语句、命令的语法描述规则

为便于解释语句、方法和函数,本书在各语句、方法和函数的语法格式和功能说明中采用统一的符号约定。

Dim <**变量名**> [As <**数据类型**>][,<**变量名**> [AS <**数据类型**>]...]

各语法描述符号及它们的含义如下:

(1) "< >"为必选参数项,尖括号中的中文提示说明,必须由使用者根据问题的需要提供具体的参数。如果缺少必选参数,则发生语法错误。

(2) "[ ]"为可选参数项,方括号中的项目由使用者根据具体问题决定选与不选。如省略,则为缺省值。

(3) "{ }"和"|",包含多中取一的各项,竖线分隔多个选择项,必须选择其中之一。

(4) "..."表示同类项目的重复出现。

注意:在书写具体的命令时,不能出现这些语法描述符号。

3.1.2 Print 语句

使用 Print 语句可以在窗体上输出表达式的值,并可在其他图形对象或打印机上输出信息。该语句格式为:

[<**对象名称**>.] Print [<**输出项**>[[{,|;}][<**输出项**>]]...]

其中,<对象名称>可以是窗体(Form)、图片框(PictureBox)或打印机(Printer)。

· 输出项之间的分隔符","为分段格式,";"为紧凑格式。

· 语句末尾为分隔符","或";",则该语句最后的输出位置为下一条 Print 语句输出的起始位置。

· 若省略输出项,则输出一空行。

VB将一行分为若干段,每14列为1段,若两个输出项之间用逗号间隔,则第二个数据项的输出位置从下一段开始;若两个输出项之间用分号间隔,则第二个数据以“紧凑”格式输出。

例 3-1 Print 语句的输出格式及应用。

```
Private Sub Form _ Click()
  Print 123, 888, -456, 3.14
  Print 123; 888; -456; 3.14
  Print "123"; "888"; "abc", True;
  Print 123, 888; -456; 3.14
  Print
  Print 123, 888, -456, 3.14
End Sub
```

运行该程序时,在窗体上的输出结果如图 3-1 所示。

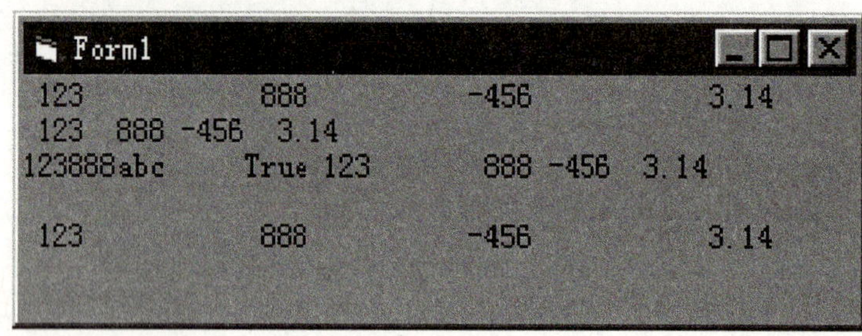

图 3-1 例 3-1 的输出结果

从例 3-1 的输出结果可知:

· 无论是分段格式还是紧凑格式,数值数据输出后都会尾随一个空格,输出正数时正号不显示、输出一个空格。

· 这就是为什么图 3-1 第二行中的 123 和 888 之间有 2 个空格、而 888 与 -456 之间只有 1 个空格的原因。

· 字符串数据原样显示引号内的内容,逻辑类型数据直接输出 True 或 False。

3.1.3 赋值语句

格式:<变量名> = <表达式> 或 <控件名>.<属性名> = <表达式>

功能:计算表达式值并转换为相同类型数据后为变量或控件属性赋值。

说明:

· 为数值变量赋值时,表达式的值不得超过数值变量的数值范围,否则显示错误信息。

如执行语句“k% = 1234567”与“f! = 1.34E39”都将出现赋值错误。

· 值为浮点类型的表达式四舍五入后向整型变量赋值。

如执行语句“k& = 5.76”后,k& 被赋值 6;执行语句“i% = -4.49”后,i% 被赋值 -4。

· 任何类型表达式都可以向字符串变量赋值。

如执行语句“a $ = 123.45”后,字符串变量 a $ 中存放了字符串“123.45”。

· 赋值号不是数学中的等号。

如执行语句“a=a + 8”的过程是,取变量 a 的值与 8 相加后的结果再赋值给变量 a。

例 3-2　编写一个实现两个变量值交换的程序。

我们可以把两个变量 A、B 设想成分别装有牛奶和咖啡的两只杯子,现在要把牛奶倒到咖啡杯里,而将咖啡倒到牛奶杯里。可以这样来做:另取一只杯子(同类型变量)C,将 A 中的牛奶倒入杯子 C,再将 B 中的咖啡倒入杯子 A,最后将杯子 C 中的牛奶倒入杯子 B。

程序如下:

```
Private Sub Form _ Click()
  a% = 5 : b% = 8
  Print a%,b%                    '显示交换前的值
  c% = a% : a% = b% : b% = c%    '交换
  Print a%,b%                    '显示交换后的值
End Sub
```

显然,将交换的过程写作“a% = b% : b% = a%”是错误的。

3.2　命令按钮控件

工具箱中命令按钮控件的图标为。

命令按钮控件的 Caption 属性、控件名称的缺省值都为 Command1、Command2……

1. Name(名称)属性(字符串类型)

名称属性用以标识控件,具有唯一性。

VB 的每个控件都有一个缺省的名称,为了操作方便、提高程序的可读性,可以考虑根据控件在程序中的实际作用,为其另取一个合适的名称。

本书中,控件名称一般取缺省的名称。

2.Caption 属性(字符串类型)

Caption 属性值为显示在控件上的标题,运行时用户在界面上看到的是 Caption 值。

“Caption”属性的缺省值与控件的“Name”属性同名,如新建名称属性为 Command1 的命令按钮,其 Caption 属性的初值也是 Command1。

重新设置控件的 Caption 属性,变化的只是控件的外观(界面上显示的文字);而重新设置控件的名称属性则不然。例如,将名称属性由 Command1 改为 Cmd1,则该控件的鼠标单击事件过程则为 Cmd1 _ Click。

不是所有的控件都有 Caption 属性,比如文本框、驱动器或目录或文件列表框、图像或图片框、定时器、滚动条、组合框、数据库等控件。

通过 Caption 属性可以设置命令按钮的快捷键,为此,只需在作为访问键的字母前添加一个连字符(&)。**如命令按钮的 Caption 属性值为“XXX&Y”(Y 可以是任何字母),则字母 Y 为该命令按钮控件的快捷键字母,当按下 Alt + Y 时,该控件的 Click 事件就会发生。**

例如:下列 Form _ Load 过程使运行时显示窗体后,将该窗体上命令按钮 Command4 所显示的标题修改为“退出e”,且在按组合键 Alt + e 后执行事件过程 Command4 _ Click。

```
Private Sub Form _ Load( )
```

```
  Command4.Caption="退出 &e"
End Sub
```

3.Enabled 属性(可用性,逻辑类型)

本属性决定了控件是否可用。当值为 False,按钮在程序运行时呈灰色,不能响应用户的鼠标动作;当值为 True,控件可用。

Enabled 属性可以在设计时设置,也可以在运行时用赋值语句为其赋值。

例 3-3 两个命令按钮,按钮一(CmdEnable)初始状态为可用,按钮二(CmdFalse)初始状态不可用。点击按钮一,按钮二变为可用,按钮一变为不可用;点击按钮二,按钮一变为可用,按钮二变为不可用。

两个命令按钮名称分别改为 CmdEnable、CmdFalse ,Caption 属性分别设为"按钮一"、"按钮二",为其编制 Click 事件过程如下:

```
Private Sub CmdEnable _ Click()
  CmdFalse.Enabled=True
  CmdEnable.Enabled=False
End Sub
Private Sub CmdFalse _ Click()
  CmdFalse.Enabled=False
  CmdEnable.Enabled=True
End Sub
```

该程序界面设计如图 3-2 所示,运行时按下按钮时激活相应的 Click 事件。

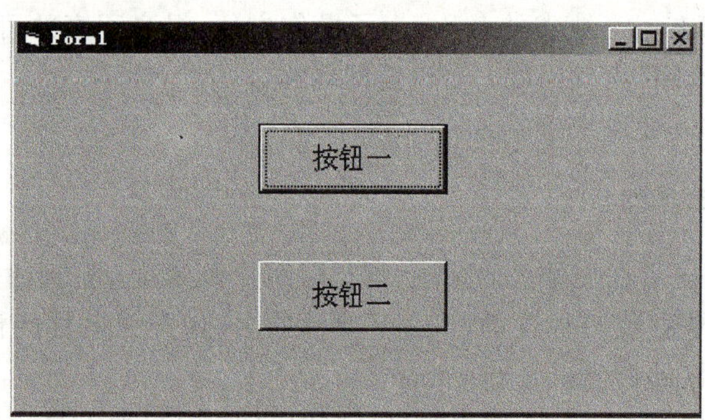

图 3-2 例 3-3 的界面设计

例 3-4 编程,为图片框控件加载汽车图片,命令按钮 Command1 的标题初态为"前进"。按该按钮时:若标题为"前进"则图片向左移动、当图片移到窗体的左边沿时将按钮标题改为"倒车";若标题为"倒车"则图片向右移动、当图片移到窗体的右边沿时将按钮标题改为"前进"。

(1) 界面设计,如图 3-3 所示。

在 Picture 控件中加载图片,应修改其 Picture 属性,如在属性窗口的 Picture 对话框中选择一个图像文件的文件名。

常常有读者一时找不到合适的图片,如汽车图像,可以考虑在 Word 文档中插入汽车图片的"剪贴画",然后打开 Windows 的"画图"、粘贴,在"画图"中作文件操作、将该图像重新命名、存盘。

(2) 代码设计

```
Private Sub Command1_Click()
  If Command1.Caption = "倒车" Then
    Picture1.Left = Picture1.Left + 60
  Else
    Picture1.Left = Picture1.Left - 60
  End If
'如果前进时图片左边沿与窗体左边沿之间距离为 0,则 Command1 的标题改为"倒车"
  If Picture1.Left = 0 And Command1.Caption = "前进" Then
    Command1.Caption = "倒车"
  '如果倒车时图片右边沿与窗体右边沿之间距离为 0,则 Command1 的标题改为"前进"
  ElseIf Picture1.Left + Picture1.Width >= Form1.Width And _
          Command1.Caption = "倒车" Then
    Command1.Caption = "前进"
  End If
End Sub
Private Sub Command2_Click()
  End
End Sub
```

图 3-3 例 3-4 程序的界面设计

4. 命令按钮的其他属性

(1) Appearance 属性(整数 0、1)

值为 1,则以 3D 效果显示该控件;值为 0 则不然。该属性运行时为只读属性,即只能在属性窗口中设置,而不能在运行时修改。

(2) BackColor 属性(整数类型)

该属性在 Style 属性值为 0 时无效，即不会改变命令按钮的背景色；只有在 Style 属性值为 1，重新设置 Backcolor 属性时，才会改变命令按钮的背景色。要在命令按钮上显示图像，必须设置其 Style 属性为 1-Graphic，还要设置其 Picture 属性值，确定所显示的图像。

(3) Cancel 属性(逻辑类型)

该属性值决定按钮是否为一个取消按钮，当按 Esc 键时，Cancel 属性为 True 的命令按钮(只有一个)的 Click 事件过程被调用。

(4) Default 属性(逻辑类型)

该属性值决定哪一个命令按钮控件是窗体的缺省命令按钮，即不论焦点处于任何非命令按钮控件上，在按下回车键时，都会调用缺省命令按钮的 Click 事件。

窗体中只能有一个命令按钮可以为缺省命令按钮，当某个命令按钮的 Default 设置为 True 时，窗体中其他的命令按钮自动设置为 False。

(5) Font 属性

· 属性名 FontBold(逻辑类型)：值为 True 则控件上所显示的文字(Caption)字体加粗，否则为标准(缺省值)。

· 属性名 FontItalic(逻辑类型)：值为 True 则控件上所显示的文字(Caption)为斜体，否则为标准(缺省值)。

· 属性名 FontName(字符串类型)：值为控件上所显示字体类型的名称，该属性的缺省值为"宋体"。

· 属性名 FontSize(整数类型)：值为控件上所显示文字字号的大小。

· 属性名 FontStrikethru(逻辑类型)：值为 True 则控件上所显示文字被加删除线，值为 False(缺省值)则无删除线 。

· 属性名 FontUnderline(逻辑类型)：值为 True 则控件上所显示文字下加下划线，值为 False(缺省值)则无下划线。

(6) Left、Top、Height、Width 属性(数值类型)

· Left 属性值，为控件的左边界与它所在容器左边界之间的距离。

· Top 属性值，为控件的上边界与它所在容器上边界之间的距离。

· Height 属性值，为控件的高度。

· Width 属性值，为控件的宽度。

修改以上四个属性，可以设定控件的位置和大小。

(7) Style、Picture 属性

Style 属性值决定按钮的显示方式是否以图像形式出现：取值 0 则按钮上只能显示文字，取值 1 则在按钮上显示图像(Picture 属性值由所显示的图像文件名确定)。

(8) Visible 属性(逻辑类型)

确定控件运行时是否为可见：值为 True，按钮可见；值为 False，按钮不可见。

(9) Index 属性(整数类型)

当控件为一控件数组时，此属性值为该控件在数组中的下标值。

初学者应特别注意，命令按钮标题所显示的按钮功能，是由该控件相应的事件过程所赋予的。如建立一个命令按钮控件，其 Caption 属性值为"计算"，运行时输入某些数据后单击该按钮，按计算公式计算，才能得到计算结果，而这些都是由写在相应事件过程中的语句实现的。

5. 命令按钮的常用事件

命令按钮最常用的事件是鼠标点击(Click)事件,当点击按钮时,犹如发出了一道命令,而这也正是"命令按钮"这个说法的由来。

3.3　标签框控件

工具箱中标签框控件的图标为 **A** 。

标签框控件缺省的控件名称、Caption 属性值都为:Label1、Label2……,等等。

Label 控件是图形控件,可以显示用户不能直接改变的文本。如图 3-4 所示窗体中,"西瓜"、"草莓"、"葡萄"、"橘子"这些文字都是由标签框设置的。

再次强调,初学者在上机操作时,常常会将标签控件 Label1 名称最后的数字"1"误写作字母"l",导致运行错误。

标签框的用途非常广,几乎在所有的设计中都会用它来做一些说明。运行时不能在标签框上直接输入文字,但可以用程序中的语句来改变 Label 控件所显示的文本。

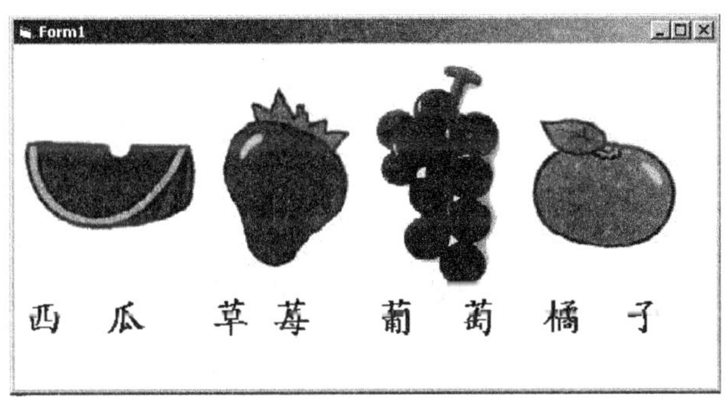

图 3-4　标签控件示例

3.3.1　标签框控件常用属性

1. Caption 属性(字符串类型)

标签框控件的主要作用是在应用程序界面上加入说明,用户在界面上看到的是它的 Caption 属性(标题),所以 Caption 属性是标签框最重要的属性。它的许多其他属性,比如字体、颜色等,也是为标题的字体、颜色而设置的。

Caption 属性可以在创建界面时设置,也可以在程序中改变文本信息。如果要在程序中修改标题属性,代码规则如下:

标签名称.Caption=**＜字符串＞**

2. AutoSize 属性(逻辑类型)

该属性决定控件是否可以自动改变大小,以显示其全部内容。当字符串 Caption 的字符数超过设定的字符串 Caption 的宽度时：

· 若 AutoSize 属性值为 True,则自动改变控件大小以显示全部内容；

· 若 AutoSize 属性值为 False(缺省值),则保持控件大小不变,超出部分不予显示。

3. BackStyle 属性(整数类型,取值 0,1)

该属性值用以指示标签是否透明。

· BackStyle 属性值为 0,透明(与窗体同色)。

· BackStyle 属性值为 1(缺省值),不透明。

4. BordStyle 属性(整数类型,取值 0,1)

该属性值用以设置控件是否有边框。

· BordStyle 属性值为 0(缺省值),无边框。

· BordStyle 属性值为 1,有边框。

3.3.2 标签框控件常用事件

标签框控件和命令按钮一样,也可以响应如 Click,Dbclick 等等事件。在程序设计中,习惯上还是作为文本显示使用。

例 3-5 设置两个标签框,查看由于一些属性的不同而产生的不同效果。

设计两个 Label 控件,设置不同的 Atuosize 属性和 WordWrap 属性。两个 Command 按钮,一个用来控制显示,一个用来擦除 Label 的文字。

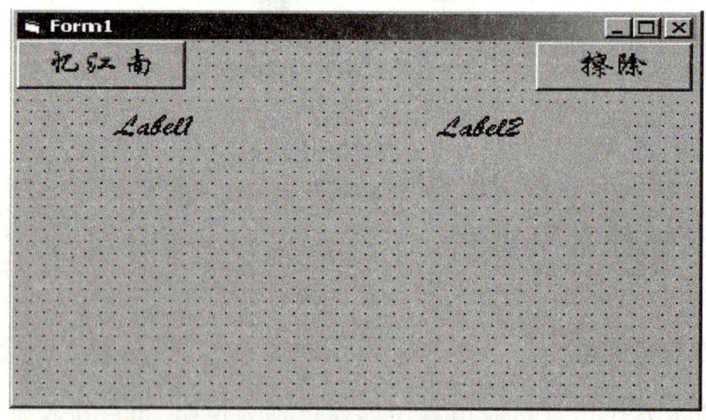

图 3-5 例 3-5 的界面设计

(1) 界面设计,如图 3-5 所示。部分控件属性设置如下：

```
Command1.FontName = "华文行楷"
Command2.FontName = "华文行楷"
Command1.FontSize = 16
Command2.FontSize = 16
Label1.FontName = "华文行楷"
Label2.FontName = "华文行楷"
```

```
Label1.FontSize = 16
Label2.FontSize = 16
```

在界面设计时设置以上属性，是在属性窗口中的 Font 对话框中完成。

```
Command1.Caption = "忆江南"
Command2.Caption = "擦除"
Label1.AutoSize = True
Label1.WordWrap = True
Label1.Width = 1600
Label2.AutoSize = False
Label2.WordWrap = False
Label2.Width = 1600
```

(2) 过程设计

```
Private Sub Command1_Click()
  Label1.Caption = "江南忆，最忆是杭州，山寺月中寻桂子，郡亭枕上看潮头，"
  Label1.Caption = Label1.Caption + "何日更重游?"
  Label2.Caption = Label1.Caption
End Sub
Private Sub Command2_Click()
  ' 将控件的 Caption 属性赋值为空字符串，可以将控件上所显示的标题清空(空白)。
  Label1.Caption = ""
  Label2.Caption = ""
End Sub
```

由图 3-6 可以看出，由于 AutoSize 和 WordWrap 设置的不同结果，AutoSize 为 True 时控件的边界会自动拓展，反之将严格地受限于设定的边界。

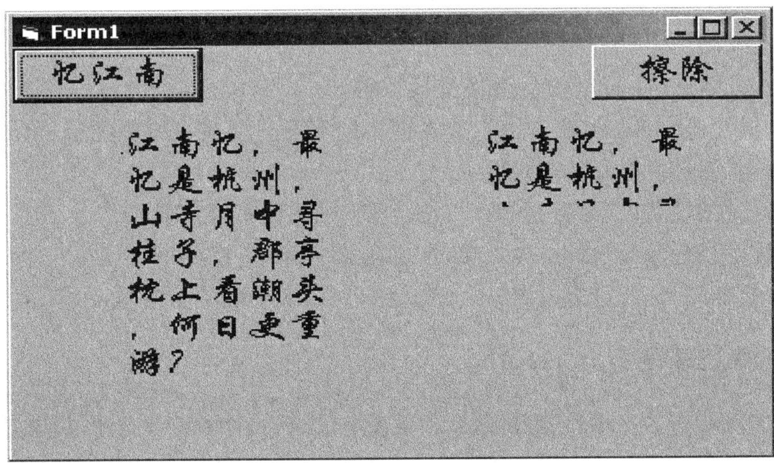

图 3-6　例 3-5 的运行结果

3.4 文本框控件

工具箱中文本框控件的图标为abl。

文本框控件名称、Text 属性的缺省值都为 Text1、Text2……

文本框控件可以在程序运行过程中接受数据(字符型),也可以用来显示程序的运行结果。

3.4.1 文本框控件常用属性

1. Text 属性(字符串类型)

该属性是文本框控件最重要的属性之一,用来显示文本框中的文本内容。可以在设计时设定 Text 属性,也可以在运行时直接在文本框内输入、或向 Text 属性赋值的方法来改变该属性的值。

向文本框控件的 Text 属性赋值,格式为:**文本框控件名.Text=＜字符串＞**

2. MaxLength 属性(整数类型,取值在 0 至 65535 之间)

该属性值设定在文本框控件中能够输入的最大字符数。默认值为 0,与 65535 等价,表示在文本框所能容纳的字符数之内没有限制。

该属性值不得大于 65535,若在其取值范围内设定了一个非 0 值,则尾部多出的部分被截断。如执行下列语句后,窗体上文本框内显示“abcdefghij”。

```
Text1.MaxLength=10
Text1.Text="abcdefghijk12345"
```

3. MultiLine 属性(逻辑类型)

该属性值设定 Text 字符串中是否接受换行符。

MultiLine 属性值为 False(缺省值),文本框中的字符只能在一行中显示;MultiLine 属性值为 True,则文本框中的字符可以多行显示:

(1) 设计时,在属性窗口中直接写入 Text,按 Ctrl+回车可以换行;

(2) 运行时,用赋值语句修改 Text 属性,必须加入回车、换行符才可换行。

例如:Text1.Text="未到达边界" + Chr(13) + Chr(10) + "另起一行。"

4. ScrollBars 属性(整数类型 0、1、2、3)

该属性值决定是否为文本框加滚动条。当文本过长,可能超过文本框的边界,应为该控件添加滚动条。

- ScrollBars 属性值为 0(缺省值),无滚动条。
- ScrollBars 属性值为 1,加水平滚动条。
- ScrollBars 属性值为 2,加垂直滚动条(当 MultiLine 属性为 True 时该设置有效)。
- ScrollBars 属性值为 3,同时加水平、垂直滚动条。

5. PasswordChar 属性(字符类型)

该属性值设定输入文本的特殊显示字符,在设计密码程序时非常有效。其值只能为 1 个字符,缺省值为空。

仅当 MultiLine 属性为 False、且 PasswordChar 值为非空格符时,该属性设置有效。

当 PasswordChar 属性设置有效时,无论在文本框内输入什么可显示字符,一律是用 PasswordChar 值显示(非实际字符)。

如在 Form _ Load 事件中做如下设置,窗体装入后直接在 Text1 的输入框中输入"abcdefg",可以看到输入框内显示的内容是"*******"。

```
Private Sub Form _ Load()
  Text1.MultiLine = False
  Text1.PasswordChar = "*"
End Sub
```

然后单击 Command1 按钮(假定程序代码如下),可以看到标签 1 上输出结果还是"abcdefg",表明在 Text1.Text 中实际赋值无误,只是在用户界面上不显示实际输入字符而已。

```
Private Sub Command1 _ Click()
  Label1.Caption = Text1.Text
End Sub
```

6. 文本编辑属性

· SelStart 属性(数值类型),表示选中文本的起始位置,返回的是选中文本的第一个字符的位置。

· SelLenght 属性(数值类型),表示选中文本的长度,返回的是选中文本的字符串个数。

· SelText 属性(字符串类型),是文本框内被选中的文本。本属性的结果是个返回值,或为空(没有选中字符),或为选中的文本。

在 Windows 操作系统中,剪贴板是常用的文本编辑帮助工具。把文本框和剪贴板对象结合使用,可以方便地实现文本的复制、剪切和粘贴。

有关剪贴板操作的几个方法,简单介绍如下:

· Clear 方法

清除剪贴板中的内容,应用举例:ClipBoard.Clear

· GetText 方法(将剪贴板上的文本复制到指定文本框的光标处或复制给字符串变量)。

将剪贴板上的文本复制到指定文本框的光标处,应用举例:

Text1.SelText = Clipboard.GetText

将剪贴板上的文本复制给字符串变量,应用举例:

str1 = Clipboard.GetText

· SetText 方法

将选中文本送入剪贴板,应用举例:

Clipboard.SetText(Text1.SelText)

3.4.2　文本框控件常用事件

1.Change 事件

当用户向文本框中输入新内容,或当程序把文本框控件的 Text 属性设置为新值时,触发 Change 事件。

例如,在一个应用程序中,文本框控件 Text1 用于输入 x,事件过程 Command1 _ Click 用于计算 1/x。如果文本框内没有输入任何数、或输入 0,单击 Command1 按钮就会导致运行错误。

可以在窗体的 Load 事件中写入语句 Command1.Enable = False,先锁定该命令按钮,然后编制如下事件过程:

```
Private Sub Text1 _ Change()
  If Val(Text1.Text) <> 0 Then Command1.Enable = True
End Sub
```

2.KeyPress 事件

KeyPress 事件由用户在文本框控件的文本框中按任意按键触发。KeyPress 事件过程有一个形参变量 KeyAscii,调用该过程时,触发调用的按键的 Ascii 码赋值到 KeyAscii。

例 3-6　编程,在输入 1 串字符的过程中,即时显示一个与输入字符串反序的字符串。例如,与字符串"abcd"反序的字符串为"dcba"。

(1) 界面设计,如图 3-7 所示。文本框控件 Text1 用于输入,在标签控件中即时显示与 Text1.Text 反序的字符串。在此,不选择文本框控件显示反序字符串,是因为要求选择后者是一个不可输入的控件。图 3-7 中,下方的标签框控件由于设置了 BorderStyle 属性为 1,以及白色的背景,因此其外观与上方的文本框控件相似,但不可用于输入。

图 3-7　例 3-6 的界面设计

(2) 过程设计

```
Dim ss As String
Private Sub Text1 _ KeyPress(KeyAscii As Integer)
  ss = Chr(KeyAscii) + ss
```

```
    Label1.Caption = ss
  End Sub
```

文本框输入完后，一般习惯于按回车键表示输入结束(回车键的 ASCII 码为 13)。下列事件过程可以在输入过程结束后，按回车键响应 KeyPress 事件，弹出消息框“good student!”。

```
Private Sub Text1 _ KeyPress(KeyAscii As Integer)
    If KeyAscii = 13 Then Msgbox("good student!")
End Sub
```

例 3-7　设计一个商店的收费程序，使用者输入应付款和付款金额后，单击“找回”按钮，计算出找回多少钱，然后列出要找回的钱：100 元、10 元、5 元以及 1 元各多少张。

(1) 界面设计，如图 3-8 所示。

图 3-8　例 3-7 的界面设计

各标签框控件部分属性设置为：

```
Label1.Caption = "应付款"
Label1.FontName = "隶书"
Label1.FontSize = 14
Label2.Caption = "付款"
Label3.Caption = "找回"
Label4.Caption = "100 元"
Label6.Caption = "10 元"
Label8.Caption = "5 元"
Label10.Caption = "1 元"
Label5.Caption = ""
Label7.Caption = ""
Label9.Caption = ""
Label11.Caption = ""
```

标签控件 Label2、Label3、Label4、Label6、Label8 以及 Label10 的 FontName、FontSize 属性

值与 Label1 相同。

(2) 过程设计

```
Private Sub Form_Load()
  Label5.FontSize = 20
  Label7.FontSize = 20
  Label9.FontSize = 20
  Label11.FontSize = 20
  Text1.Text = "" : Text2.Text = ""
  Text3.Text = ""
End Sub
'在窗体装载时,把文本框清空,并设定各 Label 控件的大小。
Private Sub Command2_Click()      '"退出"按钮的代码
  End
End Sub
Private Sub Command1_Click()      '"找回"按钮的代码
  Dim cash, pay, change, hun, ten, five, one As Integer
  'cash-应付款、pay-付款、change-找回的金额。
  'hun、ten、five、one 为每种钱币的数量。
  cash = Val(Text1.Text)
  pay = Val(Text2.Text)
  If cash > pay Then
    MsgBox ("现金不足,请交付足够的金额,谢谢!")
    Text2.text = ""
    '文本框控件的 SetFocus 方法,可以使 Text2 自动获得输入焦点,
    '此时,光标在文本框中闪烁,等待用户输入。
    Text2.SetFocus
  End If
  change = pay - cash
  Text3.Text = Str(change)
  If change < 0 Then
    Label5.Caption = "0"
    Label7.Caption = "0"
    Label9.Caption = "0"
  Else
    '统计应找回百元币的张数
    hun = change \ 100
    '统计应找回不足百元的部分中、拾元币的张数。
    ten = (change - 100 * hun) \ 10
    '统计应找回不足拾元的部分中、五元币的张数。
    five = (change - 100 * hun - 10 * ten) \ 5
```

```
        '统计应找回不足五元的部分中、一元币的张数。
        one = change - 100 * hun - 10 * ten - five * 5
        Label5.Caption = Trim(Str(hun))
        Label7.Caption = Trim(Str(ten))
        Label9.Caption = Trim(Str(five))
        Label11.Caption = Trim(Str(one))
    End If
End Sub
Private Sub Text2 _ KeyPress(KeyAscii As Integer)
    '在按回车键后,也执行"找回"按钮的事件过程 Command1 _ Click
    If KeyAscii = 13 Then Command1 _ Click
End Sub
```

3.5 小 结

本章介绍了顺序结构的基本语句,着重介绍了三种控件:Command(命令按钮)、Label(标签框)、Text(文本框)。

按照结构化程序设计的基本思想,任何程序都可以用顺序结构、选择结构和循环结构这三种基本结构表示。在一个简单的顺序结构的程序中,各个语句是顺序执行的,这种程序主要由赋值语句、输入输出语句组成。

命令按钮控件的标题一般说明按钮的功能,而其功能是由为控件的事件过程所编制的程序代码实现的。命令按钮的常用事件过程为 Click,程序设计中,为能在运行时以交互方式调用某个功能模块、完成某种切换,一般应为此建立一个命令按钮控件并编制相应的事件过程。

也可以为标签框控件编制事件过程,但一般用法是,在设计时设置其 Caption 属性、为其他控件加注一些必要的说明以改善用户界面,或是在运行时改写其 Caption 属性以显示计算结果。运行时不可以直接在标签控件上用键盘输入。

运行时可以在文本框控件的文本框内用键盘输入数据,与 InputBox 函数不同的是:前者输入的数据在窗体上显示,后者输入结束后关闭输入窗口。运行时可以改写文本框控件的 Text 属性,即时出现在窗体上,提供了又一种输出计算结果的途径。

习题三

一、判断题

1. 要在文本框中输入 6 位密码,并按回车键确认,则文本框的 MaxLength 属性应设置为 6。
2. 表示各控件对象的变量名的属性为 Caption。
3. 标签框的 Caption 属性值为字符串,运行时可以重新赋值。
4. 用来显示文本框内容的属性是 Caption 属性。
5. SetFocus 方法是把焦点移到指定对象上,使对象获得焦点,该方法适用于所有控件。

6. 文本框控件除支持鼠标的 Click、DblClick 事件外，还支持 Change、LostFocus、KeyPress 事件。
7. 运行时可以对对象的位置、大小属性通过程序代码进行调整，以获得不同的显示效果。
8. 命令按钮不但能响应单击事件，而且还能响应双击事件。
9. 要使输入文本框的字符始终显示“#”，则应修改其 PasswordChar 属性为“#”。
10. 设置好窗体字体后，在窗体上建立控件，各控件的默认字体为窗体字体。
11. 赋值语句的功能是计算表达式值并转换为相同类型数据后为变量或控件属性赋值。

二、选择题

1. 标签框控件标题、文本框控件显示文本的对齐方式由______ 属性来决定。
   A. WordWrap　B. AutoSize　C. Alignment　D. Style
2. 将命令按钮 Command1 设置为窗体的缺省按钮，可修改该控件的______ 属性。
   A. Enabled　B. Value　C. Default　D. Cancel
3. 下列哪个属性用来表示标签(Label)的内容和窗体(Form)的标题______。
   A. Text　B. Caption　C. Left　D. Name
4. 将焦点主动设置到指定的控件或窗体上，应采用______ 方法。
   A. SetDate　B. SetFocus　C. SetText　D. GetGata
5. 按 Tab 键时，焦点在各个控件之间移动的顺序是由______ 属性来决定的。
   A. Index　B. TabIndex　C. TabStop　D. SetFocus
6. 下列哪个属性用来表示各对象(控件)的位置______。
   A. Text　B. Caption　C. Left　D. Name
7. 在 VB 中程序注解可以加在下列哪个符号之后______。
   A. ’　B. /　C. :　D. !
8. 要使文本框显示滚动条，需先设置______ 属性。
   A. AutoSize　B. Multiline　C. Alignment　D. Scrollbars
9. 文本框控件 Text4 的 Text 属性默认值为______。
   A. Text4　B. "Text4"　C. Locked　D. Name
10. 文本框中选定的内容，由下列______ 属性来反映。
    A. SelText　B. SelLenght　C. Text　D. Caption
11. 语句 Print "5 * 5" 的执行结果是______。
    A. 25　B. "5 * 5"　C. 出现错误提示　D. 5 * 5

三、填空题

1. 控件的 Top 属性是指控件的______(上、下)边至窗体标题栏______(上、下)边的距离；Left 属性是指控件______(左、右)边到窗体______(左、右)边的距离。
2. VB 窗体位置、大小属性值的度量单位为______，与窗体坐标刻度______(有关/无关)。
3. 如果字符“[Y]”是某个命令按钮的快捷键，则你在用键盘输入时，就可按______，在设计时只需在命令按钮属性窗口的 Caption 属性值的后面加上______ 即可。
4. 运行时，若需要命令按钮为灰色，即不被激活，在设计时可以通过______ 属性来实现。
5. 文本框中输入的字符数需加以限定时，用的是文本框的______属性。
6. 把焦点定在文本框 Text1 中的程序代码为______。

7. ______属性决定文本框是否可以接受多行文本。

8. 让控件隐藏起来，处于不可见状态，可修改其______属性。

9. 要使输入文本框的字符显示在其最右边，可修改文本框的______属性。

10. 要使标签框的大小随 Caption 属性做自动调整，应修改其______属性。

11. 语句“Dim C As ______”定义的变量 C，可用于存放控件的 Caption 的值。

12. 语句 Print Not 10 > 15 And 8 < 5 + 2 的输出结果为______。

四、程序阅读题（写出下列程序的运行结果）

程序 1.

```
Private Sub Form_Click()
  Dim a As Single, b As Single, c As Single
  a = Text1.Text : b = Text2.Text : c = Text3.Text
  Label1.Caption = Str(a * a + 2 * b * b + 3 * c * c)
End Sub
```

请写出在 Text1、Text2、Text3 中依次输入 3、4、5 后，单击窗体时 Label1 的显示结果。

五、程序设计题

编程，查看所按键的 ASCII 码：在文本框控件内输入某个字符，用标签控件显示输入字符的 ASCII 码。

第 4 章

选择结构与常用控件

经过上一章的介绍，我们对顺序结构和控件已经有了一个初步的了解。本章我们将进一步介绍选择结构和一些常用的控件：单选按钮、复选框、框架、列表框、组合框、滚动条、定时器。

4.1 选择分支结构

选择分支结构是计算机科学用来描述自然界和社会生活中分支现象的重要手段。其特点是：根据所给定的条件成立与否，来决定从不同分支中选择执行某一分支的相应操作。VB 中用来实现选择分支结构的语句主要有 IF 和 Select。

4.1.1 IF … THEN 结构

1. 行 IF 语句

格式：IF 〈条件〉 THEN 〈语句 1〉 [ELSE 〈语句 2〉]

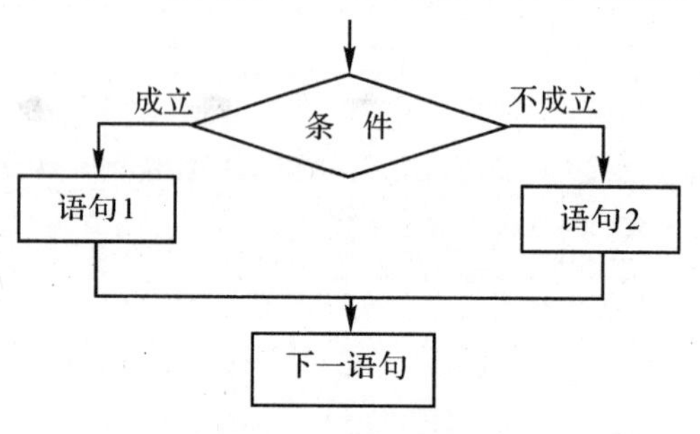

图 4-1a IF 结构流程图 a

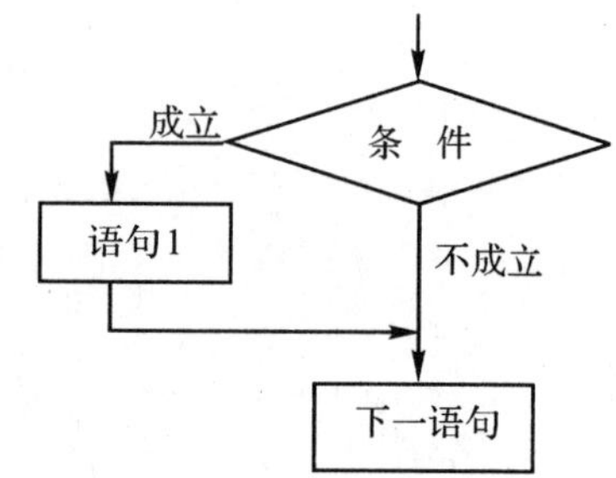

图 4-1b IF 结构流程图 b

功能：条件成立执行语句 1，否则执行语句 2（流程图如图 4-1a 所示）；可以缺省关键字 ELSE 和语句 2（流程图如图 4-1b 所示）。

行 IF 语句必须在同一行内写完。

VB 的 1 条语句如果太长、需要写在多行上，则应在行结束处插入“_”（空格、下划线）后再按回车键，如例 4-1 所示。

例 4-1 编程，输入 x，求下列分段函数 f(x) 值。用 InputBox 输入 x，计算结果 f(x) 输出到 Text 控件。

$$f(x)=\begin{cases}1-x^2 & x\leqslant 5\\(x-5)^{1/4} & x>5\end{cases}$$

在窗体上建立文本框控件 Text1 和命令按钮控件 Command1。

编制事件过程 Command1 _ Click 如下：

```
Private Sub Command1 _ Click()
  Dim x as Single
  x = Val(InputBox("输入 x","计算分段函数的值"))
  If x < = 5 Then Text1.Text = Str(1 - x * x ) Else _
    Text1.Text = Str((x - 5) ^ 0.25)
    ' 以上两行之间加入了 2 个字符" _",因此 VB 将它们视为写在 1 行上的
    ' 行 IF 语句。
End Sub
```

行 IF 语句的最后不需要加 End If。

VB6.0 中，向文本框赋值的算术表达式也可以不转换成字符串类型，如直接写作

Text1.Text = 1 - x * x

例 4-2　编程，输入 x、y，仅当 x<y 时交换 x、y 值，然后输出 x、y 的值(在 Text 控件输入，输出到 Label 控件)。

建立文本框控件 Text1、Text2，标签控件 Label1；

编制事件过程 Form _ Click 如下(单击窗体响应)：

```
Private Sub Form _ Click()
  Dim x as Single,y as Single,Temp as Single
  '文本框 Text1、Text2 中应已输入相应数值，再赋值到变量 x、y。
  x = Text1.Text
  y = Text2.Text
  '当 x<y 时，交换两个变量的值。以下行 IF 语句的流程图，如图 4-1b 所示
  If x < y Then Temp = y : y = x : x = Temp
  Label1.Caption = "x = " + Str(x) + " y = " + Str(y)
End Sub
```

以上过程中，表达式　"x = " + Str(x) + " y = " + Str(y)

不可以写作　　　　　"x = " + x + " y = " + y,

因为字符类型与数值类型数据不可以用"+"连接。

2. 块 IF 语句

```
格式：If 〈条件〉 Then
        〈语句 1〉
      [ Else
        〈语句 2〉]
      End If
```

其中：语句 1、语句 2 可以是多条 VB 可执行语句或选择结构、循环结构。

例 4-3　求 $ax^2+bx+c=0$ 根，用 InputBox 函数输入系数，计算结果在文本框 Text1 中显

示。

界面设计略,过程设计如下:

```
Private Sub Form_Click()
  Dim a As Single, b As Single, c As Single,d As Single
  Dim x1 As Single,x2 As Single
  a = InputBox("输入 2 次项系数 a","解 1 元 2 次方程")
  b = InputBox("输入 1 次项系数 b","解 1 元 2 次方程")
  c = InputBox("输入常数项系数 c","解 1 元 2 次方程")
  d=b * b-4 * a * c
  If d >= 0 then
    x1 = ( - b + Sqr(d))/2/a
    x2 = ( - b - Sqr(d))/2/a
    Text1.Text ="x1 =" + Str(x1) + " x2 =" + Str(x2)
  Else
    'x1 保存解的实部系数,x2 保存解的虚部系数。
    x1 = - b/2/a
    x2 = Sqr( - d)/2/a
    Text1.Text ="x1 =" + Str(x1) +"+" + Str(Abs(x2)) + "i" + Chr(13) + Chr(10)
    '上 1 行最后的字符" _"表示本行是上 1 行的续行
    Text1.Text = Text1.Text + "x2 =" + Str(x1) + "-" + Str(Abs(x2)) + "i"
  End If
End Sub
```

本例全面考虑了实根、复根的情况,即当 d> =0 时求实根,当 d<0 时求复根(复根表示成"实部"+"±"+"虚部"+"i"的形式)。

向 Text 属性赋值的字符串中如需要换行,则欲换行处应加入字符串"Chr(13) + Chr(10)",注意 Text1 控件的"MultiLine"属性应为 True。

例 4-4 编程,在窗体上输出字符串"欢迎使用 Visual Basic"。第一次单击时以黑体显示;第二次单击时以楷体显示;第三次单击时以隶书显示;第四次单击则清除窗体上的信息。

界面设计略,过程设计如下:

```
Dim nflag As Integer               '在通用对象声明部分声明变量
Dim smystring As String
Private Sub Form_Click()           '根据 nflag 的值,决定以何种字体显示或清除
  If nflag = 1 Then
    Form1.FontName ="黑体"
    Print smystring
    nflag = nflag + 1      'nflag 的值增 1,以便下次单击窗体时以楷体显示
  Else
    If nflag = 2 Then
      Form1.FontName ="楷体_GB2312"
      Print smystring
```

```
        nflag = nflag + 1
      Else
        If nflag = 3 Then
          Form1.FontName = "隶书"
          Print smystring
          nflag = nflag + 1
        Else
          Cls                  '清屏
          nflag = 1              '重新设置 nflag 为 1
        End If
      End If
    End If
End Sub
Private Sub Form_Load()          '设置变量的初始值
    nflag = 1
    smystring = "欢迎使用 Visual Basic"
    Form1.FontSize = 18
End Sub
```

程序运行的情况如图 4-2 所示。

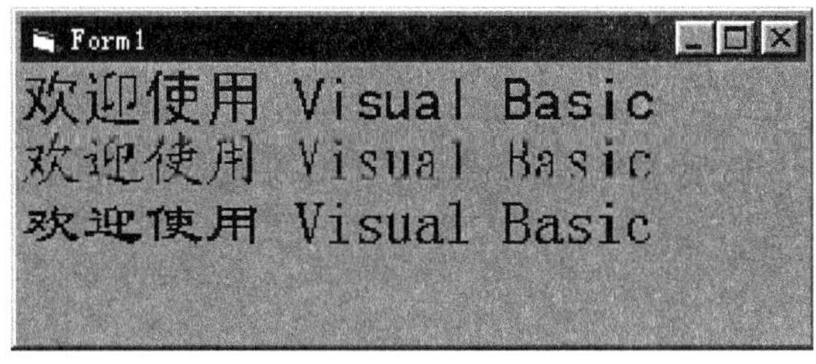

图 4-2　例 4-4 运行时、清屏前的输出结果

IF 结构中的语句 1 或语句 2 中包含 IF 语句，在使用时必须注意每一个 If 与 End If 的对应关系。

上述 IF 结构也可以写作如下形式：

```
If nflag = 1 Then
  Form1.FontName = "黑体"
  Print smystring : nflag = nflag + 1
ElseIf nflag = 2 Then
  Form1.FontName = "楷体_GB2312"
  Print smystring : nflag = nflag + 1
ElseIf nflag = 3 Then
  Form1.FontName = "隶书"
  Print smystring : nflag = nflag + 1
Else
```

```
  Cls : nflag = 1
End If
```

4.1.2 Select Case ... End Select 结构

多分支结构程序可通过情况语句,也称 Select Case 语句或 Case 语句来实现,它根据一个表达式的值,在一组相互独立的可选语句序列中挑选要执行的语句序列。Select Case 的结构化分支语句,通常可使程序更有效率,并增加可读性。其格式如下:

Select Case 〈测试表达式〉
  [Case 〈表达式列表 1〉
    [〈语句块 1〉]]
    ...
  [Case Else
    [〈语句块 n+1〉]]
End Select

其中:

(1) 测试表达式:为数值表达式或字符串表达式。

(2) 表达式列表:可以是单个表达式(单值),也可以是“表达式 To 表达式”的形式(多值),或用符号“Is”表示测试表达式的值与其他表达式的比较关系。

(3) 执行流程如下:

先对“测试表达式”求值,然后测试该值与哪一个 Case 子句中的“表达式表列”相匹配;如果找到了,则执行与该 Case 语句有关的语句块,并把控制转移到 End Select 后面的语句;如果没有找到,则执行与 Case Else 子句有关的语句块,然后把控制转移到 End Select 后面的语句。

例 4-5 输入 x、n,根据下列公式计算多项式 p(n,x)的值。

$$p(n,x)=\begin{cases}1 & n=0\\ x & n=1\\ (3x^2-1)/2 & n=2\\ (5x^2-3)\cdot x/2 & n=3\\ ((35x^2-30)\cdot x^2+3)/8 & n=4\end{cases}$$

界面设计略,过程设计如下:

```
Private Sub Form_Click()
  Dim x As Single, p As Single, n As Byte
  x = InputBox("输入 x","")
  n = InputBox("输入 n","")
  Select Case n
    Case 0
      p = 1
    Case 1
      p = x
    Case 2
```

```
      p = (3 * x * x - 1)/2
    Case 3
      p = (5 * x * x - 3) * x/2
    Case 4
      p = ((35 * x * x - 30) * x * x + 3)/8
    Case Else
      Print "n 值超出范围(0 - 4)"           '当所有的条件都不满足时执行此语句
  End Select
  If n >= 0 And n <= 4 Then Print p
End Sub
```

例 4-6　输入年、月份,输出该月天数(计算 y 年是否闰年的条件为:y Mod 4 = 0 And y Mod 100 <> 0 Or y Mod 400 = 0)。

界面设计略,过程设计如下:

```
Private Sub Form_Click()
  Dim y As Integer, m  As Integer, d As Integer
  y = InputBox("输入年份","输入数据")
  m = InputBox("输入月份","输入数据")
  Select Case m
    Case 1, 3, 5, 7 , 8, 10, 12              '7 , 8 也可以写作 7 To 8
      d = 31
    Case 4, 6, 9, 11
      d = 30
    Case 2
      If y Mod 4 = 0 And y Mod 100 <> 0 Or y Mod 400 = 0 Then
        d = 29
      Else
        d = 28
      End If
  End Select
  Print y; "年"; m; "月有"; d; "天"
End Sub
```

例 4-7　分析以下程序,理解情况选择结构的执行流程(当程序运行时,先后输入 3、- 1、4 和 125,查看在 Label1 上的信息分别是什么?)。

界面设计略,过程设计如下:

```
Private Sub Form_Click()
  Dim a As Integer, w As Integer
  a = Val(InputBox("输入 a",""))
  Select Case a Mod 5
    Case Is < 4
      w = a + 10
```

```
      Case Is < 2
        w = a * 2
      Case Else
        w = a - 10
    End Select
    Label1.Caption = "w = " & Str(w)
End Sub
```

例中，Select 结构内的“Is”，表示表达式 a Mod 5 的值。

4.1.3 On Error GoTo 语句

程序在运行时，若产生运行错误，将终止执行。对于可以预见的错误，可以用 On Error GoTo 语句捕获，并将控制转去执行一段预先写好的处理错误的语句。

格式：**On Error GoTo L1**

功能：在执行该语句后，若发生运行错误，控制将转去执行标号为 L1 的语句。

例如，下列事件过程用于输出变量 x 的倒数，其中 x 的值通过文本框控件 Text1 输入。如果调用该事件过程前 Text1.Text 值为空，就要产生 0 作除数的错误。

```
Private Sub Command_Click()
   Print 1/Val(Text1.Text)
End Sub
```

将该事件过程改写如下，则可以在错误发生时显示一行提示信息、程序继续运行。

```
Private Sub Command_Click()
  On Error GoTo Err001
  Print  1/Val(Text1.Text)
  Exit Sub  '为防止没有出错情况下错误地执行下一语句，退出 Sub 过程。
  Err001: MsgBox "除数不能为 0，请输入 x 的值"
End Sub
```

4.2 单选按钮控件

工具箱中单选按钮控件的图标为 ⊙ 。

单选按钮控件时常出现在一些 Windows 应用程序中，比如我们在加入某个俱乐部的时候，会被告之填写一些电子表格，如图 4-3 所示。

在性别这一栏，我们只需要在按钮上点击选择即可，非常方便，而且也不会出现重复选择的情况，即不会出现男女同时被选中的情况。在一组单选按钮中，只能选择其中的一个。当选中某个单选按钮时，其他单选按钮都处于关闭状态，就像音响里的音源选择，选了 CD 键，Tape 键就弹起；选了 Tape 键，CD 键也会弹起。

为了更好地利用单选按钮，在实际应用中，常使用单选按钮的控件数组。

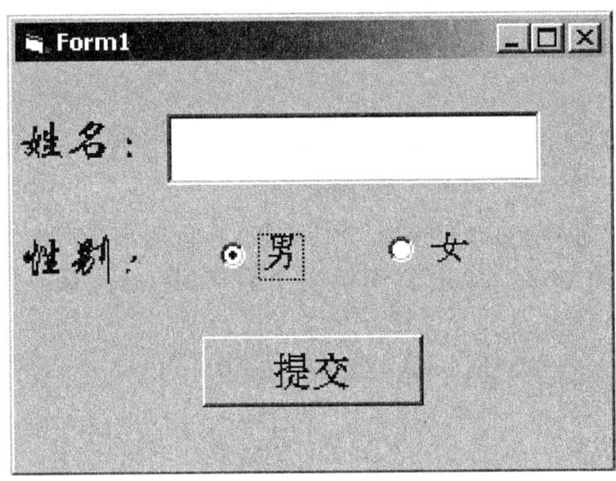

图 4-3　入会电子表格

4.2.1　单选按钮控件的常用属性

1. Caption 属性(字符类型)

Caption 属性值是显示在控件上的文本，是单选按钮的标题，如图 4-3 中的“男”，“女”。单选按钮的该属性以及名称的缺省值都为 Option1、Option2、……

2. Alignment 属性(取值为整数 0、1)

Alignment 属性设置单选按钮控件标题的对齐方式。

(1) 属性值为 0，表示左对齐(Left Justify)，即标题在单选按钮的右边，此为默认方式。如图 4-4 所示，控件 Option1 的标题“Option1”。

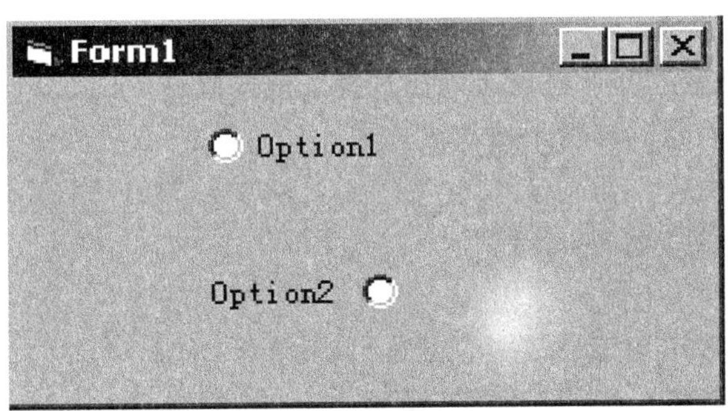

图 4-4　单选按钮对齐属性说明

(2) 属性值为 1，表示右对齐(right justify)，即标题在单选按钮的左边，如图 4-4 所示，控件 Option2 的标题“Option2”。

3. Enabled 属性(逻辑类型)

控件的 Enabled 属性值为 False 时，控件显示为灰色，运行时不可用。就是说，此时若该控件的某一事件发生,相应的事件过程不会被调用。

4. Index 属性(整数类型)

Index 属性值标识为单选按钮组成的控件数组中某个按钮的索引值,利用控件数组的方式使用单选按钮,可以简化代码,增强代码的可读性。

下列过程为控件数组 Option1 的单击事件过程,运行时单击其中第一个按钮时 Index 属性值为 0,执行语句"Call pro1";单击其中第二个按钮时 Index 属性值为 1,执行语句"Call pro2";等等。

```
Private Sub Option1 _ Click(Index As Integer)
  ……
  Select Case Index
     Case 0
       Call pro1
     Case 1
       Call pro2
     Case 2
       Call pro3
  End Select
  ……
End Sub
```

5. TabIndex 属性(整数类型)

建立控件时,VB 自动为其分配一个 TabIndex 值(Menu、Timer、Data、Image、Line 和 Shape 等控件除外,这些控件不包括在 Tab 键顺序中),利用 Tab 键可以在控件之间切换焦点。

6. Value 属性(逻辑类型)

反映控件状态的属性,返回 True 表示已选择了该按钮;返回 False(缺省值)表示没有选择该按钮,使用这个属性可以判断哪个按钮被选中。

4.2.2 单选按钮的常用事件

和命令按钮一样,单选按钮最常用的也是 Click 事件。

在界面设计时,各控件一般按控件建立的时序,自动获得 TabIndex 属性值。

有些控件可以响应"获得焦点"事件(如文本框、单选按钮控件,相应的事件过程名为 Text1 _ GotFocus、Option1 _ GotFocus,等等)。

运行时,这些控件中 TabIndex 属性值为最小的控件首先获得焦点。

文本框控件获得焦点,光标会在文本框内闪烁;命令按钮控件获得焦点,按回车键则执行该命令按钮的 Click 事件;**单选按钮取得焦点后,执行 GotFocus 事件,还执行 Click 事件。**

例 4-8 由文本框输入数据,求出该角度的正弦,余弦,正切,反正切三角函数值。

(1) 界面设计,如图 4-5 所示。

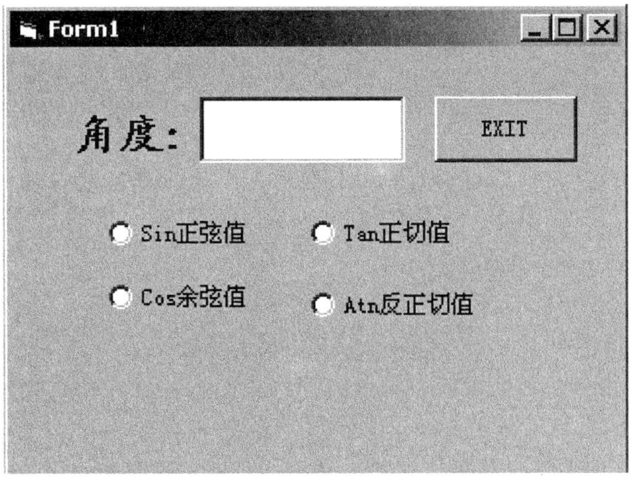

图 4-5　例 4-8 的界面设计

在本例中，应保证任何一个单选按钮的 TabIndex 属性值都不小于文本框、命令按钮的 TabIndex 属性值(可以在属性窗口中修改)，否则，运行时单选按钮控件首先获得焦点、自动执行 Click 事件，导致在没有输入"角度"的情况下计算函数值。

图中控件的部分属性设置如下：

```
Label1.Caption = "角度:" '字体为隶书、三号字'
Text1.Text = ""
Command1.Caption = "EXIT"
Option1.Caption = "Sin 正弦值"
Option2.Caption = "Cos 余弦值"
Option3.Caption = "Tan 正切值"
Option4.Caption = "Atn 反正切值"
Label2.Caption = ""
Label3.Caption = ""
Label4.Caption = ""
```

(2) 过程设计

```
Private Sub Command1_Click() 'EXIT 按钮，用于退出
  End
End Sub
Private Sub Option1_Click()
  Label2.Caption = "Sin" + "°"
  Label3.Caption = " = "
  Label4.Caption = Str(Sin(Val(Text1.Text) * 3.14159265/180))
End Sub
Private Sub Option2_Click()
  Label2.Caption = "Cos" + "°" : Label3.Caption = " = "
  Label4.Caption = Str(Cos(Val(Text1.Text) * 3.14159265/180))
```

```
End Sub
Private Sub Option3_Click()
  Label2.Caption = "Tan" + "°"
  Label3.Caption = " = "
  Label4.Caption = Str(Tan(Val(Text1.Text) * 3.14159265/180))
End Sub
Private Sub Option4_Click()
  Label2.Caption = "Atn" + "°"
  Label3.Caption = " = "
  Label4.Caption = Str(Atn(Val(Text1.Text) * 3.14159265/180))
End Sub
```

标签控件 Label4 用来显示结果。在求三角函数的时候要注意计算机计算的是弧度,而不是角度,所以在计算时我们要把它们转换过来,计算公式为:弧度值 = 角度值 * 3.14159265/180

程序的运行结果如图 4-6 所示。

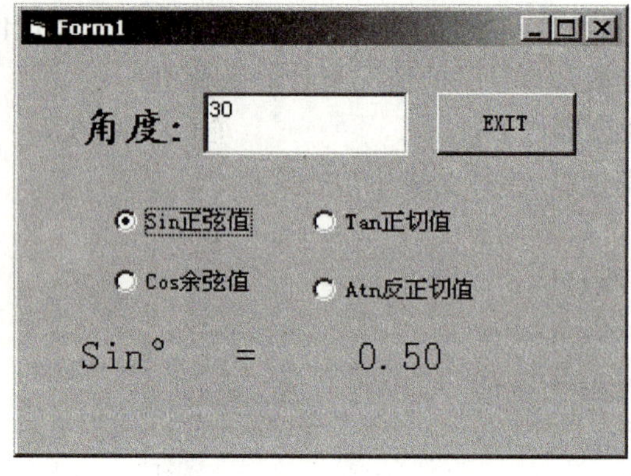

图 4-6　例 4-8 的运行结果

4.3　复选框控件

工具箱中复选框控件的图标为 ☑ 。

与上节所介绍的单选按钮控件作比较,复选框意味着多项选择。与单选按钮不同的是,它每次可在同组的复选框中选择多个结果,如图 4-7 所示。

一般情况下,复选框控件是以数组的方式添加的,而是否被选中可以由它的属性 Value 的值进行判断。

4.3.1　复选框控件的常用属性

1. Caption 属性(字符类型)

复选框控件的 Caption 属性以及名称的缺省值都为 Check1、Check2、……

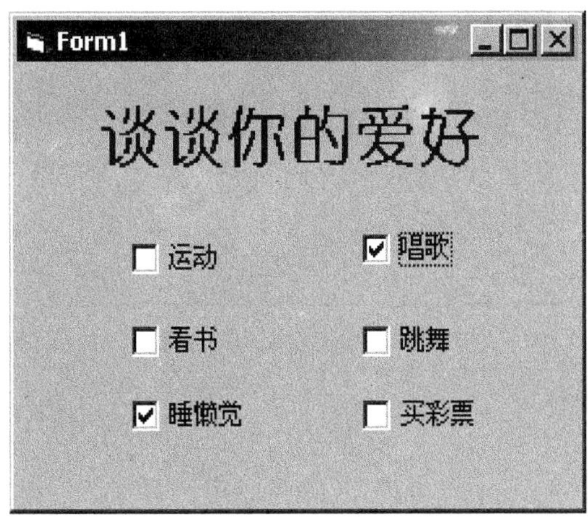

图 4-7　复选框示例

2. Index 属性(整数类型)

该属性值为复选框控件数组的下标,一般来说,使用控件数组时这是不可少的属性,通过它可以区分同一控件数组中的不同复选框。

3. Value 属性(整数 0、1、2)

复选标志,这是复选框最重要的属性,它的值与复选框控件的状态有关,其缺省值为 0。

(1) Value 属性值为 0,则复选框内为空白;Value 属性值为 1,则复选框内显示一个"√"标志;Value 属性值为 2,则复选框内为灰色的"√"标志。

(2) 运行时单击复选框:

如果原先 Value 属性值为 0(同时框内显示空白),单击后 Value 属性值变为 1(同时框内显示"√"标志)。

如果原先 Value 属性值为 1 或 2(同时框内显示黑白或灰色的"√"标志),单击后 Value 属性值变为 0(同时框内显示空白)。

反复单击同一复选框控件时,其 Value 属性值只能在 0、1 之间交替变换。

4.3.2　复选框控件的常用事件

复选框控件的常用事件一般为 Click 事件,复选框不支持鼠标双击事件,系统把一次双击解释为两次单击事件。

例 4-9　利用复选框设置字型变化:加下划线、加粗、斜体,文字用标签框显示。

(1) 界面设计,如图 4-8 所示。

控件的部分属性设置如下:

```
Label1.Caption = "Visual Basic"
Label1.Font Size = 36
Check1.Caption = "加粗"
Check2.Caption = "下划线"
```

图 4-8 例 4-9 的界面设计

```
Check3.Caption = "斜体"
```

(2) 过程设计

```
Private Sub Check1_Click()
  If Check1.Value = 1 Then
    Label1.FontBold = True
  Else
    Label1.FontBold = False
  End If
End Sub
Private Sub Check2_Click()
  If Check2.Value = 1 Then
    Label1.FontUnderline = True
  Else
    Label1.FontUnderline = False
  End If
End Sub
Private Sub Check3_Click()
  If Check3.Value = 1 Then
    Label1.FontItalic = True
  Else
    Label1.FontItalic = False
  End If
End Sub
```

当复选框的 Value 属性为 1 时,复选框被选中,产生各种字型变化的效果。而当它为 0

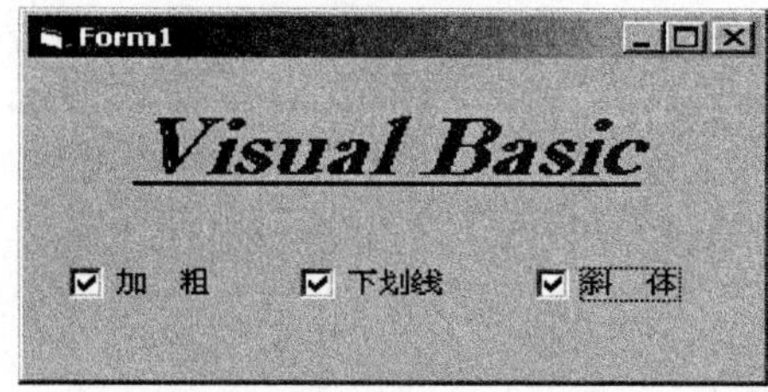

图 4-9 例 4-9 的运行结果

时,字型恢复到默认的状态。运行结果图 4-9 所示。

4.4　框架控件

框架控件的图标为[图标]。

框架控件的 Caption 属性以及名称的缺省值都为 Frame1、Frame2、……

和窗体、图片框控件一样,框架控件也可以作为其他控件的容器。在容器中的控件,不仅可以随容器移动,而且控件的位置属性也是以相对于容器的位置设置的。

Frame 控件不仅可以作为其他控件的容器,而且可用 Frame 控件将其他控件分为可标识的控件组,比如单选按钮可以通过 Frame 分组,从而产生多个选择。

注意:必须先建立框架控件,然后在框架中添加其他的控件,不能简单地把已建立的控件拖动到框架中去。

例 4-10　利用框架建立一个字体、字型、字号的对话框。

可以沿用上一个例题的方式,使用复选框,但字体和字号只能单选,又必须使用单选框,利用框架将单选框分为两个不同的选择组。

(1) 界面设计如图 4-10 所示,控件的部分属性设置如下:

```
Frame1.Caption = "字型"
Check1.Caption = "粗体"
Check2.Caption = "下划线"
Check3.Caption = "斜体"
Frame2.Caption = "字号"
Option1.Caption = "10"
Option2.Caption = "20"
Option3.Caption = "30"
Frame3.Caption = "字体"
Option4.Caption = "黑体"
Option5.Caption = "楷体"
Option6.Caption = "宋体"
```

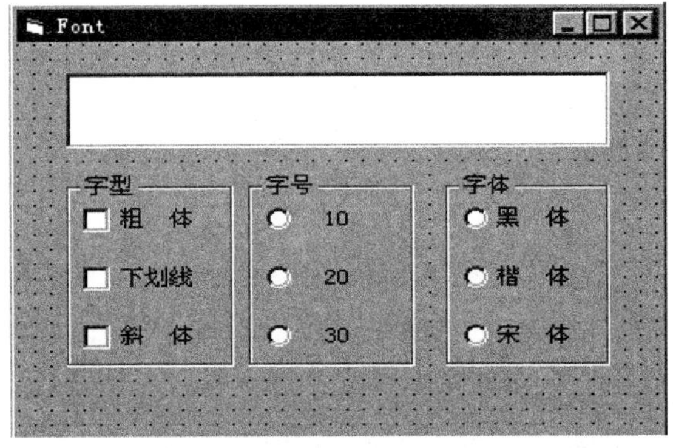

图 4-10　例 4-10 的界面设计

(2) 过程设计

```
Private Sub Check1_Click()
  If Check1.Value = 1 Then
    Text1.FontBold = True
  Else
    Text1.FontBold = False
  End If
End Sub
Private Sub Check2_Click()
  If Check2.Value = 1 Then
    Text1.FontUnderline = True
  Else
    Text1.FontUnderline = False
  End If
End Sub
Private Sub Check3_Click()
  If Check3.Value = 1 Then
    Text1.FontItalic = True
  Else
    Text1.FontItalic = False
  End If
End Sub
Private Sub Option1_Click()
  Text1.FontSize = 10
End Sub
Private Sub Option2_Click()
  Text1.FontSize = 20
End Sub
Private Sub Option3_Click()
  Text1.FontSize = 30
End Sub
Private Sub Option4_Click()
  Text1.FontName = "黑体"
End Sub
Private Sub Option5_Click()
  Text1.FontName = "楷体_gb2312"
End Sub
Private Sub Option6_Click()
  Text1.FontName = "宋体"
End Sub
```

设置 FontName 属性时，不要采用中文输入法输入双引号，而应采用英文输入法。此外，楷体的字体名称是“楷体_ gb2312”，不要与别的字体类型混淆起来。

4.5 小　结

在本章中，我们介绍了选择结构、单选按钮(Option)、复选框(Check)、框架(Frame)控件。

选择结构中，IF 结构提供两路选择，Select 结构可以根据表达式的不同取值而执行不同的分支，实现多路选择功能。

单选按钮和复选框提供了两种选择的方式：

同处在一个容器中的多个单选按钮只能选择其中的一个；每个复选按钮有两种基本的状态(如不记 Value 值为 2 的状态)，多个复选按钮可以提供多个二中选一的选择。

框架作为其他控件的容器(图片控件、窗体也是容器)，起着分隔容器之间控件的作用，如 n 个不同框架控件中各有多个单选按钮，可以提供 n 个、而不是 1 个选择。此外，在界面设计时，常将一些功能相近的控件置于同一个框架控件中，使得界面更加清晰。

值得注意的问题是：必须先建立框架控件，后在框架中添加其他的控件。

习题四

一、判断题

1. 若行 If 语句中逻辑表达式值为 True，则关键字 Then 后的若干语句都要执行。
2. 在行 If 语句中，关键字 End If 是必不可少的。
3. 块 If 结构中的 Else 子句可以缺省。
4. 使用 On Error GoTo 语句并编写相应程序，可以捕获程序中的编译错误。
5. 单选框控件和复选框控件都具有 Value 属性，它们的作用完全一样。
6. 单选按钮能响应 Click 事件，但不能响应 KeyPress 事件。
7. 复选框不支持鼠标的双击事件，如果双击则系统会解释为两次单击事件。
8. 设置框架时，可先在窗体上画好框架，再往框架内添置控件；也可以先设置控件，再建立框架，然后将已有控件拖动到框架中。
9. 移动框架时框架内控件也跟随移动，因此框架内控件的 Left 和 Top 属性值也随之改变。

二、选择题

1. 选中复选框控件时，Value 属性的值为______。
   A. True　　B. False　　C. 0　　D. 1
2. 让复选框控件的事件过程不响应事件，可修改控件的______属性。
   A. Appearance　　B. Caption　　C. Enabled　　D. TabStop
3. 若要在同一窗体中安排两组单选框(OptionButton)可用______控件予以分隔。
   A. 图片框　　B. 框架　　C. 列表框　　D. 组合框
4. 在下列关于 Select Case 的叙述中，错误的是______。

A. Case 10 To 100　　表示判断 Is 是否介于 10 与 100 之间

B. Case "abc","ABC"　表示判断 Is 是否和"abc"、"ABC"两个字符串中的一个相同

C. Case "X"　　　　　表示判断 Is 是否为大写字母 X

D. Case -7,0,100　　表示判断 Is 是否等于字符串"-7,0,100"

5.下列关于 Select Case 之测试表达式的叙述中,错误的是______。

A. 只能是变量名　B. 可以是整型　　C. 可以是字符型　　D. 可以是浮点类型

三、填空题

1.若 x>y,则交换变量 x、y 值的行 If 语句写作__________________。

2.Select Case 结构中测试表达式的值,在其表达式列表中用______表示。

3.运行时单击复选框,将使复选框的 Value 值取______。

4.运行时单击单选钮,将使单选钮的 Value 值取______。

5.要使复选框或单选钮的标题文字靠左,应设置 Alignment 属性为______。

四、程序阅读题

程序 1.

```
Private Sub Form_Load()
  Option1.Value = False
  Option2.Value = False
  Option3.Value = False
End Sub
Private Sub Option1_Click
  If Option1.Value = True Then
    Check1.Value = 1 : Check2.Value = 0
    If Check1.Value = 1 Then Print "您好"
    If Check2.Value = 1 Then Print "欢迎使用 Visual Basic!"
  End If
End Sub
Private Sub Option2_Click
  If Option2.Value = True Then
    Check1.Value = 0 : Check2.Value = 1
    If Check1.Value = 1 Then Print "您好"
    If Check2.Value = 1 Then Print "欢迎使用 Visual Basic!"
  End If
End Sub
Private Sub Option3_Click
  If Option3.Value = True Then
    Check1.Value = 1 : Check2.Value = 1
    If Check1.Value = 1 Then Print "您好"
    If Check2.Value = 1 Then Print "欢迎使用 Visual Basic!"
```

```
  End If
End Sub
```

写出程序运行时，单击 Option3 后，窗体上的显示结果。

五、程序设计题

1. 编程，运行时界面如图 4-11 所示，选中不同单选按钮时在文本框中显示不同的内容。

图 4-11　程序 1 的窗体界面

2. 编程，运行时界面如图 4-12 所示，运行时可以通过"彩色"复选框设置文本框的背景和颜色；通过"粗体"复选框设置文本框是否加粗；通过单选按钮设置文本框中文字的对齐方式。

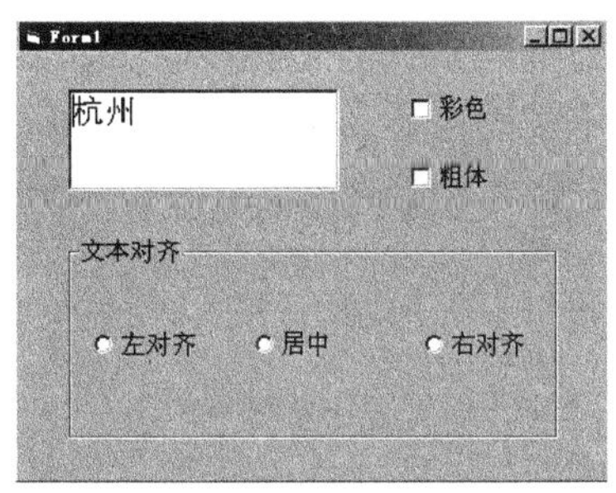

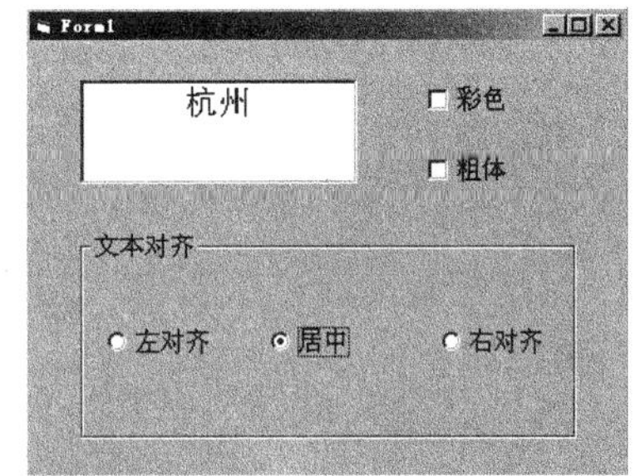

图 4-12　程序 2 的窗体界面

3. 用 InputBox 函数输入 3 个任意整数，按从大到小的顺序输出。

4. 编程，输入 x 值，按下式计算并输出 y 值。

$$y=f(x)=\begin{cases}x+3 & x>3\\ x^2 & 1\leqslant x\leqslant 3\\ \sqrt{x} & 0<x<1\\ 0 & x\leqslant 0\end{cases}$$

5. 在窗体上建立命令按钮"Command1"(显示)和"Command2"(退出)。

运行时，"Command2"按钮始终显示"退出"；单击"显示"按钮后窗体上显示"欢迎使用 Visual Basic!"同时标题改为"清除"，再单击"清除"按钮后，界面恢复窗体装入时的初态。

第 5 章

循环结构

日常生活中,有许多事情都具有重复性。例如银行客户的提款动作,首先检查印章及密码,其次检查客户存款是否足够,最后数钞票给客户,如此三个动作重复不断。类似如此行为,计算机可以采用循环结构来处理。循环结构是程序中一种很重要的结构。其特点是,在给定条件成立时,反复执行某程序段,直到条件不成立为止。给定的条件称为循环条件,反复执行的程序段称为循环体。

5.1 三大循环结构

VB 提供三种不同风格的循环结构,包括:For 循环(For/Next 循环)、当循环(While/Wend 循环)和 Do 循环(Do/Loop 循环)。其中 For/Next 循环按规定的次数执行循环体,而 While 循环和 Do 循环则是在给定的条件满足时执行循环体。

5.1.1 For 循环

格式:**For 〈控制变量 X〉=〈初值 e1〉 To 〈终值 e2〉 [Step 〈步长 e3〉]**

　　循环体

　Next 〈控制变量 X〉

功能如图 5-1 所示(For/Next 结构流程图)。

例如,计算 1～100 之间奇数和的程序段可编写为:

```
For n% = 1 to 99 step 2
  s = s + n%
Next n%
```

也可以写作:

```
For n% = 99 to 1 step -2 : s = s + n% : Next n%
```

在 For/Next 结构中:

(1)For 格式中多个参量的含义如下:

· 循环变量:亦称“循环控制变量”、“控制变量”或“循环计数器”。它是一个数值变量,但不能是下标变量或记录元素。

· 初值:循环变量的初值,它是一个数值表达式。

· 终值:循环变量的终值,它也是一个数值表达式。

· 步长:循环变量的增量,是一个数值表达式。其值可以是正数(递增循环)或负数(递减

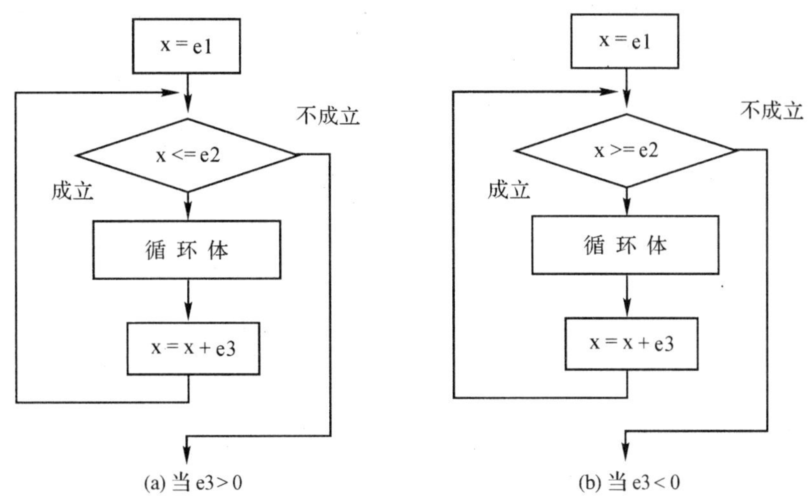

图 5-1　For/Next 结构流程图

循环),但不能为 0。如果步长为 1,则可略去不写。

· 循环体:在 For 语句和 Next 语句之间的语句序列,可以是一个或多个语句。

· Exit For:退出循环,将控制转移到 Next 后一语句。

· Next:循环终结语句,在 Next 后面的"循环变量"与 For 语句中的"循环变量"必须相同。

· 格式中的初值、终值、步长均为数值表达式,但其值不一定是整数,可以是实数。

(2)For 循环语句的执行过程是:首先把"初值"赋给"循环变量",接着检查"循环变量"的值是否超过终值,如果超过就停止执行"循环体",跳出循环,执行 Next 后面的语句;否则执行一次"循环体",然后把"循环变量 + 步长"的值赋给"循环变量",重复上述过程。

这里所说的"超过"有两种含义,即大于或小于。当步长为正值时,检查循环变量是否大于终值;当步长为负值时,判断循环变量的值是否小于终值。

(3)循环变量取值不合理,则不执行循环体。如下列循环一次也不执行。

```
For n% = 99 to 1 step 2
  s = s + n%
Next n%
```

(4)循环正常结束(未执行 Exit For 等控制语句)后,控制变量为最后 1 次取值加步长。

例 5-1　求下列表达式的值。

$$1-\frac{1}{2}+\frac{1}{3}-\frac{1}{4}+\cdots+(-1)^{n-1}\frac{1}{n}$$

编程分析:多项式求和的问题实际是一个逐步累加的过程。我们不妨先来看一个更简单的例子,求 1 + 2 + 3 + 4 + … + 10 的和。

设两个变量 y 和 i,y 的初始值为 0,让 i 从 1 变化到 10,每次变化的值都累加到 y 中,即做 y = y + i。可以编写出如下程序段:

```
y = 0
For i = 1 To 10
  y = y + i
Next i
```

本例多项式中的每一项的分母有规律地从 1 变化到 n;而每一项的符号也是有规律地正负变化,可以设一个变量表示符号位。

界面设计略,过程设计如下:

```
Private Sub Command1_Click()
  Dim fh As Integer, y As Double, n As Integer
  n = InputBox("输入 n","")
  y = 1 : fh = 1
  For i% = 2 To n
    fh = - fh
    y = y + fh/i%
  Next i%
  Print y
End Sub
```

例 5-2 找出 1 个在 1 至 1000 中被 7 除余 5、被 5 除余 3、被 3 除余 2 的数(用 Exit For)。

界面设计略,过程设计如下:

```
Private Sub Form_Click()
  For i% = 5 To 1000 Step 7
    If i% Mod 5 = 3 And i% Mod 3 = 2 Then Exit For
  Next i%
  If i% <= 1000 Then Print i%
End Sub
```

程序说明:

· 被 7 除余 5 的条件已经体现在 For 语句中。

· 如果循环正常结束,i% 的值将大于 1000。

· 此程序找出的是满足条件的第一个数。如果需要将 1 至 1000 中所有满足条件的数打印出来,读者可修改程序,自行分析完成。

例 5-3 输入 n 个数,输出其中的最大值。

界面设计略,过程设计:

```
Private Sub Command1_Click()
  Dim n As Integer, x As Single, max As Single
  n = InputBox("请输入数据个数:","")
  For i% = 1 To n
    x = InputBox("请输入第" + str(i%) + "个数:","")
    if i% = 1 then                        '①
      max = x                             '②
    Else                                  '③
      If x > max Then max = x             '④
    End If                                '⑤
  Next i%
  Print max
```

```
End Sub
```

程序说明：该程序中的 max = x(标为②的这一行)，用来设置比较的初始值。读者可以分析，如果去掉①、②、③、⑤行，程序是否还正确？

5.1.2　当循环

格式：**While 〈条件〉**

循环体

Wend

功能：当条件为真(True)时执行循环体。

While/Wend 结构的特点是：先判断条件、后执行循环体，常用于编制某些循环次数预先未知的程序。

例 5-4　输入 m，求 n 的最大值，使得 n! ≤m<(n+1)!。

界面设计略，过程设计如下：

```
Private Sub Form _ Click()
  Dim fact As Single
  fact = 1
  n% = 2                                    ' ①
  m% = InputBox("输入 m","")
  While fact < = m%
    fact = fact * n%                        ' ②
    n% = n% + 1                             ' ③
  Wend
  Print n% - 2
End Sub
```

程序分析：假设程序运行时输入 10，即 m% = 10。我们来看看随着循环的进行，各变量值的变化情况：

初始值：fact = 1　n% = 2　m% = 10

第一次循环：循环条件(1 < = 10)成立，fact 变为 2、n% 变为 3；

第二次循环：循环条件(2 < = 10)成立，fact 变为 6、n% 变为 4；

第三次循环：循环条件(6 < = 10)成立，fact 变为 24、n% 变为 5；

再次判断循环条件(24 < = 10)不成立，结束循环，最终 fact = 24、n% = 5。

分析程序时，通过代入 m 值，对与循环有关的变量列表，追踪它们值的变化，可确定应输出 n% - 2。读者要逐渐掌握用列表写出程序输出结果的方法。

另外，请读者思考：如果将变量 n% 的初值设为 1(即注释为①的行中，改 n% = 0 为 n% = 1)，同时交换循环体中②、③两行的次序，则程序中的 Print 语句又该怎样写？

例 5-5　编程，输入 x，求下列级数和直至末项小于 10^{-5} 为止。

$$1 + x + \frac{x^2}{2!} + \frac{x^3}{3!} + \frac{x^4}{4!} + \cdots + \frac{x^n}{n!} + \cdots$$

编程分析：级数前项与后项之间的关系如下：

$a_0 = 1$

$a_1 = x \cdot a_0 / 1$

$a_2 = x \cdot a_1 / 2$

$a_3 = x \cdot a_2 / 3$

$a_4 = x \cdot a_3 / 4$

$\cdots\ \cdots$

$a_n = x \cdot a_{n-1} / n$

由此导出级数各项的递推公式如下：

$$\begin{cases} a_0 = 1 \\ a_i = x \cdot a_{i-1} / i \quad i > 0 \end{cases}$$

界面设计略，为窗体的 Click 事件编制过程如下：

```
Private Sub Form_Click()
  Dim y As Single,x As Single,a As Single
  Dim i As Integer
  x = InputBox("输入 x","")
  a = 1 '级数第 1 项为 1
  y = a '将第 1 项存入 y
  i = 0 '变量 i 记录当前已累加的项数
  While a >= 1e-5
    i = i + 1
    a = a * x/i
    y = y + a
  Wend
  Print "y =";y
End Sub
```

5.1.3 Do 循环

```
格式 1: Do [{While|Until}〈条件〉]      ' 先判断条件、后执行循环体
            循环体
        Loop

格式 2: Do                              ' 先执行循环体、后判断条件
            循环体
        Loop [{While|Until}〈条件〉]
```

(1) 选项“While”当条件为真时执行循环体，选项“Until”当条件为假时执行循环体。

(2) 循环体中可以出现语句“Exit Do”，将控制转移到 Do/Loop 结构后一语句。

例 5-6 用以上格式(组合出 4 种)的 Do/Loop 循环输出 1～10 的平方和，请读者比较。

(1) Do While/Loop 格式　　　　(2) Do Until/Loop 格式

```
s% = 0 : i% = 1
Do While i% <= 10
  s% = s% + i% * i%
  i% = i% + 1
Loop
Print s%
```

```
s% = 0 : i% = 1
Do Until i% > 10
  s% = s% + i% * i%
  i% = i% + 1
Loop
Print s%
```

(3) Do/Loop While 格式

```
s% = 0 : i% = 1
Do
  s% = s% + i% * i%
  i% = i% + 1
Loop While i% <= 10
Print s%
```

(4) Do/Loop Until 格式

```
s% = 0 : i% = 1
Do
  s% = s% + i% * i%
  i% = i% + 1
Loop Until i% > 10
Print s%
```

例 5-7 判断输入的任意正整数是否素数。

界面设计(图略):文本框控件 Text1 用于输入,命令按钮 Command1 的 Caption 属性值为"判断",命令按钮 Command2 的 Caption 属性值为"结束",文本框控件 Text2 用于输出判断结果。

只能被 1 和它自身整除的数称为素数。若 n 不能被 2 到 n-1 的任何一个数整除,则 n 就是素数。更进一步说,如果 n 不能被 2 到 Sqr(n)中的任何一个数整除,则 n 就是素数。

例如对 23,只要判别是否能被 2、3、4 整除即可,这是因为:如果 n 能被某一个整数整除,则可表示为 n=a*b。a 和 b 之中必然有一个小于或等于 Sqr(n)。判断 n 是否为素数的过程就是拿 2 到 Sqr(n)中的每一个数依次去整除 n 的过程,如果其中有一个数能够整除 n,则 n 肯定不是素数。

过程设计如下:

```
Private Sub Command1_Click()
  Dim n As Integer
  n = Val(Text1.Text)
  If n = 2 Or n = 3 Then
    Text2.Text = Text1.Text + "是素数"
  Else
    For i% = 2 To Sqr(n)                  ' ①
      If n mod i% = 0 Then Exit For       ' ②
    Next i%                               ' ③
    If i% > Sqr(n) Then
      Text2.Text = Text1.Text + "是素数"
    Else
      Text2.Text = Text1.Text + "不是素数"
    End If
  End If
End Sub
```

```
Private Sub Command2_Click()
  End
End Sub
```

判断素数的程序段也可以很容易地改成用 Do/Loop 语句实现。上述程序的①、②、③行可以替换为：

```
  i% = 2
  Do While i% <= Sqr(n)
    If n Mod i% = 0 Then Exit Do
    i% = i% + 1
  Loop
```

5.2 多重循环应用举例

多重循环即循环结构的完全嵌套，内层循环的控制变量一般与外层循环的控制变量不同名。有关多重循环的规则，不在此赘述，请参看下列例题。

例 5-8 我国古代数学家在《算经》中出了一道题："鸡翁一，值钱五；鸡母一，值钱三；鸡雏三，值钱一。百钱买百鸡，问鸡翁、母、雏各几何？"。

意为：公鸡每只 5 元，母鸡每只 3 元，小鸡 3 只 1 元。用 100 元钱买 100 只鸡，问公鸡、母鸡、小鸡各多少？

计算机中处理此类问题，通常采用"穷举法"。所谓穷举法就是将各种可能性一一考虑到，将符合条件的输出即可。例 5-7 判断素数的程序就使用了这一方法。

设公鸡有 x 只、母鸡 y 只、小鸡 z 只。显然有很多种 x、y、z 的组合。

我们先使 x 为 0，y 为 0，而 z = 100 - x - y，看这一组的价钱加起来是否为 100 元，显然不是，所以这一组不可取。再保持 x = 0，y 变为 1，z = 99……直到 x = 100，y 再由 0 变化到 100。这样就把全部组合测试一遍。

按照这样的思想，编出程序如下（界面设计略）：

```
Private Sub Form_Click()
  Dim x As Integer, y As Integer, z As Integer
  For x = 0 To 100
    For y = 0 To 100
      z = 100 - x - y
      If 5 * x + 3 * y + z/3 = 100 Then Print x,y,z
    Next y
  Next x
End Sub
```

这个程序无疑是正确的。但实际上不需要使 x 由 0 变到 100，y 由 0 变到 100。因为公鸡每只 5 元，100 元钱最多买 20 只公鸡，母鸡也同样。读者可以自行分析，修改程序。

下面的两个例题，也是用多重循环以"穷举法"解题的典型示例。

例 5-9 输出乘法口诀表。

```
Private Sub Form_Click()
  For i% = 1 To 9
    For j% = 1 To 9
      Print i% * j%;
    Next j%
    Print
  Next i%
End Sub
```

修改后的程序有较好的输出效果：

```
Private Sub Form_Click()
  Print Space(4);
  For i% = 1 To 9
    Print Space( 5 - Len(Str$(i%))); Str$(i%);
  Next i%
  Print
  For i% = 1 To 9
    '用4位输出i%：先输出i%，再输出空格补足4位。
    Print Str$(i%); Space(4 - Len(Str$(i%)));
    For j% = 1 To 9
      '用5位输出i% * j%：计算i% * j%的位数、不足5位则先输出空格
      '补足5位(加上后输出的i% * j%)。
      Print Space(5 - Len(Str$(i% * j%))); Str$(i% * j%);
    Next j%
    Print
  Next i%
End Sub
```

例5-10　计算方程 $x^2 + y^2 + z^2 = 2000$ 的所有整数解。

界面设计略，为窗体的Click事件编制事件过程如下：

```
Private Sub Form_Click()
   Dim x As Integer, y As Integer, z As Integer
   For x = -45 To 45
     For y = -45 To 45
       For z = -45 To 45
         If x * x + y * y + z * z = 2000 Then Print x, y, z
       Next z
   Next y, x
End Sub
```

例5-11　每行10个、输出2～1000内的素数。

界面设计略，过程设计如下：

```
Private Sub Form_Click()
```

```
  Print Spc(5); LTrim(Str(2)); Spc(5); LTrim(Str(3));
  k% = 2
  For i% = 5 To 997 Step 2                 '大于 2 的偶数显然不是素数
    For j% = 3 To Sqr(i%) Step 2
       If i% Mod j% = 0 Then Exit For
    Next j%
    If j% > Sqr(i%) Then
      Print Spc(6 - Len(LTrim(i%))); LTrim(Str(i%)); '输出按列右对齐
      k% = k% + 1                                     '计数
      If k% Mod 10 = 0 Then Print                     '换行
    End If
  Next i%
End Sub
```

例 5-12　证明 64 不是两个或两个以上连续自然数的和。

界面设计略,事件过程如下:

```
Private Sub Form_Click()
  '连续自然数相加,最小的为 1;两个以上连续自然数相加如 32 + 33 显然大于 64、
  '因此第 1 个加数最大为 32。因此,列举第 1 个加数应从 1 到 32。
  For i% = 1 To 32
   s% = 0        '累加开始前,变量 s%(累加器)清 0。
   j% = i%       '第 i%步累加,第 1 个累加数为 i%。
  '当前累加值小于 64 则继续累加,否则做第 i% +1 步。
  While s% < 64
    s% = s% + j%
    j% = j% + 1
   Wend
   '第 i%步累加结束后,判断累加和是否等于 60。
   '下一语句为行 IF 语句,当条件成立时,输出相应信息并退出循环。
   If s% = 64 Then Print "64 是连续自然数的和,命题不成立!" : Exit For
  Next i%
  '如果 FOR 循环自然结束(没有执行 Exit For 语句),则 i%的当前值为循环的终值
  '加步长、即 33,因此,以判断 i%是否等于 33 作为命题是否成立的条件。
  If i% = 33 Then Print "64 不是连续自然数的和,命题成立"
End Sub
```

例 5-13　编程,运行时单击命令按钮后,输入 n(n<10)、然后在图片框内输出 1 个如图 5-2 所示的 n 层数字金字塔(图中所示是输入 n=7 的结果)。

过程设计:

```
Private Sub Command1_Click()
  Dim i As Byte, j As Byte, n As Byte
  Do
```

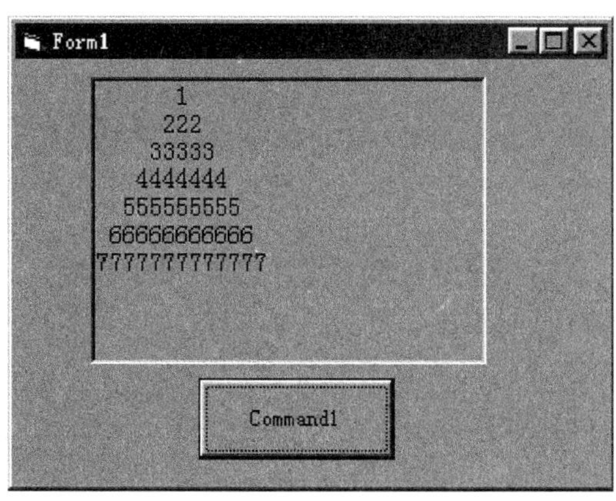

图 5-2　例 5-13 的输出结果

```
    ' 该循环控制所输入 n 必须在给定范围内。
    n = InputBox("n = ","输入 1 - 9 之间的整数")
  Loop While n<1 Or n>9
  Picture1.Cls
  For i = 1 To n
    Picture1.Print Tab(n - i + 1);  ' 设置该行输出的起始位置
    For j = 1 To 2 * i - 1
      '数值转换为字符串后正号转换为空格,函数 Trim 去除参数 Str(i)串两端的空格。
      Picture1.Print Trim(Str(i));
    Next j
  Next i
End Sub
```

打印由多行组成的图案,通常采用双重循环,外层循环用于控制行数,内层循环用于输出每一行的信息。

程序中利用 Tab 函数设置每一行显示的起始位置。通过简单分析可知:每行的字符个数与行序 i 的关系为 2 * i - 1。

5.3　小　结

本章介绍了循环结构。For/Next、While/Wend 和 Do/Loop 都能有效地构成循环结构。

如果能预先确定循环次数,最好使用 For/Next 结构来实现循环。如果循环次数或循环条件不确定,可以使用 While 循环或 Do 循环。

程序设计的过程是科学思维方式的训练和实践的过程,程序设计又是一门实践性很强的课程,多做编程练习并坚持每个程序都在计算机上调试、运行,是学习这门课程最好的方法。

习题五

一、判断题

1. 不论步长是正值或负值，当循环变量的值大于终值时，结束循环。
2. 在循环体内，循环变量的值不能被改变。
3. For/Next 语句中，循环控制变量只能是整型变量。
4. For/Next 语句中，“Step 1”可以缺省。
5. For/Next 循环正常(未执行 Exit For)结束后，控制变量的当前值等于终值。
6. Do/Loop While 结构中的循环体，至少被执行一次。
7. Do/Loop Until 结构的循环，是“先判断、后执行(循环体)”的循环结构。
8. While/Wend 结构的循环，是“先判断条件，后执行循环体”的循环结构。
9. Do While/Loop 结构中的循环体，至少被执行一次。
10. For/Next 语句中，初值、终值、步长均为整数。

二、选择题

1. 由“For i=1 To 16 Step 3”决定的循环结构被执行______次。

   A. 4　　B. 5　　C. 6　　D. 7

2. 若 i 的初值为 8，则下列循环语句的循环次数为______次。

```
Do While i <= 17
  i=i + 2
Loop
```

   A. 3 次　　B. 4 次　　C. 5 次　　D. 6 次

3. 由“For i=1 To 9 Step －3”决定的循环结构被执行______次。

   A. 4　　B. 5　　C. 6　　D. 0

4. 已知循环次数时，应使用______流程控制命令较佳。

   A. Goto　　B. Do Loop　　C. For … Next　　D. Select Case

5. 在 For I=A To B Step C 中，若 A>B，C 必为______。

   A. 小于 0　　B. 大于 0　　C. 等于 0

6. For I=1 To 5: Next I: PRINT I 输出结果为______。

   A. 0　　B. 5　　C. 6　　D. 1

三、程序阅读题(写出下列程序的运行结果)

程序 1.

```
Private Sub Form _ Click()
  a% = 5 : s% = 0
  Do While a% <= 0
    s% = s% + a% : a% = a% - 1
  Loop
```

```
  Print s%; a%
End Sub
```

请写出单击窗体后,窗体上的显示结果。

程序2.

```
Private Sub Form_Click()
  Dim i As Integer, sum As Integer, m As Integer
  sum = 0
  Do
    m = InputBox("请输入 m","累加和等于" & sum)
    If m = 0 Then Exit Do
    sum = sum + m
  Loop
  Print sum
End Sub
```

请写出输入8、9、3、0后窗体上的显示结果。

程序3.

```
Private Sub Form_Click()
  For i% = 1 To 6
    Print Spc (6 - i%);
    For j% = 1 To (2 * i%) - 1 : Print "W";: Next j%
    Print
  Next i%
End Sub
```

请写出单击窗体后,窗体上的显示结果。

程序4.

```
Private Sub Command1_Click()
  Dim a As Long, b As Long, r As Long
  a = Text1.Text
  b = Text2.Text
  While b <> 0
    r = a Mod b : a = b :b = r
  Wend
  Print a
End Sub
```

请写出在文本框 Text1、Text2 中输入 96、40 后,单击 Command1 时窗体上的显示结果。

程序5.

```
Private Sub Form_Load()
  Label1.AutoSize = True
End Sub
Private Sub Text1_KeyPress(KeyAscii As Integer)
```

```
  Dim a As String * 1, b As String, n As Byte
  If KeyAscii = 13 Then
     b = Text1.Text: n = Len(b)
     For i% = 1 To n\2
        a = Left(b, 1)
        b = Right(b, n - 1) + a
        Label1.Caption = Label1.Caption + b + Chr(13) + Chr(10)
     Next i%
   End If
End Sub
```

请写出在文本框 Text1 中输入 12345(以换行结束)后,标签控件 Label1 上的显示结果。

四、程序填空题

1.【程序说明】下面是一段计算数学表达式 $1-\frac{2}{2!}+\frac{3}{3!}-\frac{4}{4!}+\cdots+(-1)^{n+1}\frac{n}{n!}$ 的程序。

```
Private Sub Form_Click()
  Dim n As Integer, p As Integer, s As Sigle, q As Integer
  n = InputBox("请输入 N 的值:")
  s = 0 :p = -1 :q = 1
  For i% = 1 To n
    p = -p :  q = ____(1)____
    s = ____(2)____
  ____(3)____
  Print s
End Sub
```

2.【程序说明】下列程序求两个正整数 m、n 的最大公约数。

```
Private Sub Form_Click()
  Dim m As Integer, n As Integer, r As Integer
  m = InputBox("请输入 M 的值:") : n = InputBox("请输入 N 的值:")
  Print m; "和"; n; "的最大公约数是:"
  r = m Mod n
  Do Until ____(1)____
    m = n : n = r : r = ____(2)____
  Loop
  Print n
End Sub
```

3.【程序说明】窗体上已建立命令按钮 Command1(开始)、Command2(结束)和文本框 Text1,Text1 中输入字符个数不得超过 100 个。开始运行时,"结束"命令按钮不能响应;按"开始"命令按钮后,将文本框中的字符按其 ASCII 码值由小到大顺序从左到右重新排列,并在窗体上输出重新排列后的字符串,同时"结束"命令按钮能响应,"开始"按钮不能响应。

```
Private Sub Command1 _ Click()
  Dim n As Byte, i As Byte, j As Byte, p As Byte
  Dim a(100) As String * 1, str1 As String, t As String
  str1 = Text1.Text : n = Len(str1)
  For i = 1 To n : a(i) = ____(1)____ : Next i
  For i = 1 To n - 1
    p = i
    For j = i + 1 To n
      If a(p) > a(j) Then ____(2)____
    Next j
    If P < > j Then t = a(i) : ____(3)____ : a(p) = t
  Next i
  For i = 1 To n : Print a(i); : Next i
  ____(4)____
  Command1.Enabled = False
End Sub
Private Sub Command2 _ Click()
  End
End Sub
Private Sub Form _ Load()
  Command2.Enabled = False
End Sub
```

4.【程序说明】窗体上有两个命令按钮:Command1(显示)和Command2(退出)。下列程序运行时,"显示"按钮能响应,"退出"按钮不能响应;单击"显示"按钮后,在窗体上显示一个用字符"*"组成的5层的金字塔,同时"显示"按钮不能响应,"退出"按钮能响应。

```
Private Sub Command1 _ Click()
  Dim i As Integer, j As Integer
  For i = 1 To 5
    Print Spc(5 - i);
    For j = ____(1)____ : Print "*"; : Next j
    Print
  Next i
  Command1.Enabled = False : ____(2)____
End Sub
Private Sub Command2 _ Click()
  End
End Sub
Private Sub Form _ Load()
  Command1.Enabled = True
  ____(3)____
```

```
End Sub
```

5.【程序说明】下列程序能在一定范围内找出所有素数,要求:文本框用来输入所要找的数的范围,且只能按照先在 Text1(必须大于 1)、后在 Text2(必须大于 Text1 中的数)输入的顺序,按回车键表示输入结束。在输入结束后,才能单击“Command1”(确定)命令按钮,并在窗体上输出该范围内的所有素数。

以上过程可重复。

```
Private Sub Form_Load()
  Command1.Enabled = False
  ____(1)____ = False
End Sub
Private Sub Command1_Click()
  Dim n As Integer, m As Integer, i As Integer, p As Integer
  n = Text1.Text :  m = Text2.Text
  For i = n To m :  p = 2
    Do While p <= Int(Sqr(i))
      If i Mod p = 0 Then  Exit Do  Else p = p + 1
    Loop
    If p > Int(Sqr(i)) Then ____(2)____
  Next i
  Text1.Text = "": Text2.Text = "" : Text1.Enabled = True: ____(3)____
  Command1.Enabled = False
End Sub
Private Sub Text1_KeyPress(KeyAscii As Integer)
  If KeyAscii = 13 Then
    If Val(Text1.Text) < 2 Then
      Text1.Text = ""
    Else
      Text2.Enabled = True: Text1.Enabled = False
    End If
  End If
End Sub
Private Sub Text2_KeyPress(KeyAscii As Integer)
  If ____(4)____ Then
    If Val(Text2.Text) < Val(Text1.Text) Then
      Text1.Text = "": Text1.Enabled = True : Text2.Text = ""
    Else
    ____(5)____
    End If
    Text2.Enabled = False
  End If
```

```
End Sub
```

五、程序设计题

1. 编程，在窗体上输出九九乘法表。

2. 计算下式的和，变量 x 与 n 的数值用输入对话框输入。

$$s=\frac{x}{2!}+\frac{x^2}{3!}+\frac{x^3}{4!}+\cdots+\frac{x^n}{(n+1)!}$$

3. 用近似公式求自然对数的底数 e 的值，直到前后两项之差小于 10^{-4} 为止。

$$e\approx 1+\frac{1}{1!}+\frac{1}{2!}+\frac{1}{3!}+\cdots+\frac{1}{n!}$$

第6章

数组和其他控件

通过前面几章的学习,使我们对VB的基本结构与控件有了初步的认识,读者可以参照例题,编写一些简单的应用程序。但如果要处理大量数据的问题,如排序、统计、矩阵运算等,就很难用已有知识解决,所以下面就提出了数组这一概念。

6.1 数组的概念

此前所使用的变量,只能标识一个数据,不同变量间是相互独立的。譬如,输入100个数后按值从大到小顺序输出,为此声明100个不同名的变量,并对这100个变量作比较、交换,程序的繁琐程度是难以想象的。

VB允许程序员使用数组:数组由多个同类型的元素组成,用同一个名、不同下标,标识数组中不同元素。数组必须先声明、后引用。数组的下标是有界的,分为下界和上界。

例如:前面提到的100个数,就可以放在一个数组名为Su的100个数组元素中,Su(1)=1;Su(2)=2;Su(3)=3;…;Su(100)=100。其中Su(100)是一个数组元素,其中的Su称为数组名,100是最大下标。

一般情况下,数组中各元素类型必须相同,但若数组为Variant时,可包含不同类型的数据。本教材所涉及的数组均为数据为同一类型的数组。

一维数组:只用一个下标就能确定某个数组元素在数组中的位置。

如果用两个或多个下标才能确定某个数组元素在数组中的位置,则数组分别称为二维数组或多维数组。

根据是否在声明数组时指定并分配存储单元,我们将数组分为静态数组和动态数组,在下面两节中将分别介绍两者的区别与使用方法。

6.2 静态数组及其声明

所谓静态数组即为声明时确定了大小的数组,元素的个数固定,在程序运行过程中不能被改变的数组。编程过程中,如果事先知道数组中元素的个数,就可以将其定义成静态数组。固定大小的数组也称为静态数组。

静态数组的声明形式:

```
Dim 数组名(下标1[,下标2...])[As 类型]
```

静态数组声明示例:

Dim y(5) As Single 或 Dim y(5) ′ 声明 y 是 Single 类型数组

Dim m(6) As Integer, x(1 to 5) As Single

Dim x,y,z As Integer

在程序的通用对象声明部分可用语句 Option Base 1 声明所有数组第 1 个元素下标为 1, Option Base 0 声明所有数组的第 1 个元素下标为 0(缺省值)。下标不得为负数。

假定程序中没有语句“Option Base 1”,则以上声明语句说明:

数组 y 的元素有 y(0)、y(1)、y(2)、y(3)、y(4)、y(5),数组 m 的元素有 m(0)、m(1)、m(2)、m(3)、m(4)、m(5)、m(6),数组 x 的元素有 x(1)、x(2)、x(3)、x(4)、x(5)。

请注意下列例题中数组的声明,数组元素的引用、输入、输出方法。

例 6-1　打印数列 1,1,2,3,5,8,…中前 30 项的值。

这个数列的前两个数是 1,1,第三个数是前两个数的和,以后的每个数都是其前两个数的和。因此,数列中后面的数都可以在前面数的基础上通过适当的运算得到,这种方法称为“递推”。

设 3 个变量 F1、F2、F3。开始时 F1 的值为数列中的第一个数 1,F2 为第二个数 1,显然第三个数为 F3 = F1 + F2。

在求出第三个数后,使 F1 和 F2 分别表示数列中的第二个数和第三个数,以便求出第四个数,等等。据此,可以编写出程序如下:

```
Private Sub Form _ Click()
  Dim f1 As Long, f2 As Long, f3 As Long, i As Integer
  f1 = 1
  f2 = 1
  Print f1; f2;
  For i = 3 To 30                            ′ 用循环显示后 28 个数
    f3 = f1 + f2
    Print f3;
    f1 = f2
    f2 = f3
  Next i
End Sub
```

该程序用数组实现更为方便,特别是程序的易读性大为提高。

```
Private Sub Form _ Click()
  Dim f(30) As Long, i As Integer′ 静态声明数组 f 并分配存储单元
  f(1) = 1
  f(2) = 1
  For i = 3 To 30 :f(i) = f(i - 1) + f(i - 2):Next i
  For i = 1 To 30
    Print f(i);
    If i Mod 5 = 0 Then Print
  Next i
End Sub
```

通过以上例子我们知道,在声明一个数组之后,就可以使用数组了。

6.3 动态数组及其声明

与静态数组相比,动态数组声明时并没有给定数组大小(省略了括号中的下标),使用时需要用 ReDim 语句重新指出其大小。使用动态数组的优点是根据用户需要,有效地利用存储空间,它是在程序执行到 ReDim 语句时才分配存储单元,而静态数组是在程序编译时分配存储单元。

动态数组的声明形式:

(1)先利用 Dim、Private、Public 语句声明括号内为空的数组,来定义一个只有名称和类型,而没有维数和大小的数组。

Dim|Public|Static 数组名( ) [As 类型名]

(2)需要时用 ReDim 语句重新定义所需元素的个数。

重新定义格式为:

ReDim 数组名(下标 1[,下标 2...]) [As 类型名]

其中下标可以是常量,也可以是有了确定值的变量,类型可以省略,若不省略,必须与 Dim 中的声明语句保持一致。

动态数组声明示例:

```
Dim f() As Single       ' 动态声明 f 是 Single 类型数组
Sub Form_Click()
  ReDim f(5)            ' 分配 f 数组的存储单元
End Sub
```

注意:

(1)在动态数组 ReDim 语句中的下标可以是常量,也可以是有了确定值的变量;

(2)在过程中可以多次使用 ReDim 来改变数组的大小,也可改变数组的维数。

(3)每次使用 ReDim 语句都会使原来数组中的值丢失,可以在 ReDim 语句后加 Preserve 参数来保留数组中的数据,但使用 Preserve 只能改变最后一维的大小,前面几维的大小不能改变。例如,要把数组 f 的元素个数改为 30,并保留原来的 5 个元素中的数据,声明语句如下:

```
Dim f() As Single       ' 动态声明 f 是 Single 类型数组
Private Sub Command1_Click()
  ReDim f(5)            ' 分配 f 数组的存储单元
  For i = 1 To 5
    f(i) = i
  Next i
  ReDim Preserve f(30)
  For i = 1 To 30
    Print f(i);
  Next i
End Sub
```

由于第一次用 Dim 语句声明数组时已经指定了数组的类型,因此不能在 ReDim 语句中再次用 As 关键字来指定数组的类型。加上 ReDim Preserve f(30)语句,使得数组 f 前面获得的 5 个值不会丢失。

例 6-2　修改例 6-1,打印数列 1、1、2、3、5、8……中前 N 项的值,N 值为界面输入。

在 Form _ Load 事件中,动态声明数组 f( ),然后在 Form _ Click( )中得到变量 N,重新定义并分配数组 f(N)。

```
Private Sub Form _ Load()
  Dim f() As Long ′ 动态声明 f 是 Long 类型数组
End Sub
Private Sub Form _ Click()
   Dim i, N As Integer
   N = InputBox("请输入要打印数列前 N 项的 N 值:")
   ReDim f(N)            ′ 分配 f 数组的存储单元
   f(1) = 1
   f(2) = 1
   For i = 3 To N
     f(i) = f(i - 1)  +  f(i - 2)
  Next i
  For i = 1 To N
     Print f(i);
    If i Mod 5 = 0 Then Print
  Next i
End Sub
```

通过与例 6-1 比较,我们可以清楚如何使用静态与动态数组,以及两者的区别。

6.4　数组的基本操作

接下来介绍就是如何对数组元素进行各种的操作,如赋值、运算、输入和输出等。对数组元素的操作与对简单变量的操作基本一样,但要注意引用数组元素时下标值应在数组声明时所规定的范围之内,否则将出现下标越界的错误。

和定义简单变量一样,数组声明语句不仅能定义数组、为数组分配存储空间,而且也能对数组进行初始化,使数值型数组的元素值初始化为 0,字符型数组的元素值初始化为空或空格字符串等。

1. 给数组元素赋初值

利用循环结构

例 6-3
```
Private Sub Form _ Click()
Dim i As Integer, a(3 To 10) As Integer
For i = 3 To 10
```

```
    a(i) = 0
    Next i
  End Sub
```

例 6-4

```
Private Sub Form_Click()
Dim s(30,5) As Integer,i%,j%
For i = 1 To 30
   For j = 1 To 5
  s(i,j) = 0
  Next j
Next i
End Sub
```

2.数组的输入

(1) 通过 InputBox 函数输入,适合输入少量数据。

例 6-5

```
Private Sub Form_Click()
Dim m(2,5) As Single
For i = 0 To 2
  For j = 0 To 5
    m (i,j) = InputBox("输入" & i & j & "的值")
  Next j
Next i
End Sub
```

(2) 通过文本框控件输入

对大批量的数据输入,采用文本框和函数 Split()/Join()进行处理,效率更高。

例 6-6

```
Private Sub Form_Click()
Dim a As Variant, s As String, i As Integer
s = Inputbox("输入数据,用逗号隔开")
a = Split(s,",")
For i = 0 to Ubound(a)
  Print a(i)
Next i '循环输出数组 a
End Sub
```

3.数组的赋值

在 VB6.0 中可以直接将一个数组的值赋值给另一个数组。

例 6-7

```
Private Sub Form_Click()
Dim a(3) As Integer, b() As Integer, i%
   a(0) = 4: a(1) = -9: a(2) = -3: a(3) = 7
   b = a
  For i% = 0 To Ubound (b)      '循环输出数组 b
```

```
        Form1.Print b(i%);"";
    Next i%
    End Sub
```

注意:(1)赋值号两边的数据类型必须一致;

(2)如果赋值号左边的是一个动态数组,则赋值时系统自动将动态数组 ReDim 成右边相同大小的数组;

(3)如果赋值号左边的是一个大小固定的数组,则数组赋值出错。

4.数组的输出

用 For……Next 循环语句输出,如例 6-4,6-6,6-7。

5.求数组中最大元素和所在下标及各元素之和

求数组中最大元素及下标,一般假设第一个元素及下标为最大,然后将该数与数组中的其他元素逐一比较,若有比其大的就替换,同时替换下标。

例 6-8　输入一组不重复的数据,找出最大值及其位置,并求出各个数据之和。

```
Private Sub Form _ Click()
  Const length = 5            '定义常量 Length 作为数组最大下标
  Dim test (Length), i, max, l, sum As Integer
  For i = 1 To length  '通过键盘输入给数组赋值
    test(i) = InputBox("输入第" & i & "个数据")
    sum = sum + test(i)           'sum 在累加所有的数据
  Next i
  max = test(1) : l = 1  '设数组第一个元素为最大值
  For i = 2 To length
    If max < test(i) Then '找到新的最大值,记录其值和位置
      max = test(i)
      l = i
    End If
  Next i
  MsgBox "最大值 x = " & max & ",位置是" & l & ",总数是" & sum
End Sub
```

6.交换数组中各元素

交换的要求是将数组第一个元素与最后一个交换,第二个与倒数第二个交换,依次类推。

例 6-9　产生 20 个整数到数组中,将其顺序颠倒后输出。

```
Private Sub Form _ Click()
  Const length = 20
  Dim d(length) As Integer, i%, temp%
  For i = 1 To length        '给数组赋值并输出
    d(i) = -10 + i : Print d(i);
```

```
    Next i
    Print: Print            '换行
   For i = 1 To length/2      '交换操作,把数组数据放在临时变量 temp 中
      temp = d(i)
      d(i) = d(length - i + 1)
      d(length - i + 1) = temp
    Next i
    For i = 1 To length :Print d(i); : Next i      '交换后循环输出
End Sub
```

6.5 控件数组

数组是相同类型的数据的集合。一般的数组由具有相同数据类型的变量所组成,彼此共享一个数组名,数组中每个成员都拥有唯一的编号,称为索引值(Index)或下标。

同样地,在 VB 中可以将若干个相同类型的控件组成控件数组。控件数组是由一组相同类型的控件组成的,它们共用一个控件名,具有相同的数组。控件数组适用于若干个控件执行的操作相似的场合,控件数组共享同样的事件过程。控件数组通过索引号(属性中的 Index)来标识各控件,第一个下标是 0 。如:Text1(0)、Text1(1)、Text1(2)、Text1(3)……

控件数组的建立分为两种:

(1) 在表面设计时建立

步骤:1)在窗体上画出某控件,并进行属性设置。

2)选中该控件进行“复制”和“粘贴”操作,系统提示“是否建立控件数组”,选择是即可。多次粘贴就可以创建多个控件元素。如图 6-1,直接对 Command1 控件先进行复制,然后再粘贴,系统就会出现提示框提示“是否建立控件数组”,选择是即可创建控件数组。

3)进行事件过程的编程。

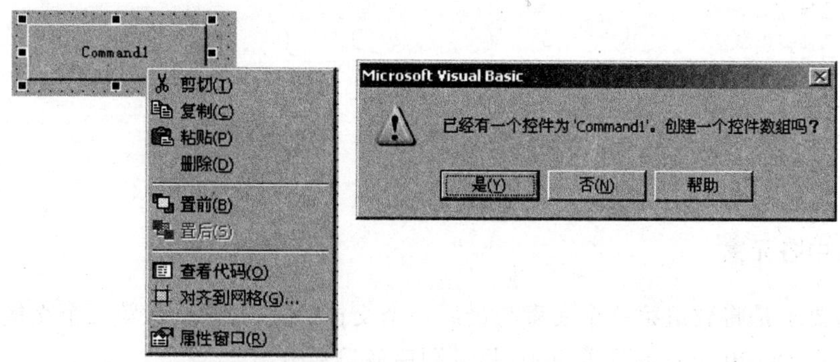

图 6-1 复制粘贴方式创建控件数组

(2)运行时添加控件数组

步骤:1)在窗体上画出一个 Label1 控件,设置该控件的 Index 值为 0,表示该控件为数组。

2)在编程时通过 Load 方法添加其余若干个元素,也可通过 Unload 删除某个添加的元素。

3)每个添加的控件数组通过 Left 和 Top 属性,确定其在窗体上的位置,并将 Visible 设置为 True。在 Load 事件中加入如下代码,即可在运行过程中获得一个 Label1 的控件数组。

```
Private Sub Form_Load()
  Label1(0).Caption = "第一个"
  For i = 1 To 3
    Load Label1(i)
    Label1(i).Left = Label1(0).Left
    Label1(i).Visible = True
    Label1(i).Top = Label1(i - 1).Top + 500
  Next i
  Label1(1).Caption = "第二个"
  Label1(2).Caption = "第三个"
  Label1(3).Caption = "第四个"
End Sub
```

例 6-10　建立含有 4 个命令按钮的控件数组,当单击某个命令按钮,分别显示不同的文字或结束操作。

操作步骤:

(1) 界面设计,如图 6-2 所示:在界面上放置一个标签控件 Label1,它的 Caption 是"请点击下面按钮",然后根据在设计时创建控件数组的方法,创建控件数组 Command1(0),Command1(1),Command1(2),Command1(3),其 Caption 的属性分别是"直线"、"矩形"、"椭圆"以及"结束"。

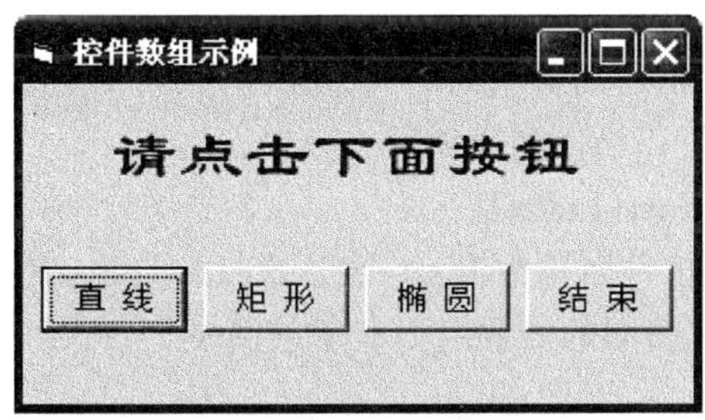

图 6-2　控件数组示例

(2) 过程设计:

```
Private Sub Command1_Click(Index As Integer)'Index 标识控件数组中的元素
  Select Case Index          '通过选择语句来实现对控件数组中不同控件的操作
    Case 0
      Label1.Caption = "您点击了直线按钮"
    Case 1
      Label1.Caption = "您点击了矩形按钮"
    Case 2
      Label1.Caption = "您点击了椭圆按钮"
    Case Else
      End
```

```
    End Select
End Sub
```

6.6 列表框和组合框控件

列表框和组合框都可以为用户提供选项列表,用户可以在列表中进行选择。

由于二者提供不同的选择方式,使得界面有更多变化。一般情况下,如果希望将选择限制在列表之内时,应使用列表框。

组合框包含编辑区域,因此可以通过组合框将不在列表的选项输入列表区域中。此外,组合框节省了窗体空间。当程序预留的界面空间很小时,组合框就是不让之选了。

6.6.1 列表框控件 ListBox

工具箱中列表框控件的图标为▤。

列表框控件的 Caption 属性以及名称的缺省值都为 List1、List2……

列表框控件显示项目列表,从其中可以选择一项或多项。如果项目总数超过了可显示的项目数,就自动在 ListBox 控件上添加滚动条。它不具备编辑功能,运行时不能在列表框内输入。

1.列表框控件常用属性

(1) List 属性(字符串数组)

列表框控件的各个表项是使用数组的方式保存的,数组的每一个元素存储列表框控件的一个表项。因此,利用索引可以访问列表项目。

格式为:**列表框控件名.List(Index)**

如图 6-3 所示的列表框控件名称为 List1,表达式“List1.List(0)”的值为“火药”,因为索引(数组元素下标)值为 0,因此访问的是数组 List 中的第一个表项。

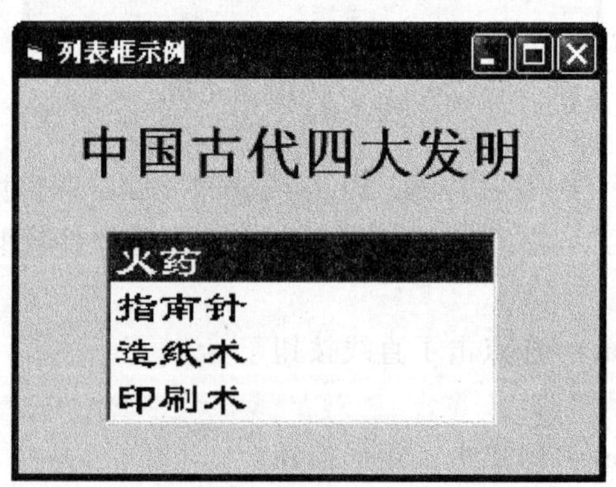

图 6-3 列表框控件示例

注意:数组元素最小下标值的设定对于列表框来说是无效的,如设定“Option Base 1”,但对于列表框来说,第一个表项的索引值总是 0。

(2) ListCount 属性(正整数)

该属性值为控件列表部分项目的个数,由于索引值从 0 开始计数,所以 ListCount - 1 是最后一个项目的 Index。因此,列表框 List 属性下标值的范围为 0～ListCount - 1。

图 6-3 所示列表框控件的下标范围为 0～3,而它的 ListCount 值为 4。

(3) ListIndex 属性(整数类型)

该属性值为被选中表项的索引,如果没有选中任何一项,则该属性值为 - 1。

建议:仅当列表框控件设置了"单选"属性情况下,用 ListIndex 属性值访问所选项。

通过 ListIndex 属性,可以区分已经选中和未被选中的表项。

如图 6-3 所示:若列表框控件名称为 List1,则表达式"List1.List(List1.ListIndex)"的值为"火药",因为第 1 个表项被选中(故 VB 将其突出显示)、相应属性 ListIndex 值为 0;假定只有"造纸术"表项被选中,则控件的 ListIndex 值为 2;假定图中没有任何一个表项被突出显示,则列表框的 ListIndex 属性值为 - 1;如果为列表框的 ListIndex 属性赋值 - 1,则列表框中取消对任何表项的突出显示。

(4) MutiSelect 属性(整数 0、1、2)

利用列表框控件的该属性,可以为列表框设置"单选"或"允许多选"属性。

MutiSelect 属性值为 0:只能单选(缺省值),若选中一个表项则其他表项取消突出显示。

MutiSelect 属性值为 1:可以多选,被选中的表项都被突出显示。

MutiSelect 属性值为 2:扩展多选,可以用鼠标在列表栏内拖动、选中相邻的若干个表项。

(5) Text 属性(最后一次选中的表项,字符串类型)

该属性用来返回当前选中的表项内容。

对于单选的列表框控件 List1,字符串 List1.List(ListIndex)与 List1.Text 相等,都是被选中表项的文本。

(6) Selected 属性(逻辑类型)

Selected 属性标识一个数组,数组各元素为:

Selected(0)、Selected(1)、……、Selected(列表框控件名.ListCount - 1)

若列表框控件的第 i 个表项被选中,则 Selected(i - 1)的值为 True(若为 Selected(i - 1)赋值 True,则列表框控件的第 i 个表项被突出显示);

若列表框控件的第 i 个表项未被选中,则 Selected(i - 1)的值为 False(若为 Selected(i - 1)赋值 False,则列表框控件的第 i 个表项被取消突出显示)。

在允许多项选择的情况,应利用 Selected 属性区分哪些表项被选中。

下列语句可以在窗体上显示列表框控件 List1 被选中的表项:

```
For i% = 0 To List1.ListCount - 1
  If List1.Selected(i%) = True Then Print List1.List(i%)
Next i%
```

(7) SelCount 属性(整数类型)

列表框控件的该属性值为被选中表项的个数。

(8) Sorted 属性(逻辑类型)

确定列表框控件的各表项是否按字母数字升序排列:设为 True 时按序排列;设为 False 时不按序排列。

该属性的默认值为 False。

(9) Style 属性(整数 0、1)

列表框控件该属性值用以确定列表框的外观。

Style 属性值为 1,为复选框样式,如图 6-4 左边列表框 List1 所示。

Style 属性值为 0(缺省值),为标准样式,如图 6-4 右边列表框 List2 所示。

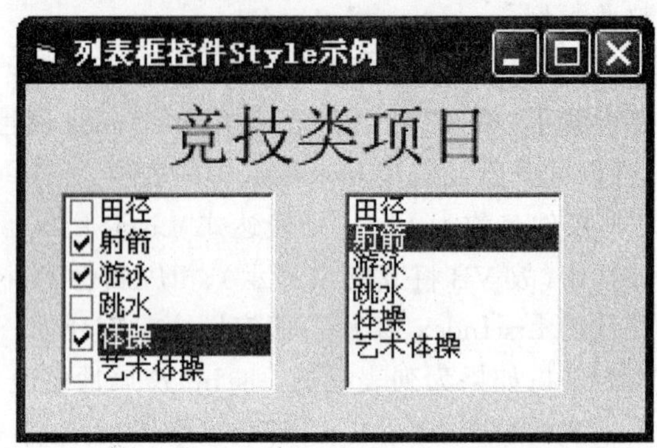

图 6-4 列表框控件 Style 示例

若列表框控件的 Style 属性值为 1,无论 MultiSelect 属性取何值,该列表框在实际使用上允许多选。

2.列表框控件的常用方法

(1) AddItem 方法

① 列表框控件的表项可以在属性设置时添加:在属性窗口内选中 List 属性,在下拉框中添加,用 Ctrl+Enter 换行。

② 此外,还可以用 AddItem 方法在设计时添加。

格式:**列表框控件名.AddItem 表项文本[,索引号]**

索引号可以指定项目文本的插入位置,省略索引号则表项文本自动加到列表框末尾。索引号只能小于列表框的 ListCount 属性值:或表项文本加到列表框末尾,或插入到已有表项中。

如下列 Form_Load 事件可在装入窗体时,为列表框控件 List2 添加若干表项。如果 List2 在设计时为空表,则执行下列事件过程后列表框控件 List2 的显示如图 6-4 右边列表框所示。

```
Private Sub Form_Load()
  List2.AddItem "田径"
  List2.AddItem "射箭"
  List2.AddItem "游泳"
  List2.AddItem "跳水"
  List2.AddItem "体操"
  List2.AddItem "艺术体操"
End Sub
```

③ 运行时可以用赋值语句在列表框控件中添加表项:

列表框控件名.List(ListIndex)=表项文本

同样,用赋值语句添加表项时,索引号也只能小于列表框的 ListCount 属性值。

(2) Clear 方法

该方法用以清空列表框控件中所有表项。

格式:**列表框控件名.Clear**

(3) RemoveItem 方法

该方法用以删除列表框中指定表项。

格式:**列表框控件名.RemoveItem 索引值**

例 6-11　编程,对列表框控件中的表项作添加、删除、清空处理。

(1) 界面设计,如图 6-5 所示:

命令按钮名称从上到下依次为 Command1～Command4。

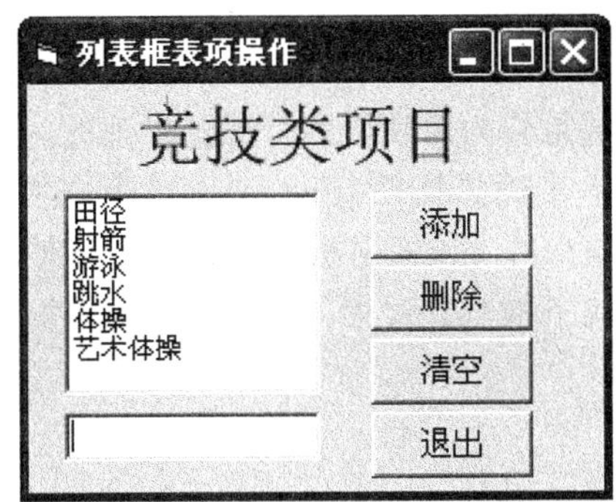

图 6-5　例 6-11 的界面设计

图中,列表框控件所显示的表项在属性设置时添加:选中 List 属性在下拉框中添加,用 Ctrl+Enter 换行。

(2) 过程设计:

```
Private Sub Command1_Click()         '添加表项之事件过程
  If Len(Text1.Text) <> 0 Then
    List1.AddItem Text1.Text         '若 Text1.Text 非空,则添加到列表框。
    Text1.Text = ""
  End If
End Sub
Private Sub Command2_Click()
  '列表框控件的属性 ListIndex 为 -1,表示没有任何一项被选中。
  If List1.ListIndex = -1 Then
    MsgBox "重新选择"
  Else
    List1.RemoveItem List1.ListIndex '将所选中的表项删除。
  End If
End Sub
Private Sub Command3_Click()
  List1.Clear      '清空列表框控件 List1 中的所有表项
End Sub
Private Sub Command4_Click()
  End
```

```
End Sub
```

3.列表框控件常用事件

(1) Click 单击事件

运行时单击列表框控件的某一表项,可以使该表项从未选状态转到选中状态、或从选中状态转到未选状态,同时引发该列表框控件的 Click 事件过程被调用。

在列表框控件 List1 的 Click 事件过程中:

对单选属性的列表框控件,表达式“List1.ListIndex”或“List1.Text”的值为选中表项的文本。对多选属性的列表框控件,可以用上节中介绍的方法,区分选中与未选中的表项。

(2) Dblclick 双击事件

在程序中,列表框控件经常是作为对话框的一部分出现的。

如:列表框控件(List1)和一个确定按钮(Command1)组合使用,单击选定该表项,再单击确定按钮执行事件过程 Command1 _ Click,对选中的表项进行处理。

以上操作还可以简化,编制下列事件过程,双击列表框控件某表项后可以达到同样效果。

```
Sub List1 _ DblClick()
        Command1 _ Click
End Sub
```

6.6.2 组合框控件 Combo

工具箱中组合框控件的图标为▤。

组合框控件的 Text 属性以及名称的缺省值都为 Combo1、Combo2……

组合框控件兼有列表框和文本框的特性:组合框中的列表框部分提供选择项列表,文本框部分显示选择的结果。

1.组合框控件常用属性

组合框的属性和列表框基本相同,这里介绍一些与列表框不同的属性。

(1) Style 属性(整数 0、1、2)

该属性决定组合框的样式,是只读属性,只能在设计时设置。

① Style 属性值为 0(该属性的缺省值),为下拉式组合框

下拉式组合框包括一个文本框和一个下拉式列表框,单击右端箭头可以引出下拉式列表框,用户可以从中作出选择;也可以在文本框中键入文本。

② Style 属性值为 1,为简单组合框

简单组合框包括一个文本框和一个非下拉式列表框,用户可以从表中作出选择,也可以在文本框中键入文本。如果建立该控件时所画列表框区域不够大,摆不下所有的项目,这时可形成垂直滚动条。

③ Style 属性值为 2,为下拉式列表框

下拉式列表框包括一个不可输入的文本框和一个下拉式列表框。单击箭头可以引出列表框,它限制用户输入。

如图 6-6 所示:

第一个组合框控件的 Style 属性值为 0,它既可以下拉、弹出选项的列表框,又可以在文本框内编辑;

第二个组合框控件的 Style 属性值为 1,它类似于列表框控件,但可以在文本框内输入;

第三个组合框控件的 Style 属性值为 2,它不准用户输入,其余特性与 Style 属性值为 0 的组合框的情况相同。

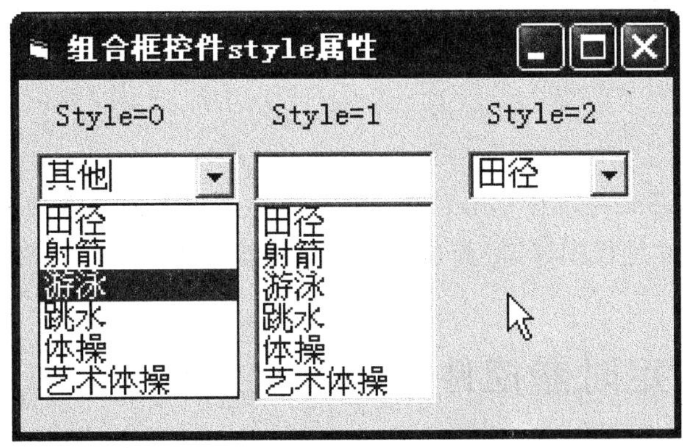

图 6-6　组合框控件 Style 属性不同设置的显示效果

(2) Text 属性(字符串类型)

对于组合框而言,一次只能选取一个选项,所以 Text 即为所选中表项的文本。

(3) ListIndex 属性(整数类型)

组合框的该属性值为所选中表项的索引值。

2.组合框控件常用事件

(1) Click 事件

用户组合框控件的列表部分选择表项的同时触发 Click 事件,此时 ListIndex 属性值就是组合框中所选表项的索引。

利用组合框控件 Combo1 的 Click 事件可以删除其中被选中的表项:

```
Combo1.RemoveItem Combo1.ListIndex
```

(2) KeyPress 事件

对于 Style 属性值为 0 或 1 的组合框控件,KeyPress 事件可以用于修改或添加列表部分的表项:该事件由在其文本框中按任何键触发,一般应在按回车(ASCII 码为 13)时执行修改或添加表项的操作。

下列 Combo1 控件的 KeyPress 事件过程可在文本框内新表项的输入结束(以回车为标志)后向组合框添加该表项:

```
Private Sub Combo1_KeyPress(KeyAscii As Integer)
  If KeyAscii = 13 Then Combo1.AddItem Combo1.Text
End Sub
```

下列 Combo1 控件的事件过程可在文本框内的输入结束(以回车为标志)后,用文本框内的文本替换(修改)被选中的表项:

```
Dim modindex As Integer
```

```
Private Sub Combo1_Click()
  modindex = Combo1.ListIndex
End Sub
Private Sub Combo1_KeyPress(KeyAscii As Integer)
  If KeyAscii = 13 Then
    Combo1.RemoveItem modindex
    Combo1.AddItem Combo1.Text, modindex
  End If
End Sub
```

模块级变量 modindex 用以在 Combo1_Click 事件过程中记录选中表项的索引号，从而在 Combo1_KeyPress 事件过程中修改(先删除、后添加)该表项。

6.7 滚动条和定时器控件

6.7.1 滚动条控件 HScroll、VScroll

滚动条控件分为水平滚动条(HScroll)控件和垂直滚动条控件(VScroll)，在项目列表很长或者信息量很大时，可以使用滚动条来提供简便的定位。

滚动条可以作为用鼠标操作的输入设备，例如，可以用它来控制计算机游戏的音量、颜色值的大小。

工具箱中水平滚动条控件、垂直滚动条控件的图标分别为 。

水平和垂直滚动条在滚动方向上不同，别的属性和事件都是相同的。

1. 滚动条控件常用属性

水平滚动条控件名称的缺省值为 HScroll1、HScroll2、……

垂直滚动条控件名称的缺省值为 VScroll1、VScroll2、……

(1)Value 属性(整数类型)

滚动条上的滑块所处的位置决定其 Value 属性的值，滑块处于最顶端或最左端时值最小，反之值最大。

改变滚动条 Value 属性的方法有四种：

①直接在属性窗口设定。

②用鼠标单击滚动条两端箭头，改变 Value 属性值。

③用鼠标将滚动块(滚动条中间的矩形图像)沿滚动条拖动。

④用鼠标单击滚动条滚动块两侧的空白部分，使滚动块以翻页的速度移动。

(2)Max 和 Min 属性(整数类型)

Max、Min 属性值是对滚动条 Value 属性取值范围的限制，分别代表最大、最小值。

(3)LargeChange 属性(整数类型)

该属性确定：当用户单击滚动条和滚动箭头之间的区域时，滚动条控件 Value 属性值的改变量。

(4)SmallChange 属性(整数类型)

该属性确定：当用户单击滚动箭头时，滚动条控件 Value 属性值的改变量。

2. 滚动条控件常用事件

(1)Change 事件

运行时，无论用何方法改变滚动条控件的 Value 属性值，都会导致该控件的 Change 事件过程被调用。

(2)Scroll 事件

该事件过程在只有在拖动滚动滑块时被调用。

例 6-12　设计一个使机器猫在窗体中移动位置的程序。

①界面设计，如图 6-7 所示，具体做法如下：

图 6-7　例 6-12 的界面设计

双击工具箱中的 Image，在窗体中央建立影像框控件 Image1；在该控件的属性窗口改变它的 Picture 属性，挑选一张合适的图片。本例中使用了一张机器猫的图片。如果图片太大或太小，改变它的 Stretch 属性，可以调整大小到合适的程度，第八章中将详细描述影像框控件。

建立水平滚动条、垂直滚动条(布局如图 6-7 所示)，设置它们的 Min 属性值为 0，其他有关属性将在 Form1 _ Load 事件中赋值。

②过程设计

```
Private Sub Form _ Load()
  VScroll1.Max = VScroll1.Height - Image1.Height  '设置滚动条的最大值。
  HScroll1.Max = HScroll1.Width - Image1.Width
  '注意下列滚动条控件名称 VScroll1 的最后 1 个字符是数字 1，而不是小写字母 l。
  VScroll1.LargeChange = 50                     '设置滚动条的最大步距
  HScroll1.LargeChange = 50
  VScroll1.SmallChange = 10                     '设置滚动条的最小步距
  HScroll1.SmallChange = 10
End Sub
Private Sub HScroll1 _ Change()
  '将图片的移动和滚动条的移动同步起来
```

```
    Image1.Left = HScroll1.Value
End Sub
Private Sub HScroll1_Scroll()
    Image1.Left = HScroll1.Value
End Sub
Private Sub VScroll1_Change()
    Image1.Top = VScroll1.Value
End Sub
Private Sub VScroll1_Scroll()
    Image1.Top = VScroll1.Value
End Sub
```

各事件过程中,改变控件 Image1 位置的语句非常相似,区别只是由于它们不同的对象,和对象的不同事件。为什么要区分开来呢? Scroll 事件是针对滚动块的,它对于点击箭头、点击滑块与箭头之间的区域没有反应,而 Change 事件对滚动块的移动、点击箭头、点击滑块与箭头之间的区域都能作出反应。

6.7.2 定时器控件 Timer

工具箱中定时器控件的图标为  。

定时器控件借用计算机内部的时钟,实现了由计算机控制、每隔一个时间段自动触发一个事件。它在运行时是不可见的,所以在作界面设计时可以放置在窗体的任意位置。

1.定时器控件常用属性

定时器控件缺省的控件名称为 Timer1、Timer2……

(1)Interval 属性(整数类型)

该属性表示定时的时间间隔,以毫秒为单位(设置为 1000,时间间隔为 1 秒)。

Interval 属性值为 0,则定时器不起作用;Interval 属性的最大值为 65535。

(2)Enabled 属性(逻辑值)

当 Enabled 属性值为 True(缺省值)时,激活定时器开始计时;当 Enabled 属性值为 False 时,定时器处于休眠状态、不计时。

2.定时器控件的 Timer 事件

定时器控件只可能响应一个事件,即该控件的 Timer 事件。

在控件的 Enabled 属性值为 True 时,Interval 属性值的设定决定了间隔多少时间调用一次 Timer 事件。

例 6-13 设计一个电子时钟程序。

(1) 界面设计,如图 6-8 所示。

所有的 Label 控件的字号均为小三号,字体自定;控件的部分属性设置如下:

```
Label1.Caption = "电子时钟"
```

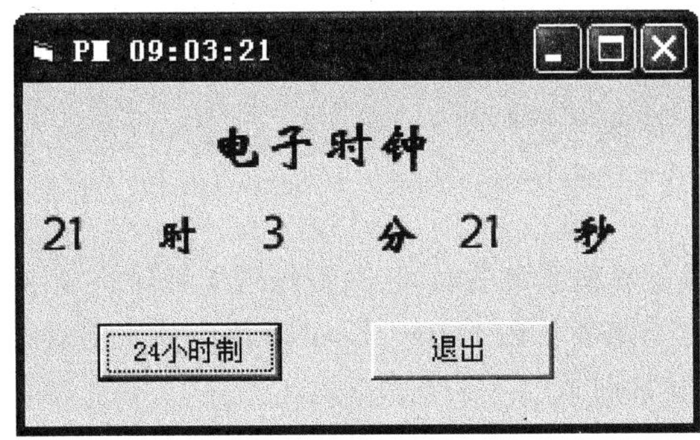

图 6-8　例 6-13 之界面设计

```
Label3.Caption = "时"
Label5.Caption = "分"
Label7.Caption = "秒"
Command1.Caption = "24 小时制"     '它用来切换制式:12 小时制和 24 小时制
Command2.Caption = "退出"
Timer1.Interval = 1000           '每隔 1 秒钟产生 Timer 事件。
```

标签控件 Label2、Label4、Label6 的作用是显示从系统中提取时间的“时”、“分”、“秒”的数值。

(2) 过程设计

```
Private Sub Command1_Click() '设定活动按钮,使它可以在进制之间转换
  '静态(逻辑)变量 nflag 的当前值,可以保留至该过程下次调用、作为初值。
  Static nflag As Boolean
  If nflag = False Then
    Command1.Caption = "12 小时制"
    nflag = True
  Else
    Command1.Caption = "24 小时制"
    nflag = False
  End If
End Sub
Private Sub Command2_Click()     '退出按钮
  End
End Sub
Private Sub Timer1_Timer()       '定时器事件
  '窗体的 Caption 设置成活动的时间、随时钟的变化而变化,
  '即使是最小化也可以看见时间的变化。
  Form1.Caption = Time
  If Command1.Caption = "12 小时制" Then
    Label2.Caption = Hour(Now) Mod 12
  Else
```

```
    Label2.Caption = Hour(Now)
  End If
  Label4.Caption = Minute(Now)
  Label6.Caption = Second(Now)
End Sub
```

该程序放大显示的是计算机系统的时间，只是每隔 1 秒钟将显示结果刷新 1 次。读者可以模仿此例，设计一个“电子跑表”：在 Form _ Load 事件中锁定定时器，按“开始计时”按钮激活定时器，每隔 1 秒钟显示计时数。

6.8 实 例

例 6-14 编程，输入 n(n≤10)个整数，求它们的最小公倍数。

在数组说明中的下标界只能是非负整常量，因此数组下标界只能按题意取最大需要值 10。运行时先输入实际需要处理的数组元素个数 n，再输入 n 个元素的值，然后再作处理。

界面设计略，编制窗体的 Click 事件过程如下：

```
Private Sub Form _ click()
  Dim a(10) As Integer, gbs As Long, n As Byte
  n = InputBox("n = ","数组元素的个数 n")
  For i% = 1 To n              '输入数组各元素
    a(i%) = InputBox("a(" + Str$(i) + ") = ", "输入数组各元素")
  Next i%
  '公倍数必然是第 1 个元素的倍数，因此以 a(1)作为最小公倍数的初值。
  gbs = a(1)
  Do
    For i% = 2 To n  '判断 gbs 能否被其余 n - 1 个数整除。
      If gbs Mod a(i%)<>0 Then gbs = gbs + a(1) : Exit For
    Next i%
  Loop Until i% = n + 1
  Print gbs
End Sub
```

例 6-15 编程，计算下列多项式的值(n≤15)。

$$\sqrt{a_n+\sqrt{a_{n-1}+\sqrt{a_{n-2}+\cdots+\sqrt{a_2+\sqrt{a_1}}}}}$$

界面设计略，编制命令按钮 command1 的 Click 事件过程如下：

```
Private Sub Command1 _ click()
  Dim a(15) As Single, y As Single
  Dim n As Byte, I As Byte
  y = 0
  n = InputBox("n = ", "数组元素的个数 n")
```

```
  For i = 1 To n :a(i) = InputBox("a(" + str(i) + ") =", ""):Next i
  For i = 1 To n : y = Sqr(y + a(i)):Next i
  Print y
End Sub
```

例 6-16　有 11 个人围成 1 圈，发贺卡，依次给 1、3、6、8、11、2、5、7、10、1、4、6、…号发，问至少发到多少张时每人都有贺卡。

界面设计略，编制命令按钮 Command1 的 Click 事件过程如下：

```
Private Sub Command1_click()
  Dim m(11) As Integer
  '数组元素 m(i%)的值表示编号为 i%的人手中的贺卡数。
  '变量 np 值表示将要为第几个人发,num 值为已发贺卡数。
  Dim np As Byte, num As Integer, jg As Byte
  For i% = 1 To 11 :m(i%) = 0: Next i%      '目前每人手中贺卡数都是 0。
  np = 1 : num = 0      '先给编号 1 的人发,目前一张还未发。
  jg = 2                '一张发过后,再下一张应发给编号为 np + jg 的人。
  Do
    m(np) = m(np) + 1              '给编号为 np 的人发 1 张贺卡。
    np = np + jg                   '决定下一张贺卡应发给哪一个人。
    num = num + 1                  '所发贺卡数量加 1。
    If np > 11 Then np = np - 11
    If jg = 2 Then jg = 3 Else jg = 2      '间隔在 2、3 之间交替取值。
    '检查是否有人手中还没有贺卡,决定是否退出 For 循环。
    For i% = 1 To 11
      If m(i%) = 0 Then Exit For
    Next i%
    '如果 For 循环正常结束,i%值应为 12,否则继续 Do 循环
  Loop While i% <= 11
  Print num
End Sub
```

例 6-17　用随机函数产生 N 个两位整数，用选择法排序后将它们按值从小到大排序输出。

排序又称为分类(Sorting)算法，是程序设计中常用的算法。用于排序的方法很多，现以 7 个元素的数组为例，介绍选择排序算法。

设排序前 a 数组中的 7 个数依次为：2　6　1　8　7　4　5

第 1 次选择：在 a(1)至 a(7)中找最小值 a(k)，比较后确定 k 为 3；

　　交换 a(1)与 a(k)的值，第 1 次排序后，各元素当前值依次为

　　<u>1</u>　6　2　8　7　4　5　　　　数组中前 1 个元素有序。

第 2 次选择：在 a(2)至 a(7)中找最小值 a(k)，比较后确定 k 为 3；

　　交换 a(2)与 a(k)的值。第 2 次排序后，各元素当前值依次为

　　<u>1　2</u>　6　8　7　4　5　　　　数组中前 2 个元素有序。

第 3 次选择:在 a(3)至 a(7)中找最小值 a(k),比较后确定 k 为 6;

交换 a(3)与 a(k)的值。第 3 次排序后,各元素当前值依次为:

1 2 4 8 7 6 5 数组中前 3 个元素有序。

第 4 次选择:在 a(4)至 a(7)中找最小值 a(k),比较后确定 k 为 7;

交换 a(4)与 a(k)的值。第 4 次排序后,各元素当前值依次为:

1 2 4 5 7 6 8 数组中前 4 个元素有序。

第 5 次选择:在 a(5)至 a(7)中找最小值 a(k),比较后确定 k 为 6;

交换 a(5)与 a(k)的值。第 5 次排序后,各元素当前值依次为:

1 2 4 5 6 7 8 数组中前 5 个元素有序。

第 6 次选择:在 a(6)至 a(7)中找最小值 a(k),比较后确定 k 为 6;

交换 a(6)与 a(k)的值。第 6 次排序后,各元素当前值仍为:

1 2 4 5 6 7 8 数组中前 6 个元素有序。

一般的,N 个数经过 N-1 次排序后均有序。通过以上选择法排序的展开分析,可以归纳出选择法排序算法如下:

```
For i = 1 To n-1
  找出 a(i)至 a(n)间最小的数组元素下标 k
  交换 a(i)与 a(k)
Next i
```

其中,找出 a(i)至 a(N)之间值最小的数组元素下标 k 的程序段为:

```
k = i                          ' 假设下标为 i 的元素值最小
For j = i + 1 To N
  If a(j) < a(k) Then k = j
Next j
```

由此不难编写出如下程序:

```
Private Sub Form _ Click()
  Dim a(20) As Single, temp As Single
  Dim n As Byte, i As Byte, j As Byte, k As Byte,
  n = InputBox("请输入数组元素个数", "输入数据")
  For i = 1 To n  : a(i) = Int(Rnd * 90) + 10 : Next i    ' 产生数据
  For i = 1 To n-1                                       ' 排序
    k = i
    For j = i + 1 To n
      If a(j) < a(k) Then k = j
    Next j
    Temp = a(i): a(i) = a(k): a(k) = Temp
  Next i
  For i = 1 To n :Print a(i); : Next i          ' 显示输出
  Print
End Sub
```

以上几个例子中,我们所引用的数组都只有一个下标,这种数组称为一维数组。在有些实际应用中，如矩阵运算、成绩表处理等，不仅要指出数据元素的行位置，而且还要指出数据元素的列位置，需要有两个下标来描述。

具有两个下标的数组称为二维数组，如：

Dim s(1 To 3,1 To 4) As Integer

则定义了一个 3 行 4 列的二维数组 S，数组元素有：

s(1,1),s(1,2),s(1,3),s(1,4)

s(2,1),s(2,2),s(2,3),s(2,4)

s(3,1),s(3,2),s(3,3),s(3,4)

下面举两个简单的例子，说明二维数组的应用。

例 6-18　建立一个 3 行 5 列的二维数组。数组的前 4 列由输入对话框输入，第 5 列为同 1 行上前面 4 个数的和。

程序如下：

```
Private Sub Form_Click()
  Dim a(1 To 3, 1 To 5) As Single
  Dim i As Integer, j As Integer
  For i = 1 To 3
    a(i,5) = 0
    For j = 1 To 4
      a(i,j) = Val(InputBox("a(" & i & "," & j & ") = "))
      a(i,5) = a(i,5) + a(i,j)
    Next j
  Next i
  For i = 1 To 3                          ' 输出 3 行 5 列的数组
    For j = 1 To 5
      Print a(i, j);
    Next j
    Print
  Next i
End Sub
```

例 6-19　建立一个 5 行 5 列的二维数组，两条对角线上的元素为 1，其余元素为 0。

程序如下：

```
Private Sub Form_Click()
  Dim s(1 To 5, 1 To 5) As Integer
  Dim i As Integer, j As Integer
  For i = 1 To 5
    For j = 1 To 5
      If i = j Or i + j = 6 Then         ' 对角线上的元素赋值 1,其余为 0
        s(i,j) = 1
      Else
        s(i,j) = 0
```

```
        End If
        Print s(i, j);              ' 显示输出
      Next j
      Print
    Next i
  End Sub
```

程序的输出结果如下：

```
1  0  0  0  1
0  1  0  1  0
0  0  1  0  0
0  1  0  1  0
1  0  0  0  1
```

例 6-20　编程，界面设计如图 6-9 所示。从列表框控件 List1 中挑选喜欢的球类项目至右边的列表框 List2，同时将 List1 中已选择的项目删除；如果选错，还可以将其放回左边的列表框；可以一次选中所有的体育项目。

(1) 界面设计，控件的部分属性设置如下：

```
Form1.Caption = "选择你所喜欢的竞技类项目"
List1.Style = 0
List2.Style = 0
Command1.Caption = "添加"
Command2.Caption = "删除"
Command3.Caption = "全部添加"      '实现左边列表框表项全部移动到右边列表框中
Command4.Caption = "全部删除"      '实现右边列表框表项全部移动到左边列表框中
```

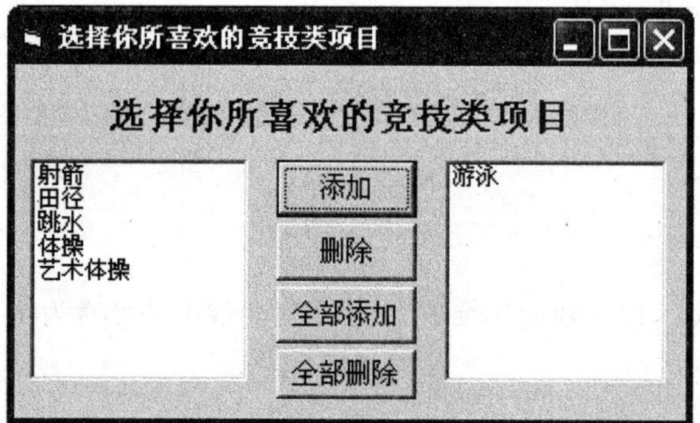

图 6-9　例 6-20 的界面设计

(2) 过程设计

```
Private Sub Form_Load()           '为 List1 添加表项
  List1.AddItem "田径"
  List1.AddItem "射箭"
  List1.AddItem "游泳"
  List1.AddItem "跳水"
  List1.AddItem "体操"
```

```
  List1.AddItem "艺术体操"
End Sub
Private Sub Command1_Click()         '移动表项至右边列表框
  If List1.ListIndex < 0 Then       '判断是否选择了表项
    '在对话框中单击"是"按钮，则退出该过程。
    If MsgBox("未选任何表项，是否退出?",4 + 48 + 256,"") = 6 Then Exit Sub
  Else
    '添加选中的表项到右边的列表框中，然后在左边列表框中删除所选表项。
    List2.AddItem List1.Text
    List1.RemoveItem List1.ListIndex
  End If
End Sub
Private Sub Command2_Click()         '移动表项至左边列表框
  If List2.ListIndex < 0 Then       '判断是否选择了表项
    If MsgBox("未选任何表项，是否退出?",4 + 48 + 256,"") = 6 Then Exit Sub
  Else
    List1.AddItem List2.Text               '添加选中的表项到左边的列表框中
    List2.RemoveItem List2.ListIndex    '删除此表项
  End If
End Sub
Private Sub Command3_Click()        '将所有表项全部添加到右边列表框
  Do While List1.ListCount              '判断是否到最后一个表项
    List2.AddItem List1.List(0)            '每次移动最前面的表项
    List1.RemoveItem 0
  Loop
End Sub
Private Sub Command4_Click()        '将所有表项全部添加到左边列表框
  Do While List2.ListCount
    List1.AddItem List2.List(0)
    List2.RemoveItem 0
  Loop
End Sub
Private Sub List1_DblClick()        '双击列表框表项，也可以"添加"。
  Command1_Click
End Sub
Private Sub List2_DblClick()        '双击列表框表项，也可以"删除"。
  Command2_Click
End Sub
```

例 6-21　设计程序，运行时选择出生日期之年、月、日，计算你的生日是那一年的第几天。

(1) 界面设计，如图 6-10 所示。

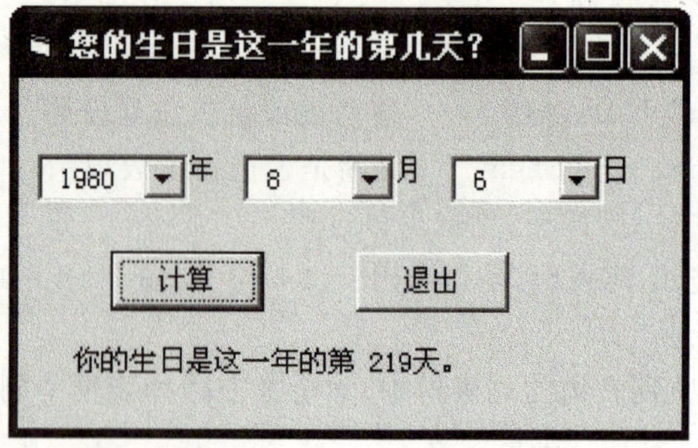

图 6-10 例 6-21 的界面设计

部分控件的属性设置如下：

```
Label1.Caption = "年"
Combo1.Caption = ""
Label2.Caption = "月"
Combo2.Caption = ""
Label3.Caption = "日"
Combo3.Caption = ""
Command1.Caption = "计算"
Command2.Caption = "退出"
Label4.Caption = ""
```

(2) 过程设计

```
Dim birthyear, birthmonth, birthday As Integer
'定义几个全局变量:生日的年、月、日
Private Sub Form _ Load()
  Dim i As Integer, j As Integer
'添加组合框 1 中年的数据
  For i = 1900 To 1999:Combo1.AddItem Str(i):Next i
'添加组合框 2 中月的数据
  For i = 1 To 12:Combo2.AddItem Str(i):Next i
End Sub
'根据所选年、月份,添加组合框 3 中的数据
Private Sub Combo1 _ Click()
  Combo3.Clear                           '清空
  birthyear = Val(Combo1.Text)      '取年份的值
  birthmonth = Val(Combo2.Text)     '取月份的值
  Select Case birthmonth
    Case 1, 3, 5, 7, 8, 10, 12
      For j = 1 To 31 : Combo3.AddItem Str(j) : Next j
    Case 4, 6, 9, 11
      For j = 1 To 30 : Combo3.AddItem Str(j) : Next j
```

```
      Case 2
        If birthyear Mod 4 = 0 And birthyear Mod 100 <> 0 _
              or birthyear Mod 400 = 0 Then
          For j = 1 To 29 : Combo3.AddItem Str(j) : Next j
        Else
          For j = 1 To 28 : Combo3.AddItem Str(j) : Next j
        End If
    End Select
End Sub
Private Sub Combo2_Click()
    Combo1_Click
End Sub
Private Sub Command1_Click()
    Dim sday, i As Integer
    sday = 0                                      '统计所有的日期
    birthday = Val(Combo3.Text)
    For i = 1 To birthmonth - 1              ' 加到前一个月为止
      Select Case i
        Case 1, 3, 5, 7, 8, 10, 12                ' 大月加 31 天
          sday = sday + 31
        Case 4, 6, 9, 11
          sday = sday + 30 ' 小月加 30 天
        Case 2
          If birthyear Mod 4 = 0 And birthyear Mod 100 <> 0 Or _
              birthyear Mod 400 = 0 Then
            sday = sday + 29                  ' 闰年加 29 天
          Else
            sday = sday + 28                  ' 平年加 28 天
          End If
      End Select
    Next i
    sday = sday + birthday
    Label4.Caption = "你的生日是这一年的第" + Str(sday) + "天。"
End Sub
Private Sub Command2_Click()
    End
End Sub
```

从组合框 Combo3 中选择"日"之前，应先在组合框 Combo1 中选择年份、确定变量 birthyear 的值，再从组合框 Combo2 中选择月份、确定变量 birthmonth 的值。此后，Combo3 中根据年份、月份的选择自动添加表项。

例 6-22 编制一个带有简单动画效果的程序:使一行字从左到右的移动,到达边界后再从头开始、不间断的移动,同时让字的颜色产生一些变化。

图 6-11 例 6-22 的界面设计

(1) 界面设计,如图 6-11 所示。

控件的部分属性设置如下:

Label1.Caption = ″学会使用时间控件 Timer″ 字体大小为 4 号字。

Timer1.Interval = 100

(2) 过程设计

```
Private Sub Form_Load()
  ′无论设计时设定为何状态,装入窗体时都激活定时器控件 Timer1
  Timer1.Enabled = True
End Sub
Private Sub Timer1_Timer()
  If Label1.Left> = Form1.Width Then
    Label1.Left = - Label1.Width
  Else
    Label1.Left = Label1.Left + 100
  End If
  Label1.ForeColor = QBColor(Int(Rnd * 16))
End Sub
```

每次调用定时器事件 Timer1_Timer,的工作都会使标签右移,当移动到右边界的时候,表达式"Label1.Left >= Form1.Width"可判断是否越界,如果越界则重新设置标签的左边界、使标签从窗体左边渐进。

"QBColor(Int(Rnd * 16))中的 QBColor 是一个颜色函数,值是在 0~15 之间的整数(用一个随机数来产生该函数的参数),并用该数改变控件 Label1 的 ForeColor 属性,使控件的前景色变化。

6.9 小 结

在本章中,涉及在程序中需要处理大量类型相同的数据时,VB 提供了数组来解决。数组由多个同类型的元素组成,用同一个名、不同下标,标识数组中不同元素。数组必须先声明、后引用。介绍了静态数组与动态数组间的区别以及数组的基本操作的几种典型方法，并讲解了控件数组的创建与使用。

我们还介绍了列表框(List)、组合框(Combo)、滚动条(HScrollBar、VScrollBar)、定时器(Timer)控件。更多的选择可以在列表框控件或组合框控件的列表中为用户提供，运行时不允许通过键盘直接在列表框中添加表项。

滚动条控件提供了更直观、快捷的向应用程序输入数据的手段，通过设置某些属性，还可以将数据范围限制在一定的范围内。滚动条控件的常用事件是Scroll事件和Change事件，应注意它们的区别：运行时，无论用何方法改变滚动条控件的Value属性值，都会导致该控件的Change事件过程被调用；而Scroll事件过程在只有在拖动滚动滑块时才被调用。

Enabled属性为True的定时器控件的Timer事件过程，每隔Interval/1000秒就被调用一次。程序设计中，若有需要每隔一个时间段就执行一次的操作，那么定时器控件是必不可少的。

习题六

一、判断题

1. 代码窗口通用部分的语句“Option Base 0”声明本窗体中所有数组的下标最小值为0，无一例外。
2. 当列表框MultiSelect属性值设置为0时，用户可以从列表框中选取一项或多项。
3. 当列表框中表项太多、超出了设计时的长度时，VB会自动给列表框加上垂直滚动条。
4. 列表框和文本框一样均没有Caption属性，但都具有Text属性。
5. 从几十个项目中任选其中一项或多项时可选用列表框或组合框控件来实现。
6. 将组合框的Style属性设置为0时，组合框称为“下拉式组合框”，其选项可以从下拉清单中选择，也可以由用户输入。
7. 组合框有List属性，但没有Text属性。
8. 滚动条控件可作为用户输入数据的一种方法。
9. 用户可拖动滚动框来改变滚动条的Value值，在移动滚动框时，发生Change事件。
10. 由于定时器控件在运行时是不可见的，因此在设置时可任意地将其放在任何位置。

二、选择题

1. 用Dim(1,3 To 7,10)声明的是一个______维数组。

   A. 1　　B. 2　　C. 3　　D. 4

2. Dim a(5, 5) As Integer定义的数组包含的元素个数是 ______。

   A. 25　　B. 36　　C. 30　　D. 动态变化

3. 假定建立了一个名为Command1的命令按钮数组，则以下说法中错误的是______。

   A. 数组中每个命令按钮的名称(名称属性)均为Command1

   B. 数组中每个命令按钮的标题(Caption属性)都一样

   C. 数组中所有命令按钮可以使用同一个时间过程

   D. 用名称Command1(下标)可以访问数组中的每个命令按钮

4. 以下关于控件数组的说法中错误的是______。

A. 控件数组由一组具有共同名称和相同类型的控件组成

B. 控件数组中的每一个控件共享同样的事件过程

C. 控件数组中的每个元素的下标由控件的 Index 属性指定

D. 同一控件数组中的元素只能有相同的属性设置值

5. List1.Clear 中的 Clear 是______。

A. 方法　B. 对象　C. 属性　D. 事件

6. 不能通过______来删除列表框中的表项。

A. RemoveItem 方法　B. Clear 方法　C. Text 属性

7. 若要把"XXX"成为 List 清单中的第三项，则可执行语句______。

A. List1.AddItem "XXX", 3　B. List1.AddItem "XXX", 2

C. List1.AddItem 3,"XXX"　D. List1.AddItem 2,"XXX"

8. 滚动条的______属性用于指定用户单击滚动条的滚动箭头时，Value 属性值的增、减量。

A. LargeChange B. SmallChange　C. Value　D. Change

9. 单击滚动条两端的任意一个滚动箭头，都将触发该滚动条的______事件。

A. KeyDown　B. Change　C. Scroll　D. DragOver

10. 设计动画时通常用时钟控件______属性来控制动画速度。

A. Interval　B. Timer　C. Move　D. Enabled

三、填空题

1. 用 Dim x(2 To 5) As Integer 语句定义的数组占用______个字节的内存空间。
2. 若有一个动态数组 a 有两个元素 a(0)和 a(1)，现要令数组 a 有三个元素 a(0)、a(1)和 a(2)，则应当使用______语句。
3. ______方法用来向列表框中加入表项。
4. 当列表框的 Style 属性值为______时，则单击表项或按空格键可以实现复选。
5. 组合框具有______和______两种控件的基本功能。
6. 鼠标______的动作，使滚动条的 Scroll、Change 事件都会发生。
7. 执行语句"HScroll1.Value = HScroll1.Value + 100"时，发生______事件。
8. 定时器的 Interval 属性值为 0 时，表示______。
9. 定时器控件只能接收______事件。
10. 定时器的 Interval 属性值，不得大于______。

四、程序阅读题（写出下列程序的运行结果）

程序 1.

```
Private Sub Form_Click()
  Dim a(5) As Byte
  a(0) = 1
  For i% = 1 To 5
    a(i%) = a(i% - 1) + i% : Print a(i%);
  Next i%
```

```
End Sub
```

请写出单击窗体后,窗体上的显示结果。

程序 2.

```
Private Sub Form_Click()
  Dim a(5, 5) As Byte
  For i% = 1 To 5 : For j% = 1 To 5
    a(i%, j%) = i% * j%
  Next j%, i%
  For i% = 1 To 5 : Print a(i%, i%); : Next i%
End Sub
```

请写出单击窗体后,窗体上的显示结果。

程序 3.

```
Private Sub Form_Click()
  Dim a(1 To 4, 1 To 3) As Integer, i As Integer, j As Integer
  For i = 1 To 2
    For j = 1 To 3
      a(i, j) = i + j : Print Tab(j * 5 + 2); a(i, j),
    Next j
    Print
  Next i
End Sub
```

请写出单击窗体后,窗体上的显示结果。

程序 4.

```
Private Sub Form_Load()
  Combo1.AddItem "西瓜": Combo1.AddItem"苹果": Combo1.AddItem "橘子"
  Combo1.AddItem "葡萄": Combo1.AddItem "哈密瓜"
  Combo1.AddItem "火龙果": Combo1.AddItem "釉子"
  Combo1.List(0) = "李子" : Combo1.List(7) = "猕猴桃"
End Sub
Private Sub Combo1_KeyPress(KeyAscii As Integer)
  If KeyAscii = 13 Then Combo1.List(Combo1.ListCount) = Combo1.Text
  List1.Clear
  For i% = 0 To Combo1.ListCount - 1
    If Len(Trim(Combo1.List(i%))) < 3 Then
      List1.AddItem Combo1.List(i%)
    End If
  Next i%
End Sub
```

写出程序运行时,在组合框 Combo1 中输入文本“香蕉”(以回车键结束)后,控件 List1 中的所有表项。

五、程序填空题

1.【程序说明】下列程序用来在窗体上输出如下数据。

```
1  2  3  4  5
2  3  4  5  1
3  4  5  1  2
4  5  1  2  3
5  1  2  3  4
```

```
Private Sub Form_Click()
  Dim a(5, 5) As Byte, i As Byte, j As Byte
  For i = 1 To 5
      For j = 1 To 6 - i
        a(i, j) = ______(1)______
  Next j, i
  For i = 2 To 5
      For j = ______(2)______ To 5
        a(i, j) = j + i - 6
  Next j, i
  For i = 1 To 5
      For j = 1 To 5 : Print a(i, j); : Next j
    ______(3)______
  Next i
End Sub
```

2.【程序说明】以下程序产生 30 个两位随机整数、并按从小到大的顺序存入数组 a 中,再将其中的奇数按从小到大的顺序在窗体中用紧凑格式输出。

```
Private Sub Form_Click()
  Dim a(30) As byte, i as Byte, j As Byte, m As Byte
  For i = 1 To 30 : a(i) = ______(1)______ : Next i
  For i = 1 To 29
    For j = ______(2)______
      If a(i) > a(j) Then
        m = a(i) : ______(3)______ : a(j) = m
      End If
  Next j, i
  For i = 1 To 30
    If ______(4)______ Then Print a(i);
  Next i
End Sub
```

3.【程序说明】利用一个计时器、一个标签框和二个命令按钮制作一个动态秒表。各控件名称取缺省值,控件 Command1、Command2 标题分别为“开始”、“结束”。运行时,单击"开始"秒表开始记时,单击"结束"记时结束,并在窗体上显示出运行的时间。

```
Dim x As Long, h As Integer, m As Integer, s As Integer
Private Sub Command1_Click()
  ____(1)____
End Sub
Private Sub Command2_Click()
  Timer1.Enabled = False
  Label1.Caption = "运行" + Str(h) + "小时" + Str(m) + "分" + Str(s) + "秒"
End Sub
Private Sub Form_Load()
  Timer1.Interval = 1000
  Timer1.Enabled = False
  x = 0
End Sub
Private Sub Timer1_Timer()
  x = x + 1
  h = ____(2)____ : m = ____(3)____
  s = x Mod 3600 Mod 60
  Label1.Caption = Str(h) + ":" + Str(m) + ":" + Str(s)
End Sub
```

4.【程序说明】本题是利用计时器控件来实现文字的水平移动,要求:

(1) 运行时标签框内的文字从窗体左边向右边移动,当标签框的最左边超出窗体的右边界时,从窗体的左边进入窗体(尾部先进入)。

(2) 文字移动时颜色不断产生随机变化。

```
Private Sub Form_Load()
  Form1.WindowState = 2 : Timer1.Interval = 100
End Sub
Private Sub Timer1_Timer()
  Label1.ForeColor = RGB(255 * Rnd, 255 * Rnd, 255 * Rnd)
  ____(1)____ = Label1.Left + 150
  If Label1.Left >= Form1.Width Then
     Label1.Left = ____(2)____
  End If
End Sub
Private Sub Command1_Click()
  End
End Sub
```

六、程序设计题

1. 由输入对话框输入 100 个数值数据放入数组 a。将其中的整数放入数组 b,然后运用选择分类法将数组 b 中的数据按从大到小的顺序排列，并以每行 5 个数据在窗体上输出。注：程序写在窗体 Form 的 Click 事件中。

2. 编程，用户界面如图 6-12 所示(可先用 Form _ Load 添加几个单词到列表框)。要求：

(1) 单击“添加单词”按钮，将 Text1 中的单词添加到列表框，并使 Text1 获得焦点，可直接输入另一个单词。

(2) 单击“删除单词”按钮，删除列表框中被选中的表项。

(3) 单击“全部删除”按钮，删除列表框中的全部表项。

(4) 单击“退出”按钮，结束该程序。

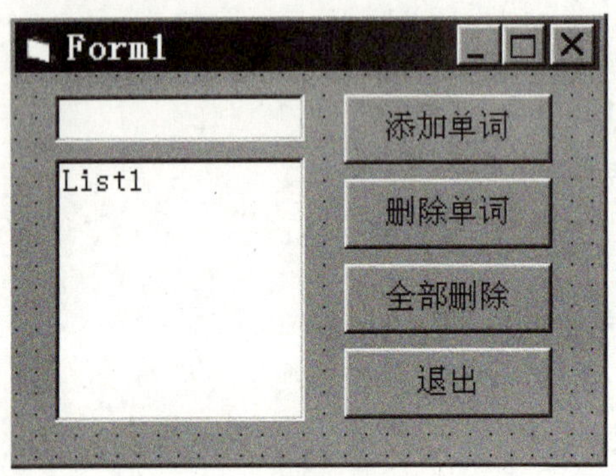

图 6-12 程序 2 的界面设计

3. 编制一个简单的用于选择学校院系的应用程序。程序运行时的窗体界面如图 6-13 所示。

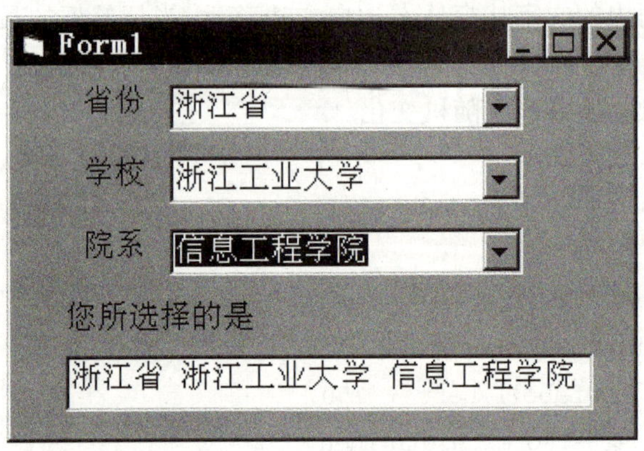

图 6-13 程序 3 的窗体界面

第 7 章 过　程

在本章的学习中，我们将着重讲述在 VB 程序开发过程中所涉及的过程、参数传递、变量的作用域与生存周期，以及程序结构的相关概念，来加强读者的 VB 编程能力，有效地提高代码的重用性、健壮性以及可靠性。

7.1　函数过程的定义与调用

通过前面几章的学习，可以知道，VB 语言处理系统的编译器提供了许多系统函数，程序中可以直接调用这些函数，而无须由用户自己编制实现该函数功能的程序段。例如，可以调用系统函数 exp(x)计算 e^x 的值，而不必按下式编写一个循环结构来计算。

$$e^x = 1 + x + \frac{x^2}{2!} + \frac{x^3}{3!} + \frac{x^4}{4!} + \cdots$$

程序中多次重复出现的操作过程，若不能通过调用系统函数实现，VB 允许用户将这些操作自定义为函数过程或 SUB 过程，如下例。

例 7-1　输出数列 1，1,1，1,2,1，1,3,3,1，1,4,6,4,1，1,5,10,10,5,1……的前 55 项。

该程序中的运算过程可以简单描述如下：

For i = 0 To 9 ：For j = 0 To i ：计算、输出 i! /j! /(i－j)!

其中求阶乘的运算在每一步循环中三次出现，若有求 k! 的系统函数可以调用，将简化程序。可惜，系统函数中无此函数，而需要自定义函数过程来实现。

利用自定义求阶乘函数解题的程序如下：

```
Private Function fact(ByVal k As Byte) As Long      '标准模块,
  fact = 1
  For i% = 2 To k :fact = fact * i%: Next i%
End Function
```

在窗体模块中写入事件过程：

```
Private Sub Form_click()          '窗体模块
  Dim zh As Long
  For i% = 0 To 9
    For j% = 0 To i%
      zh = fact(i%)/fact(j%)/fact(i% - j%)
      Print Space(5 - Len(Str(zh))); Str(zh);
    Next j%
```

```
    Print
  Next i%
End Sub
```

程序也可以改写为：

```
Private Function fact(ByVal k As Byte) As Long      '标准模块
  fact = 1
  For i% = 2 To k
    fact = fact * i%
  Next i%
End Function
Private Function zh(ByVal m As Byte, ByVal n As Byte) As Long
  zh = fact(m)/fact(n)/fact(m - n)
End Function
Private Sub Form_Click()                             '自此处起为窗体模块
  Dim lzh As Long
  For i% = 0 To 9
    For j% = 0 To i%
      lzh = zh(i%,j%)
      Print Space(5 - Len(Str$(lzh))); Str$(lzh);
    Next j%
    Print
  Next i%
End Sub
```

函数过程 fact 被过程 zh 直接调用、被 Form_Click 间接调用。

通过上例，我们引入了过程这一概念，是因为在程序设计中经常会有重复部分，把重复部分做成一个函数或一个过程，在使用时进行调用，可以节省大量的输入代码时间，提高代码的重用性，使程序简练、高效，以及便于程序的调试和维护。本书涉及的过程主要指的是用户自定义的函数过程和子过程。

过程是一段程序代码，是相对独立的逻辑模块，一个完整的 VB 应用程序由若干过程和模块组成。常用的 VB 过程有以下两种：

Function 过程（函数过程）：相当于用户自定义的函数，通过程序调用才能被执行，并且可将数据处理的结果返回。

Sub 过程（子过程）：完成一定的操作和功能，无返回值，通过程序调用和事件触发而执行，分为事件过程和通用过程。

1．函数过程的定义

格式：[Public|Private][Static] Function **<函数名>[（形参列表）]** [As **<类型声明>**]

函数体

End Function

（1）函数体为实现运算的若干语句，其中至少应有一个赋值语句为函数名赋值。

(2) 将调用、被调用过程之间要相互传递的数据作为形参(形式参数)。

2. 函数过程的调用

(1) 定义为Private的任何过程,只能被其所在窗体的过程调用。

调用格式为 **函数名(实参列表)**

(2) 定义为Public(缺省属性)的任何过程,可以被当前工程中其他窗体中的过程调用。

调用格式为 **窗体名.函数名(实参列表)**

(3) 一般应像使用VB内部函数一样来调用Function过程,调用后返回结果是一个函数值。

也可以像后面所介绍的、调用Sub过程那样用Call命令调用,如Call 函数名(实参列表),但用这种方式调用函数时,VB系统将放弃返回值,这样你就得不到想要的函数值了。

例7-2 打印1～1000之间的素数。编制函数过程,用于判断一个整数是否是素数。

函数名设为prime,该函数有一个Integer类型形参n、由调用处的实参向其传送需判断的数值。函数返回值(函数名prime的值)应为Boolean类型:n是素数则返回True,否则返回False。

```
Private Function prime(ByVal n As Integer) As Boolean
  If n<2 Then
    prime = False
  Else
    For i% = 2 To Sqr(n)
      If n Mod i% = 0 Then Exit For
    Next i%
    If i% > Sqr(n) Then prime = True Else prime = False
  End If
End Function
Private Sub Form_Click()
  k% = 0
  For i% = 1 To 1000
    If prime(i%) Then
      Print i%,
      k% = k% + 1 : If k% Mod 6 = 0 Then Print    '每行输出6个素数。
    End If
  Next i%
End Sub
```

例7-3 计算a数组中最大值与b数组中最大值之差(数组元素个数均小于20)。

定义一个函数过程,其功能是在n个元素的数组中找最大值,请读者注意数组作为自定义函数参数时的表示方法。

```
Private Function fmax(x() As Single, ByVal n As Byte) As Single
```

'形参n在函数被调用时,由调用处向函数传递与形参数组所对应的实参数组元素个数。

```
    fmax = x(1)
    For i% = 2 To n
      If x(i%) > fmax Then fmax = x(i%)
    Next i%
End Function
Private Sub Form_Click()
    Dim a(20) As Single, b(20) As Single, m As Byte, n As Byte
    m = InputBox("输入 a 数组的元素个数","1< = m< = 20")
    n = InputBox("输入 b 数组的元素个数","1< = n< = 20")
    For i% = 1 To m
      a(i%) = InputBox("a(" + Str$(i%) + ") =","输入数组 a")
    Next i%
    For i% = 1 To n
      b(i%) = InputBox("b(" + Str$(i%) + ") =","输入数组 b")
    Next i%
    '求 a 数组中最大值和 b 数组中最大值之差。
    Print fmax(a(),m) - fmax(b(),n)
End Sub
```

7.2 Sub 过程的定义与调用

1. Sub 过程的定义

格式:[Public|Private][Static] Sub 〈Sub 过程名〉[(形参列表)]

    Sub 过程体

  End Sub

在 Sub 过程体中,不得为 Sub 过程名赋值。

函数过程的名在函数体中一定要被赋值,因为函数过程调用结束后,函数名要用其获得的值参加调用处表达式的计算。而 Sub 过程名不能被赋值,这是函数过程和 Sub 过程的最主要的区别之一。

2. SUB 过程的调用

(1) 调用格式 **Call Sub 过程名(实参列表)或 Sub 过程名 实参列表**

(2) Public 或 Private 属性对过程调用的影响,与函数过程相同。

例 7-4 编程,将数组中各元素按值从大到小排序,要求将数组排序编写为 Sub 过程。

```
Private Sub sort( a() As Single, ByVal n As Byte)
    For i% = 1 To n - 1
      k% = i%
      For j% = i% + 1 To n
```

```
    If a(j%)>a(k%) Then k% = j%
      Next j%
      temp! = a(k%)
      a(k%) = a(i%)
      a(i%) = temp!
    Next i%
  End Sub
  Private Sub Form_Click()
    Dim b(6) As Single
    For i% = 1 To 6
  b(i%) = InputBox("b(" + Str$(i%) + ")=", "")
  Next i%
    Call sort(b(),6)      '调用 Sub 过程 sort,对 6 个元素的数组 b 按值从大到小
    For i% = 1 To 6      '排序,也可以写作"sort b(),6"
    Print b(i%),
  Next i%
  End Sub
```

7.3 参数传递规则

当调用过程时,实参向形参传递的规则如下:

7.3.1 按值传递

形参声明处变量名前的修饰符是"ByVal",为按值传递,实参应为与形参同类型的表达式。

调用时,将实参表达式的值赋值给按值传递的形参。过程(函数)中,对按值传递形参变量值的改变不会导致对应实参变量值的改变。

请读者重新阅读例 7-1,其中函数 fact 的形参 n 被设置为按值传递,如果在函数中改变了形参变量 n 的值,相应的实参变量值不会被改变,保证了其"安全性"。

7.3.2 按地址传递

缺省属性(或修饰符为 ByRef)为按地址传递,实参应为与形参同类型的变量(数组)名。

(1) 如果实参是一个常量或表达式,尽管形参声明为按地址传递,实际还是按值传递。

(2) 按地址传递时,过程中对形参变量值的改变即是对实参变量的改变。

(3) 形参为数组时,对应的实参为同类型的数组名,数组参数只有按地址传递这种方式。

如果说按值传递的方式为单向传递(由调用处向被调用函数传递数据)的话,参数的按地址传送则是一种双向传递的方式。

若参数按地址传送,则:在调用发生时将实参的值传递到形参,在调用结束、控制返回时,

实参的值就是对应形参的值。

例 7-5　编制 Sub 过程，用于在数组中找出最大值、最小值。

```
' 形参 max、min 的传递方式为缺省值 ByRef，切不可为 ByVal。因为，所得到的
' 最大、最小值需要传递到调用处。
Private Sub find( a() As Single, n As Integer, _
        max As Single, min As Single)
  max = a(1)
  min = max
  While n > 1
    If a(n) > max Then max = a(n)
    If a(n) < min Then min = a(n)
    n = n - 1
  Wend
End Sub
Private Sub Form_click()
  Dim b(6) As Single, x As Single, y As Single
  For i% = 1 To 6
      b(i%) = InputBox("b(" + Str$(i%) + ") =", "")
        Next i%
  find  b(),6,x,y     '①
  Print x,y
End Sub
```

过程 find 中的形参 n 为按地址传递，如果将程序中标记①的行改为：

```
k% = 6 : find b(),k%,x,y : Print k%",
```

那么显示 k% 的当前值为 1，其值在调用 find 的过程中被改变了。如果不希望这种改变发生（调用 find 后 k% 值还是 6），可将 find 中的形参 n 改为按值传递，即“ByVal n As Integer”。

如果将过程 find 中的形参 max、min 都改为按值传递，请读者判断，程序运行后会显示怎样的结果。

例 7-6　输出 6～100 之间所有整数的质数因子（将求质因子写作 Sub 过程）。

```
Private Sub pp(ByVal k As Integer)
  Dim i As Integer
  i = 2
  While k > 1
    If k Mod i = 0 Then
      Print i;
      k = k \ i
    Else
      i = i + 1
    End If
  Wend
```

```
  Print
End Sub
Private Sub Form _ Click()
  For i% = 6 To 100
    pp i%
  Next i%
End Sub
```

本例中,若按 ByRef 设置 k 为传地址调用,则程序出错! 分析如下:

(1)启动程序后,单击窗体,执行 Form _ Click 事件过程代码。进入循环,以实参 i%(值为6)调用过程 pp,即把 i% 的值传递给形参 k,并执行过程 pp 的程序代码。

(2)在过程 pp 中,打印出 6 的质数因子。过程 pp 执行结束后,要返回到调用它的下一个语句,即 Form _ Click 中的 Next i%,此时 k 的值已经变成了 1,而形参 k 又被声明为传地址调用,这样 k 的改变也就影响到 i% 的值,即 i% 也变成 1。

(3)执行 Next i%,i% 加上步长 1,变为 2,因没有超过 For 循环的终值 100,继续循环,以实参 i%(值为 2)调用过程 pp,出现错误并构成死循环。

例 7-7 编程,将输入在文本框中的文本删除其中空格符后、在标签控件内输出。

界面设计如图 7-1 所示。

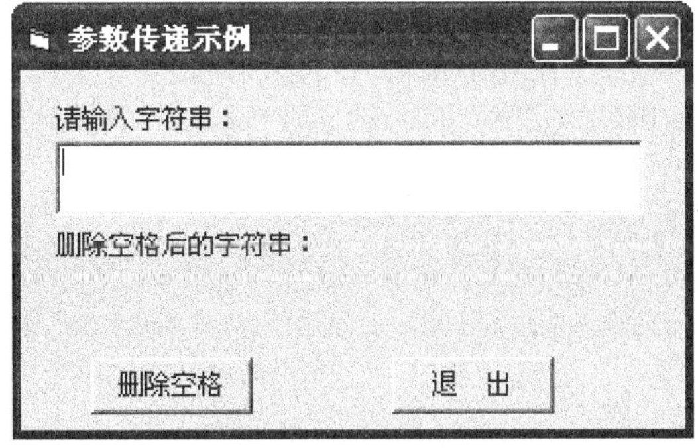

图 7-1 例 7-7 的界面设计

代码窗口的事件过程如下:

其中函数过程 delkg 的功能是,在字符数组 st 中删除第一个空格符(空格符后的所有数组元素循环向前移动一位)。

```
Private Function delkg( st() As String, m As Byte) As Boolean
  Dim i As Integer, j As Integer
  'delkg 赋值 False,表示(假定)此次查找没有找到空格符。
  delkg = False
  For i = 1 To m - 1              '在数组中查找空格符,m 为数组元素个数。
    If st(i) = " " Then           '找到空格符,则以后的所有字符向前移动一位。
      For j = i To m - 1
        st(j) = st(j + 1)
      Next j
      delkg = True      'delkg 赋值 True,表示此次查找找到了空格符。
```

```
        'm 为地址传递的形参,删除一个空格后,字符串长度减 1。
        m = m - 1
      '删除一个空格符后,则退出 For 循环、返回调用处。
        Exit For
      End If
    Next i
End Function
Private Sub Command1_Click()
    Dim s(100) As String, n As Byte, i As Byte
    '计算字符串 Text1.Text 的长度。
    n = Len(Text1.Text)
    '将 Text1.Text 中所有字符逐个存入数组 s
    For i = 1 To n
      s(i) = Mid(Text1.Text, i, 1)
    Next i
    '循环调用函数过程 delkg,直到返回值为 False 即数组 s 的 n 个元素中没有空格
    '符为止。注意参数 n 是按地址传递的,随着空格符被删除,n 值相应在减小。
    Do
    Loop Until delkg(s, n) = False
    ' 将数组 s 中的各字符相连并改写 Label1 的 Caption 属性。
    For i = 1 To n
      Label1.Caption = Label1.Caption + s(i)
    Next i
End Sub
Private Sub Command2_Click()
    End
End Sub
```

图 7-2 表示运行时在 Text1 中输入一串字符后,单击 Command1 按钮时的输出结果。

图 7-2 例 7-7 运行时的输出结果

7.4　变量作用域与生存期

7.4.1　变量作用域

1. 局部量

在事件、函数、Sub 过程中用 Dim 语句声明的变量(包括数组)或用 Const 语句声明的符号常量是局部量。

局部量的作用域限于它们所在过程,而不能被其他过程引用。

如,在例 7-7 中,函数过程 delkg、命令过程 Command1 中都声明了变量 i,它们是不同的变量、作用域局限于各自所在的过程。

如果在函数过程 delkg 中对变量 i 不作显式声明,该过程中的 i 也是局部量(因为在该窗体的代码窗口中没有声明模块级的变量 i),是变体数值类型的局部量。

2. 模块级量

在模块的通用对象声明部分,用 Dim 或 Private 语句声明的变量(包括数组)、用 Const 或 Private Const 语句声明的符号常量,是模块级量。

模块级量的作用域限于它们所在的模块,即不能被其他窗体的过程引用。

例 7-8　编程,多次单击窗体后,单击命令按钮 Command1 则显示单击窗体的次数(在标签框控件 Label1 中显示结果),界面设计如图 7-3 所示。

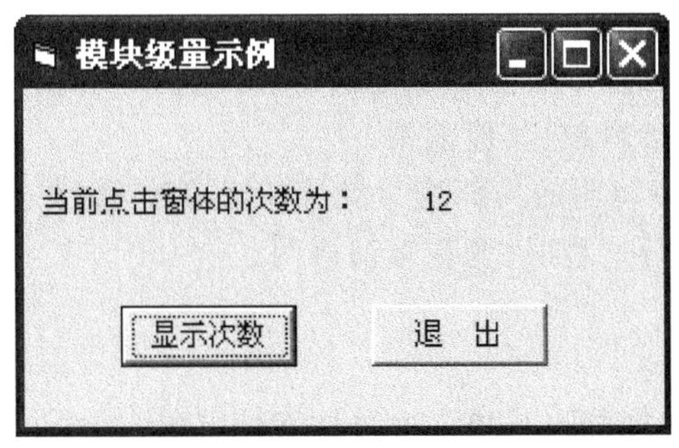

图 7-3　例 7-8 的界面设计

窗体代码窗口显示如图 7-4 所示。

在图 7-4 所示代码窗口中,变量 n 声明在通用模块部分,是模块级变量。过程 Form _ Click 中没有显式声明 n,因此所引用的变量 n 与通用模块中声明的 n 是同一变量。

读者可以判断,过程 Command1 _ Click 中的变量 n 是局部量,还是模块级变量?

3. 全局量

在模块的通用对象声明部分,用 Public 语句声明的变量(不包括数组)、用 Public Const 语

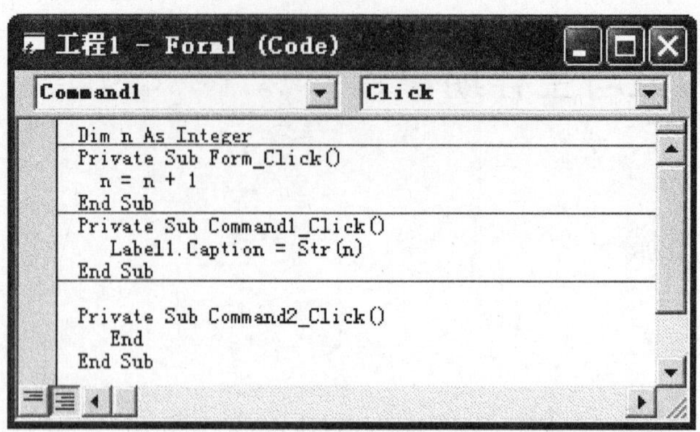

图 7-4　例 7-8 之代码窗口

句声明的符号常量,是全局量。

全局量可以在整个工程中被引用,其他窗体引用时,在变量名或符号常量名前,必须指出窗体名称。

如:在窗体 Form1 中的语句"x=Form2.k",所引用的变量 k 必定是在窗体 Form2 的代码窗口中的通用模块部分中用 Public 声明的全局变量,否则不可以跨窗体引用。

7.4.2　变量的生存期

从变量的作用空间来说,变量有作用域之分。

从变量的作用时间来说,变量有生存期之分。根据变量在程序运行期间的生命周期,把变量分为静态变量(Static)和动态变量(Dynamic)。

1.动态变量

动态变量是指程序运行进入变量所在的过程时,才分配给该变量内存空间,退出该过程时,变量所占的内存空间自动释放,其值消失。

使用 Dim 语句在过程中声明的局部变量就属于动态变量,在过程执行结束后,变量的值不被保留,在每一次重新执行过程时,变量重新声明。

2.静态变量

静态变量是指程序运行期间虽然退出变量所在的过程,其值仍被保留的变量,即变量所占的内存空间没有释放。当以后再次进入该过程时,原来变量的值可以继续使用。

使用 Static 语句在过程中声明的局部变量就属于静态变量。静态变量只能在过程中声明,而不能在通用对象声明部分声明。

为使过程中所有的局部变量都为静态变量,可在过程头部加上关键字 Static。如:

Private Static Sub aa()

这样,在 Sub 过程 aa 中,无论用 Static、Dim 或 Private 声明的变量,还是隐式声明的变量,都成为静态变量。

函数过程、自定义过程均可以在过程头部加上关键字 Static,不再赘述。

例 7-9　动态变量和静态变量使用示例。

```
Dim a As Integer
Private Sub Command1 _ Click()
   Static b As Integer
   Dim c As Integer
   a = a + 1
   b = b + 1
   c = c + 1
   Print "a = "; a, "b = "; b, "c = "; c
End Sub
```

当程序运行时,连续单击 Command1 按钮四次,窗体上的输出结果如下:

```
a= 1    b= 1    c= 1
a= 2    b= 2    c= 1
a= 3    b= 3    c= 1
a= 4    b= 4    c= 1
```

a 定义为模块级 Integer 类型变量,当程序启动加载窗体其初值为 0;

b 定义为静态变量,每次调用 Command1 _ Click 事件过程结束时,都保留 b 的当前值,作为下一次该事件过程被调用时 b 的初值;

Command1 _ Click 事件过程中的变量 c 是局部动态量,在每次执行该事件过程时都被重新声明,自动赋初值 0。

7.5 Visual Basic 6.0 应用程序结构

在建立 VB 应用程序时,VB 将代码存储在 3 种不同的模块中:窗体模块、标准模块和类模块。在这三种模块中都可以包含:声明和过程,它们形成了工程的一种模块层次结构,可以较好地组织工程。

在模块的结构中,每个窗体模块、标准模块和类模块都可包含以下几步:

第一步:声明

可将常数、类型、变量和动态链接库(DLL)过程的声明放在窗体、标准或类模块的模块级。

第二步:过程

Sub、Function 过程包含可以作为基本单元来执行的代码片段。

```
<声明部分>
过程 1(参数表)
......
End Sub
过程 2(参数表)
......
End Sub
```

7.5.1 窗体模块

窗体模块包含窗体和代码两部分，窗体部分就是程序运行的界面各种元素及其属性，代码部分包括通用过程和窗体上各种对象的事件过程。只要编写的是有界面的应用程序，就需要设计窗体，每个窗体就是一个独立的窗体对象，保存为一个独立的窗体文件。窗体模块保存在扩展名为.frm 的文件中，包括界面元素的描述与本窗体操作有关的程序代码这两方面。一个工程中可以包含多个窗体，一个窗体可以用于多个工程。

1. 多个窗体的操作

建立新工程时，系统会自动创建一个窗体，但大多数应用程序会有多个窗体。

(1) 添加窗体。选择“工程”菜单中“添加窗体”命令，Visual Basic 将显示如图 7-5 所示的窗口；选择“窗体”后单击“打开”按钮即添加了新窗体。此后如打开“工程资源管理器”，会显示新增的窗体，如图 7-6 所示。

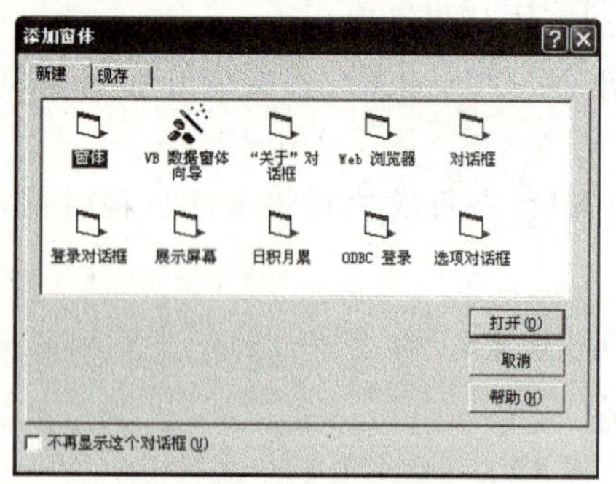

图 7-5 添加新的窗体图

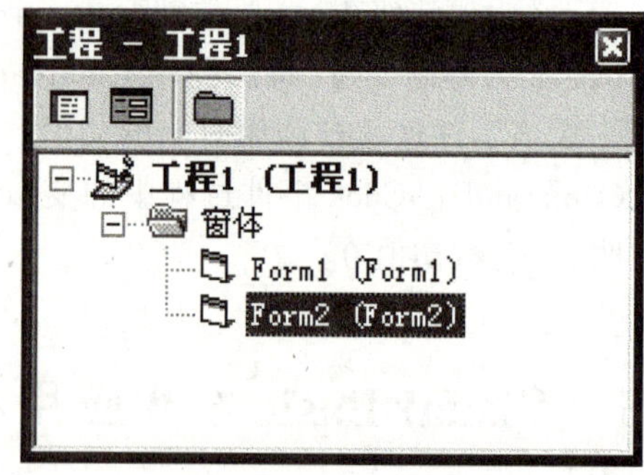

图 7-6 添加新窗体 Form2 后的工程资源管理器

(2) 删除窗体。在工程资源管理器上，右击需删除的窗体，在弹出的快捷菜单中选择“移除...”选项。如图 7-7。

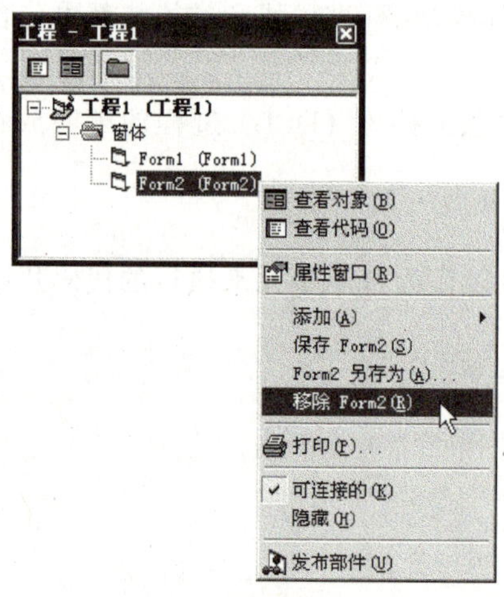

图 7-7 删除窗体

(3) 运行时显示窗体。运行时显示窗体通过调用 Show 方法实现。如执行语句“Form2.Show”显示窗体 Form2。

(4) 关闭窗体。通过调用 Unload 方法实现。如执行语句“Unload Form2”关闭窗体 Form2。

2. 启动窗体

一个工程(如工程 1)若有多个窗体,其缺省状态下通常由 Form1 启动,但可以通过选择“工程”菜单的“工程 1 属性”选项,在打开的对话框中设置启动对象,如图 7-8 所示。Visual Basic 的启动对象可以是任何一个窗体,也可是一个用户定义的主过程 Sub Main,该过程必须写在标准模块中。

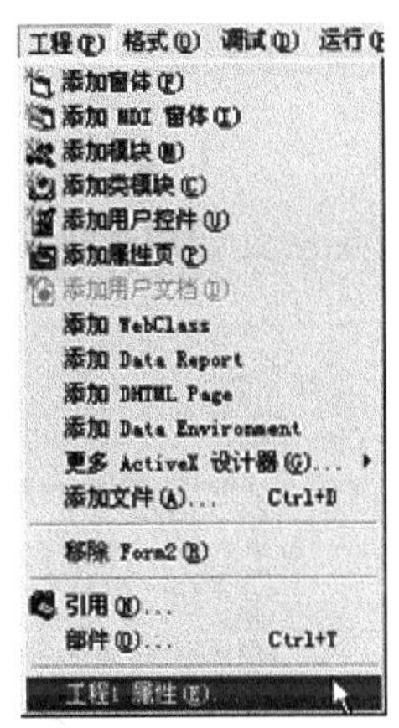

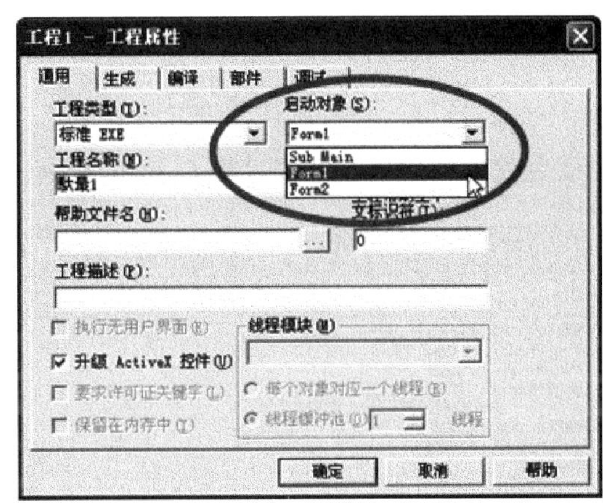

图 7-8 设置启动窗体

7.5.2 标准模块

简单的应用程序通常只有一个窗体,所有的代码都存放在窗体模块中。对于一个复杂的工程,往往需要多个窗体,而且某些通用过程在各个窗体模块中可以通用。为了避免代码的重复键入,我们可以将通用代码、全局变量等放在一个公共模块中,此模块就是标准模块。

标准模块可以包含类型、常数、变量、外部过程和公共过程的公共的或模块级的声明。文件扩展名为 .BAS,存放可被多个窗体共享的代码,其中的过程都是通用过程。标准模块完全由代码组成,这些代码不与具体的对象相关联且不能定义事件过程,一般用来定义全局变量和公用过程和函数,缺省时应用程序不包含标准模块。

(1)添加标准模块

在“工程”菜单中选择“添加模块”对话框。可以“新建”,也可从“现存”的模块中选择一个。

(2)修改模块名称

标准模块只有一个“名称”属性,在其中修改即可。虽然保存工程时也可以给模块起名,但这是 Bas 文件的名字,模块的名称仍然使用的是默认名称 Module1、Module2 等。

例 7-10 在标准模块中建立可将窗口居中安放的全局级过程,窗体启动时即调用该过程。

(1) “工程→添加模块”,添加标准模块

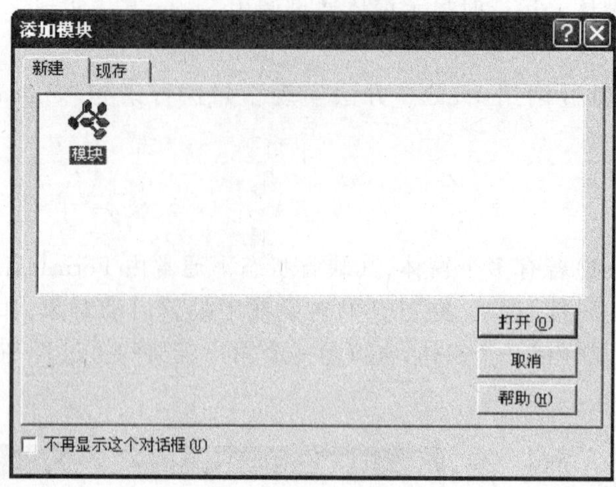

图 7-9　添加标准模块

(2) 在标准模块代码窗口建立全局过程 CenterOnSetupForm,其代码详见图 7-10。

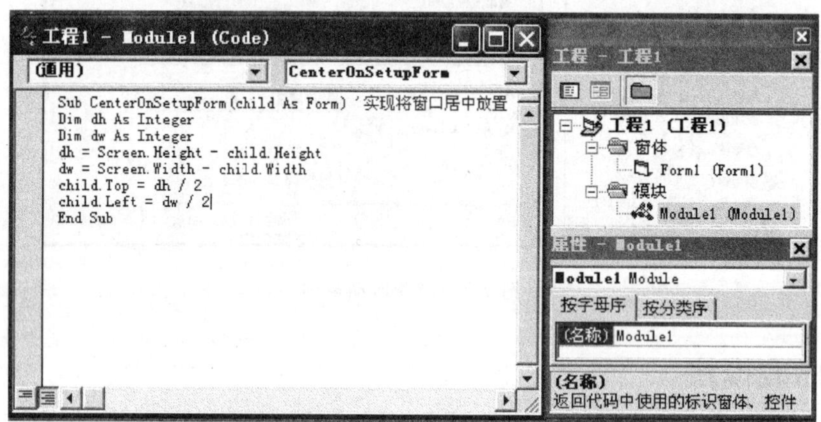

图 7-10　添加标准模块

(3) 编写 Form1 窗体的 Load 事件响应代码:CenterOnSetupForm Me 来一启动即调用过程,如图 7-11。

7.5.3　类模块

类是对于一类事物的抽象描述,类模块文件用于定义某种对象特征属性和操作的代码文件,所以可以使用类模块创建含有方法和属性代码的自己的对象,其文件扩展名为 .CLS。类模块与窗体模块类似,只是没有可见的用户界面。而与标准模块的不同之处在于,标准模块仅仅含有代码,而类模块既含有代码又含有数据。

在"工程"菜单中选择"添加类模块"对话框,如图 7-12。可以"新建",也可以从"现存"的类模块中选择一个。在类模块(Class)中,可以建立新对象,并为新对象设置属性和方法。

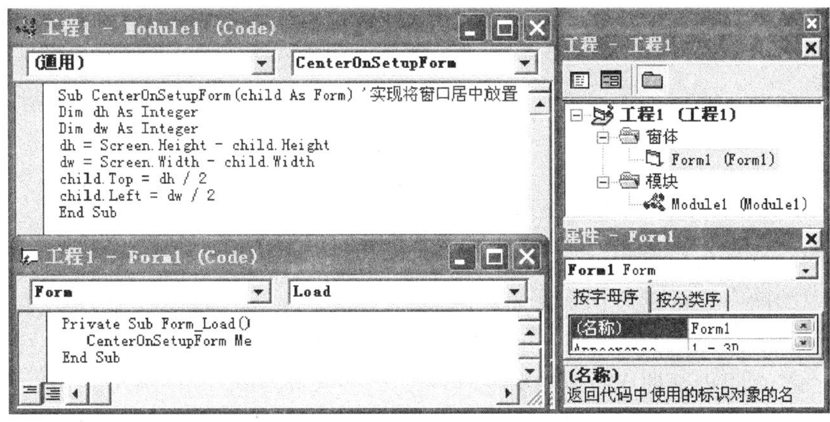

图 7-11　在 Form 里调用标准模块中的过程

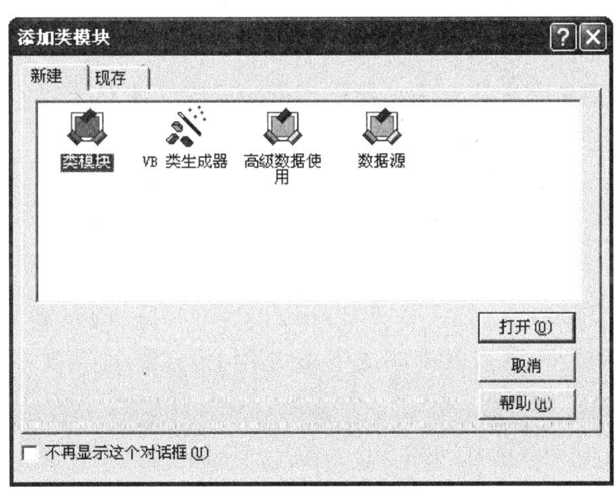

图 7-12　添加类模块

7.6 小　结

本章介绍了在程序中多次重复出现的操作过程，若不能通过调用系统函数实现，VB 允许用户将这些操作自定义为函数过程或 Sub 过程。定义函数过程或 Sub 过程，必须熟悉过程定义的格式，以及调用程序与所定义的过程之间参数的传递方式和规则。

VB 应用程序的组织结构，它由窗体模块、标准模块和类模块组成。在编写程序时，除了要熟悉各种语句和结构的使用方法以及语法规则以外，更重要的是考虑在大型项目中，如何设计和实现各个模块，编写标准模块与类模块来提高代码的重用性，使程序简练、高效，以及便于程序的调试和维护。

习题七

一、判断题

1.在过程中用 Dim 语句或 Const 语句定义的变量或符号变量是局部变量或局部符号常量。

2.过程中的静态变量是局部变量,当过程再次被执行时,它的值是上一次过程调用后的值。

3.某一过程中的静态变量在过程结束后,静态变量及其值可以在其他过程中使用。

4.Visual Basic 程序的运行可以从 Main()过程启动,也可以从某个窗体启动。

5.事件过程由某个用户事件或系统事件触发执行,它不能被其他过程调用。

6.在一个窗体中不能使用 Unload 语句来卸载本窗体,即一个窗体只能由其他窗体卸载。

7.在自定义 Sub 过程中,过程名必须被赋值。

8.在定义了一个函数后,可以像调用任何一个 VB 内部函数一样使用它,即可以在任何表达式、语句或函数中引用它。

9.函数过程(Function)用来完成特定的功能但不返回相应的结果。

10.声明形参处缺省传递方式声明,则为按值传递(ByVal)。

二、选择题

1. 在 Form2 中引用 Form1 中的全局变量 x,写作______。

   A. x　　B. Form1.x　　C. Form2.x　　D. Form1 _ Public.x

2. 编制一个对 Single 类型一维数组排序的 Sub 过程,该过程只能被本模块中其他过程所调用,其首句为______。

   A. Sub f(a() As Single,n As Integer)

   B. Public Sub f(a() As Single)

   C. Private Sub f(a(n) As Single,n As Integer)

   D. Public Sub f(a() As Single,n As Integer)

3. 若某过程声明为 Sub aa(n as integer),则调用______实参与形参是按地址传递。

   A. Call aa(5)　B. Call aa(n+1)　C. Call aa(n)　D. Call aa(i-1)

4. 保存一个工程至少应保存两个文件,这两个文件分别是______

   A. 文本文件和工程文件　　B. 窗体文件和工程文件

   C. 窗体文件和标准模块文件　　D. 类模块文件和工程文件

5. 有如下的程序:

```
Private Sub Form _ Click()
Dim a As Integer, b As Integer
a= 8: b= 3
Call test(6, a, b+1)
Print "主程序",6,a, b
End Sub
Sub test (x As Integer, y As Integer, z As Integer)
Print "子程序",x,y,z
```

```
x = 2: y = 4 :z = 9
End Sub
```

当运行程序后,显示的结果是__________

A. 子程序 6 4 3　主程序 6 8 4　B. 主程序 6 4 3　子程序 6 8 4　C. 主程序 6 8 4　子程序 6 4 3　D. 子程序 6 8 4　主程序 6 4 3

6. 如果一个工程含有多个窗体及标准模块,则以下叙述中错误的是________

A. 任何时刻最多只有一个窗体是活动窗体

B. 不能把标准模块设置为启动模块

C. 如果工程中含有 Sub Main 过程,则程序一定首先执行该过程

D. 用 Hide 方法只是隐藏一个窗体,不能从内存中清除该窗体

7. 以下叙述中错误的是__________

A. 以.BAS 为扩展名的文件是标准模块文件

B. 在工程资源管理器窗口中只能包含一个工程文件及属于该工程的其他文件

C. 窗体文件包含该窗体及其控件的属性

D. 一个工程中可以含有多个标准模块文件

8. 以下关于函数过程的叙述中,正确的是__________

A. 如果不指明函数过程参数的类型,则该参数没有数据类型

B. 在函数过程中,过程的返回值可以有多个

C. 当数组作为函数过程的参数时,既能以传值方式传递,也能以传址方式传递

D. 函数过程形参的类型与函数返回值的类型没有关系

9. 以下关于变量作用域的叙述中,正确的是________

A. 窗体中凡被声明为 Private 的变量只能在某个指定的过程中使用

B. 全局变量必须在标准模块中声明

C. 模块级变量只能用 Private 关键字声明

D. Static 类型变量的作用域是它所在的窗体或模块文件

10. 一个工程中含有窗体 Form1、Form2 和标准模块 Model1,如果在 Form1 中有语句 Pubilc x As Integer,在 Model1 中有语句 Pubilc y As Integer,则以下叙述中正确的是_____

A. 变量 x、y 的作用域相同　B. y 的作用域是 Model1

C. 在 Form1 中可以直接使用 x　D. 在 Form2 中可以直接使用 x 和 y

三、填空题

1. VB 中的变量按其作用域分为_____、_____、_____。
2. VB 将代码存储在 3 种不同的模块中:_____、_____、_____。
3. 在程序中调用子过程需要指明__________,然后列出该子过程所要求的参数。
4. 在 Visual Basic 中,除了可以指定某个窗体作为启动对象外,还可以指定________为启动对象。
5. 调用过程时对形参的改变不会导致相应实参变量的改变,则该形参采用________(按值传递/按地址传递)方式。
6. 数组名作过程实参,相应的形参传递方式为_____。
7. 过程形参为整型,对应实参为 7.81,传递给形参的值为 _____。

8. 声明 Integer 类型静态变量 x,写作________。

9. 声明 Single 类型全局变量 y,写作________。

10. 在窗体 Form1 的过程中引用窗体 Form2 中的全局变量 z,写作__________。

四、程序阅读题(写出下列程序的运行结果)

程序 1.

```
Private Sub Form_Click()
  Static a As Integer
  Dim b As Integer
  b = a + b + 1
  a = a + b
  Form1.Print "a = "; a, "b = "; b
End Sub
```

请写出单击窗体三次后,窗体上的显示结果。

程序 2.

```
Dim i As Integer,n As Integer
Private Sub Form_Click()
For i% = 1 To 3 : s = sum(i%) : Print "s = "; s : Next i%
End Sub
Private Function sum(n As Integer)
  Static j As Integer
  j = j + n + 1 : sum = j
End Function
```

请写出单击窗体后,窗体上的显示结果。

程序 3.

```
Dim i As Integer, j As Integer, k As Integer, h As Integer
Private Sub Form_Click()
  i = 0: j = 1: k = 2
  Call q(1, i): Print i; j; k,
  Call q(2, j): Print i; j; k,
  Call q(3, k): Print i; j; k,
End Sub
Private Sub p(i)
  i = i + 1 : Print i; j; k,
End Sub
Private Sub q(ByVal h, j)
  i = j
  If h = 0 Then
    Call p(j)
  Else
```

```
    If h = 1 Then Call p(i) Else j = j + 1
  End If
End Sub
```

请写出单击窗体后,窗体上的显示结果。

程序4.

```
Function chg(a As Integer, b As Integer) As Integer
  Dim n As Integer
  For n = 0 To 2
    a = a + b
  Next n
  chg = a
End Function
Private Sub Form_Click()
  Dim a As Integer, b As Integer, z As Integer
  a = 1 : b = 1
  For n = 1 To 3
    z = chg(a, b) : Form1.Print "n = "; n, "z = "; z
  Next n
End Sub
```

请写出单击窗体后,窗体上的显示结果。

五、程序填空题

1.【程序说明】本程序将1个大于100的偶数n分解为2个素数之和。其中nflag逻辑型函数用于判断自然数x是否为素数。

```
Private Sub Form_Click()
  Dim n As Integer, x As Integer, y As Integer
  n = Val(InputBox("请输入1个大于100的偶数","输入数据",100))
  For x = 3 To n \ 2 Step 2
  If nflag(x) Then
    y = ____(1)____
    If nflag(y) Then
      Form1.Print n; " = "; x; " + "; y : Exit For
    End IF
  End If
  ____(2)____
End Sub
Function nflag(x As Integer) As Boolean
  Dim flag As Boolean
  k = 2 : m = Int(Sqr(x))
    ____(3)____
```

```
    Do While k <= m
      If x Mod k = 0 Then nflag = False
      k = k + 1
    Loop
    nflag = ____(4)____
  End Function
```

2.【程序说明】已知自然对数的底数 e 的级数表示如下：本程序利用函数过程 fact()求 e，其中绝对值小于 1E－8 的项被忽略。

程序代码如下：

```
    Private Function fact(m As Integer) As Single      '求 m! 的函数
      Dim x As Single, i As Integer
      x = 1
      For i = 1 To m : x = ____(1)____ :  Next i
      fact = x
    End Function
    Private Sub Form_Click()
      Dim e As Single, item As Single
      Dim n As Integer
      e = 1: n = ____(2)____
      Do
        n = n + 1
        item = ____(3)____
        e = e + item
      Loop While ____(4)____
      Form1.Print "e ="; e
    End Sub
```

3.【程序说明】假定建立了一个工程，该工程包括两个窗体，其名称(Name 属性)分别为 Form1 和 Form2，启动窗体为 Form1。在 Form1 画一个命令按钮 Command1，程序运行后，要求当单击该命令按钮时，Form1 窗体消失，显示窗体 Form2。

程序代码如下：

```
Private Sub Command1_Click()
____(1)____ Form1
Form2.____(2)____
End Sub
```

六、程序设计题

1.编程，输入 n(n 为一位正整数)，输出 n+1 层的杨辉三角形。如 n 为 6 时，输出结果如下所示。

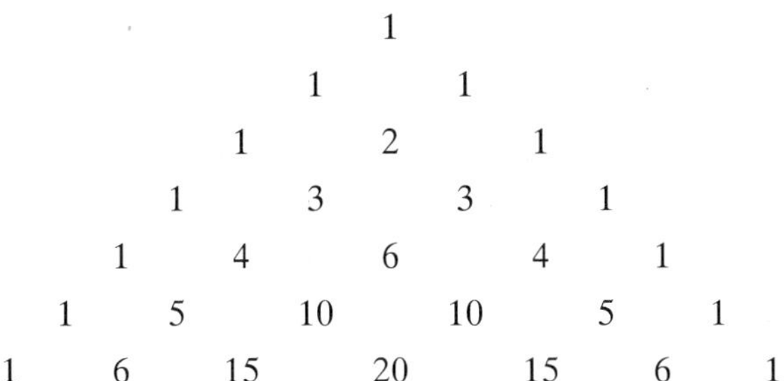

2.编制通用函数过程,计算 Single 类型一维数组所有元素的平均值。

3.编制通用 Sub 过程,将 Double 类型一维数组反序排放(如实参数组元素依次为 3.2、1、7.5、2,调用后为 2、7.5、1、3.2)。

第 8 章

图形控件和图形方法

Visual Basic 6.0 具有丰富的图形图像处理能力，它提供了一系列基本的图形函数、语句和方法，支持直接在窗体或控件上产生图形、图像并对之加以处理。本章将介绍 Visual Basic 所提供的图形控件和图形方法。

8.1 图形控件

Visual Basic 的图形控件主要有图片框控件、影像框控件、形状控件和直线控件。其中，图片框控件和影像框控件可以用于显示图像，此外，用图形方法还可以在图片框上输出图形或文字，以及对其中的图片逐点进行处理；形状控件和直线控件则用来生成一些基本的图形及直线。

8.1.1 图片框控件

工具箱中图片框控件的图标为▣。

图片框控件名称的缺省值为：Picture1、Picture2……

图片框控件用以显示图片，也可以作为其他对象的容器、显示图形方法的输出结果和 Print 方法输出的文本。

1. 图片框控件常用属性

(1) Picture 属性(字符串类型)

图片框控件的 Picture 属性值为字符串，标识将在图片框中显示的图形文件的文件名。

·设计时选取

在界面设计时，选中图片框控件属性窗口中的 Picture 属性，在弹出的 LoadPicture 对话框中选择所要显示的图片文件，相应的图片随之被加载到图片框中。

·运行时装入

程序运行时，可用 LoadPicture 函数装入图片到图片框控件中。

格式：**图片框控件名.Picture=LoadPicture(filename $)**

其中，LoadPicture 函数的 filename $ 参数是一个字符串表达式，包括驱动器、文件夹和文件名；加载一个空文件将清除图片框中原有的图片，如 Picture1.Picture = LoadPicture("")；也可以通过赋值语句复制其他图片框上的图片。

加载到图片框控件上的图片文件可以是以下格式之一：

位图(.bmp、.dib、.cur)

图标(.ico)

图元(.wmf)

增强型图元(.emf)

也可以来自 Windows 的各种绘图程序。

(2) AutoSize 属性(逻辑类型)

AutoSize 属性值为 True 时,图片框的边界会随着所装入图片的大小变化而变化。此时在设计窗体过程中就应特别小心,图片将不考虑窗体上其他控件而自动调整大小,可能导致意想不到的后果,如覆盖其他控件等。所以应慎用,以免影响窗体界面的完整性。

(3) Align 属性(整数 0～4)

图片框控件的 Align 属性值为 0:标准位置,图片框在原位置。

图片框控件的 Align 属性值为 1,则图片框贴紧到窗体的上边;Align 属性值为 2,则图片框贴紧到窗体的下边。

如设置 Picture1.Align=1、Picture2.Align=2,则屏幕显示图 8-1 所示。如此,在图片框上添加有关按钮,即可用来设计工具栏或任务栏。

图片框控件的 Align 属性值为 3,则图片框贴紧到窗体的左边;Align 属性值为 4,则图片框贴紧到窗体的右边。

图 8-1　设置不同图片框的 Align 属性分别为 1、2

例 8-1　图片的加载和复制。

(1) 界面设计,在窗体上添加图片框控件 Picture1 和 Picture2、以及命令按钮控件 Command1 和 Command2。

部分控件属性设置为:

Command1.Caption="复制"

Command2.Caption="结束"

选中 Picture1,在属性窗口中选择 Picture 属性,弹出 LoadPicture 对话框如图 8-2 所示。

选择图片文件,如文件夹"C:\Program Files\Microsoft Visual Studio\..."下的文件 Ctrcan.ico,单击"打开"按钮,则完成图片的设置。如图 8-3 所示。

当程序运行时,单击"复制"按钮,则将 Picture1 中的图片复制到 Picture2 上,显示结果如图 8-4 所示;单击"结束"按钮,则程序结束。

(2) 过程设计

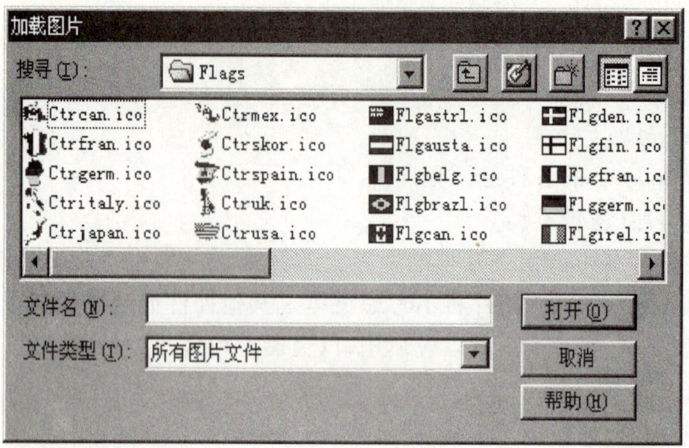

图 8-2 LoadPicture 对话框

图 8-3 例 8-1 的界面设计

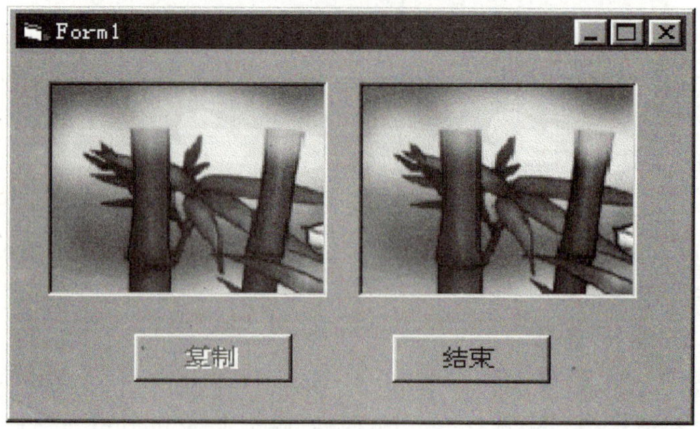

图 8-4 例 8-1 的运行情况

```
Private Sub Form _ Load()
  Picture2.Width = Picture1.Width     ´使图片框 2 的尺寸与图片框 1 相同
  Picture2.Height = Picture1.Height
  Command2.Enabled = False             ´使结束按钮不能响应
```

```
End Sub
Private Sub Command1_Click()
  Picture2.Picture = Picture1.Picture        '复制,使复制按钮不能响应
  Command1.Enabled = False: Command2.Enabled = True     '使结束按钮有效
End Sub
Private Sub Command2_Click()
  End
End Sub
```

2.图片框控件常用方法

(1) Print 方法

图片框可以用来显示 Print 方法输出的文本,格式如下:

图片框控件名称.Print 输出表

如执行"Picture1.Print "图片框"",则图片框 Picture1 上的当前输出位置显示图片框 3 个字。

下列语句可以改变图片框控件 Picture1 的当前输出位置与 Picture2 相同:

Picture1.CurrentX = Picture2.CurrentX : Picture1.CurrentY = Picture2.CurrentY

(2) Cls 方法

图片框上除了所装入的图片外,其他的所有文字、图形都可以用 Cls 方法擦除,格式如下:

图片框控件名称.Cls

再次提请读者注意,使用控件方法(包括改变属性)时,语句中省略控件名称则是指窗体。

图片框控件还可以用 Circle、Line、Pset、Point 等图形方法,在图片框上画出图形,有关用法详见 8.3 节图形方法。

图片框控件可以响应 Change、Click、MouseDown、MouseUp、MouseMove 等常用事件,读者可以根据程序设计的要求编写相应的事件过程。

下面将要介绍的 Image、Line 和 Shape 控件被认为是轻量图形控件,它们只支持图片框控件属性、方法和事件的一个子集,因此在使用时需要较少的系统资源而且加载速度比图片框控件更快。

8.1.2 影像框控件

工具箱中影像框控件的图标为[图标]。

影像框控件名称的缺省值为:Image1、Image2……

影像框控件只能用于显示图像,不支持图形方法,也不能当作容器来使用。

1. 影像框控件常用属性

(1) Picture 属性(字符串类型)

与图片框控件的 Picture 属性一样,可以在设计时设置,也可以在程序运行时用 LoadPicture 函数装入。

(2) Stretch 属性(逻辑类型)

对于图片框控件，当它的 AutoSize 属性设置为 True 时，图片框的大小会随所装入的图片而变化，这样可以得到图片的原始大小，但有时当所加载的图片比较大时，可能会影响窗体上其他控件的显示。

影像框控件的 Stretch 属性设置为 False(缺省值)时，可根据图片的大小手工调整控件的大小，以达到满意的显示效果；当设置为 True 时，将根据控件的大小来自动调整图片的大小，这时若调整影像框的大小，可能会使图片变形，影响图像的真实显示。

请注意影像框控件的 Stretch 属性与图片框控件 AutoSize 属性的区别。

2. 影像框控件常用事件

影像框控件与图片框控件可以响应的事件过程大体相同，如 Change、Click、MouseDown、MouseUp、MouseMove 等常用事件。

读者可以根据程序设计的要求编写相应的事件过程，下列各程序段可以帮助读者了解鼠标引发事件过程的使用方法。

下列事件过程可以显示鼠标在影像框控件上点击位置的坐标值，对于图片框也有类似的应用。

```
Private Sub Image1 _ MouseDown(Button As Integer, Shift As _
    Integer, X As Single, Y As Single)
    '参数 x、y 为鼠标在影像框按下处的坐标值。
      Print X, Y
End Sub
```

影像框控件和图片框控件可接受 Click 等事件，因此可以充当图形命令按钮。

例 8-2 影像框控件用作图形命令按钮。

(1) 界面设计，如图 8-5 所示。

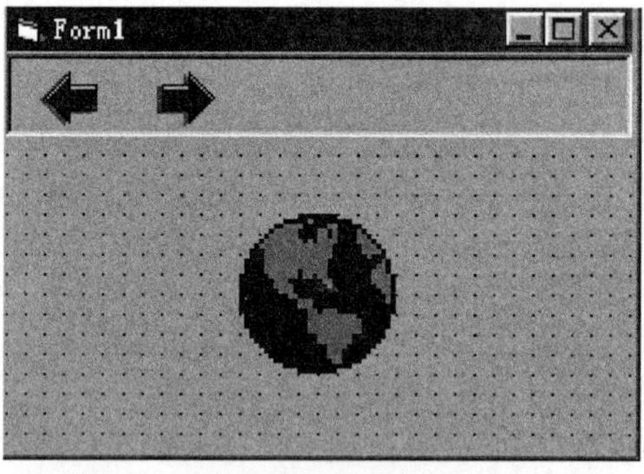

图 8-5 例 8-2 的界面设计

在窗体上添加一个图片框 Picture1 当工具栏使用，设置 Picture1. Align 为 1，因此图片框紧贴窗体上方标题栏。

在 Picture1 上建立影像框控件 Image1、Image2，选择影像框控件的 Picture 属性，使它们分别加载“左箭头”与“右箭头”图像。

在窗体上添加第 3 个影像框 Image3，并设置其 Stretch 属性为 True。

影像框、图片框上的图片，可以在运行时通过 LoadPicture 对话框加载。

设计时，可以在系统中查找该图片文件；还可以在 Windows 的画图程序中自己画、并作为.Bmp 文件保存,然后于设计时装入。

(2) 过程设计

运行时,单击 Image1 则 Image3 左移,单击 Image2 则 Image3 右移,事件过程代码如下:

```
Private Sub Image1_Click()
  Image3.Left = Image3.Left - 100
End Sub
Private Sub Image2_Click()
  Image3.Left = Image3.Left + 100
End Sub
```

8.1.3 形状控件

工具箱中形状控件的图标为▣。

形状控件缺省的控件名称为:Shape1、Shape2……

1. 形状控件常用属性

(1) Shape 属性

形状控件用于创建指定的图形,通过设置 Shape 属性来得到所需要的形状,画出正方形、矩形、圆和椭圆等。

Shape 属性定义该控件显示的图形。取整数值或系统定义的符号常量,取值及含义如下:

- 0 或 VbShapeRectangle:控件形状为矩形 。
- 1 或 VbShapeSquare:控件形状为正方形。
- 2 或 VbShapeOval:控件形状为椭圆形。
- 3 或 VbShapeCircle:控件形状为圆形。
- 4 或 VbShapeRoundedRectangle:控件形状为圆角矩形。
- 5 或 VbShapeRoundedSquare:控件形状为圆角正方形。

(2) BoderStyle 属性(整数 0~6)

该属性定义图形边框样式,取值及含义如下:

- 0:透明,即无边框。
- 1:实线,为缺省值。
- 2:长虚线。
- 3:虚线。
- 4:点划线。
- 5:双点划线。
- 6:内插实线,如果 BorderWidth 属性值大于 1,控件保证图形最大尺寸等于设定值。

(3) FillStyle 属性(整数 0~7)

该属性用于指定图形的填充样式。取值及含义如下:

- 0:实心填充
- 1:透明,即不填充,为缺省值。
- 2:水平线填充。

· 3:垂直线填充。
· 4:斜线填充。
· 5:反斜线填充。
· 6:网格填充。
· 7:倾斜网格填充。

(4) 其他常用属性

· BorderColor:设置边框颜色。
· FillColor:设置填充颜色。
· BorderWidth:设置边框宽度。

利用形状控件,可以在界面设计时,通过对形状控件有关属性的设置直接得到相应的图形,也可以在程序中设置属性来获得所需要的图形。

2. 形状控件应用示例

例 8-3 形状控件示例。

(1) 界面设计

在窗体上添加 6 个形状控件,并设计成控件数组,取名为 Shape1;2 个命令按钮用于控制程序的运行,如图 8-6 所示。

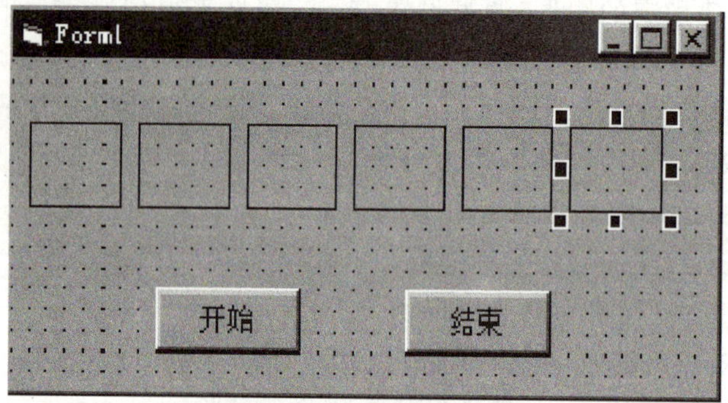

图 8-6 例 8-3 的界面设计

程序运行时,用形状控件画出的图形如图 8-7 所示。

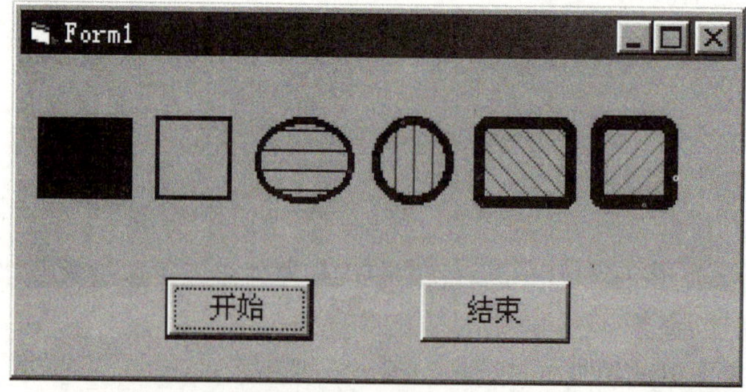

图 8-7 形状控件示例

(2) 过程设计

```
Private Sub Command1 _ Click()
  For i% = 0 To 5
    Shape1(i%).Shape = i%
    Shape1(i%).FillStyle = i%
    Shape1(i%).FillColor = QBColor(i% * 2)
    Shape1(i%).BorderWidth = i% + 1
  Next i%
End Sub
Private Sub Command2 _ Click()
  End
End Sub
```

8.1.4　直线控件

工具箱中直线控件的图标为 。

直线控件缺省的控件名称为:Line1、Line2……

直线控件与形状控件相似,但只用于画线。

界面设计时,可以通过鼠标操作调整线段的位置、长短和颜色等属性;程序运行时,可以通过改变直线的端点坐标(x1,y1)、(x2,y2)来移动它或调整它的长短。

同形状控件的边框样式属性一样,Line 控件通过对 BoderStyle 属性的设置定义该控件所显示的直线的线形,其不同取值表示不同的线形,分别为透明、实线、长虚线、虚线、点划线、双点划线等,如图 8-8 所示。

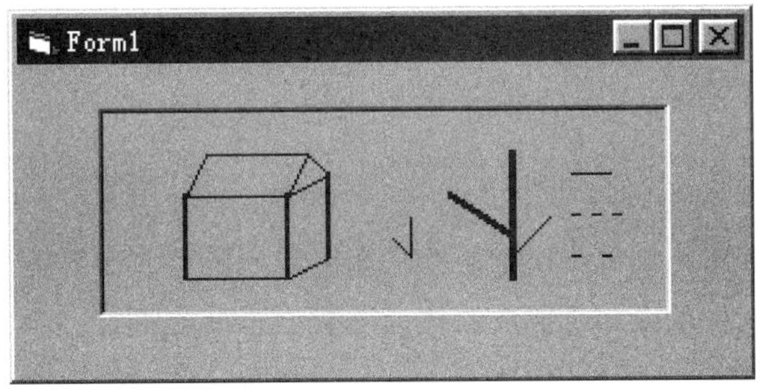

图 8-8　用 Line 控件画出的直线

8.2　Visual Basic 坐标系

坐标系是绘图的基础。在分析坐标系时需要理解容器这一概念:能够将其他对象置于其中的对象被称为容器。

例如:窗体放在屏幕(Screen)上,则屏幕是窗体的容器;在窗体上添加一个框架(Frame)控件,则窗体就是框架的容器;如果在框架控件上再画出如单选按钮等控件,那么框架又成为这些控件的容器。

容器内的对象只能在容器范围内变动，当移动容器时，容器内的对象也跟着移动，而且与容器的相对位置保持不变。

8.2.1 容器坐标系

在 VB 中，每个容器都有一个坐标系，坐标系中的 X 轴向右、Y 轴向下延伸，如图 8-9 所示窗体的坐标系统、框架控件的坐标系统。控件定位都要使用容器的坐标系。

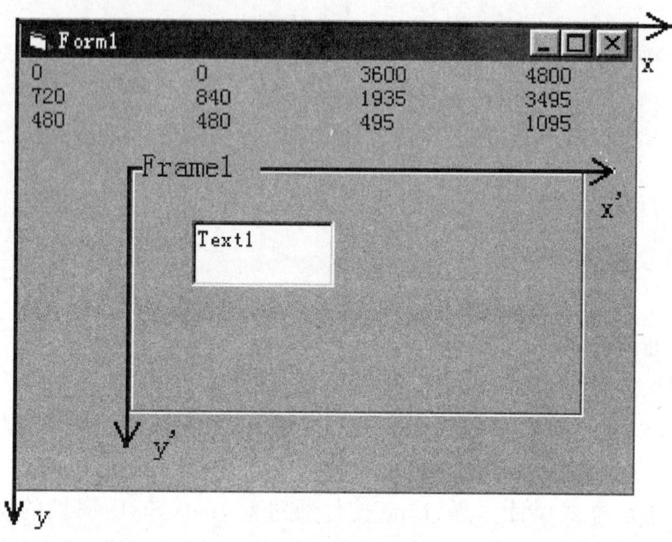

图 8-9 VB 坐标系示例

1. 控件在容器中的位置属性

控件在容器中的位置属性包括 Top 属性和 Left 属性，它们的值是相对于控件所在容器坐标原点的值。

(1) Top 属性(数值类型)

控件的该属性值是控件左上角到所在容器上边沿的距离。如果控件外的容器为窗体，则控件的 Top 属性值为控件左上角到所在窗体标题栏下边沿的距离。

(2) Left 属性(数值类型)

控件的该属性值是控件左上角到所在容器左边沿的距离。

```
Private Sub Form_Click()
  Print Top, Left, Height, Width
  Print Frame1.Top, Frame1.Left, Frame1.Height, Frame1.Width
  Print Text1.Top, Text1.Left, Text1.Height, Text1.Width
End Sub
```

若调用以上事件过程后，屏幕显示如图 8-9 所示，对输出结果说明如下：

运行时窗体左上角与屏幕左上角重合，因此其 Top、Left 属性值为 0；

框架控件的 Top、Left 属性值分别为 720、840，因为采用窗体坐标系，所以分别表示框架控件左上角(框架坐标系原点)与窗体最上边(标题栏下边沿)的距离、与窗体左边沿的距离；

文本框控件的Top、Left属性值分别为480、480，因为采用框架坐标系，所以分别表示文本框控件左上角与框架上边沿的距离、与框架左边沿的距离。

2. 控件自身宽度、高度的属性

(1) Width属性(数值类型)

该属性值为控件本身的宽度。

(2) Height属性(数值类型)

该属性值为控件本身的高度。

在图8-9中，如果拖动框架控件、改变其在窗体中的位置，框架控件的Top、Left属性可以被改变、而Width、Height属性不改变。如果仅改变框架控件的大小而保持其左上角位置不变，则Width、Height属性被改变。

3. 容器(窗体、图片框)的坐标属性

在VB中，还有一些属性是可作为容器的、可以在上面输出图形或文字的控件(窗体、图片框)所特有的，它们是：

(1) ScaleLeft属性(数值类型)

该属性值为容器左上角的横坐标，缺省值为0。

(2) ScaleTop属性(数值类型)

该属性值为容器左上角的纵坐标，缺省值为0。

(3) ScaleWidth属性(数值类型)

该属性值为容器自身的宽度值。

(4) ScaleHeight属性(数值类型)

该属性值为容器自身的高度值

(5) CurrentX、CurrentY属性(数值类型)

分别表示当前点在容器内的横坐标、纵坐标。设置CurrentX、CurrentY属性后，所设值就是下一个输出方法的当前位置。

如执行下列语句后，窗体上显示“定位”这两个字，“定”字的左上角在窗体坐标系中的x、y值分别为1500、800。

```
Form1.CurrentX = 1500 : Form1.CurrentY = 800 : Print "定位"
```

如果窗体上找不到“定位”这两个字，可能被指定位置上的其他控件遮住了，也可能是改变了窗体坐标系的原点坐标值或刻度单位、位置已指定在屏幕之外。

8.2.2 Scale方法

缺省情况下，容器坐标系的坐标原点即(0,0)点位于容器的左上角，X轴向右、Y轴向下延伸，容器的最大坐标值为右下角坐标。

利用Scale方法可以改变坐标系统：

格式：**容器名.Scale (x1,y1) - (x2,y2)**

该语句功能：改变容器(缺省容器名指窗体)左上角坐标为(x1,y1)，右下角坐标为(x2,y2)，将容器在X轴方向分为x2-x1等份、Y轴方向分为y2-y1等份，并将容器的4个坐标属性设置为：

· 容器名.ScaleLeft = x1

· 容器名.ScaleTop = y1

· 容器名.ScaleWidth = x2 - x1

· 容器名.ScaleHeight = y2 - y1

例如：执行语句“Form1.Scale (-200, -100) - (2000, 1000)”，将改变窗体左上角坐标为(-200,-100)、右下角坐标为(2000,1000)，该方法的功能与下面的程序代码等效：

```
ScaleLeft = -200
ScaleTop = -100
ScaleWidth = 2200
ScaleHeight = 1100
```

又如：语句“Picture1.Scale (50, -40) - (500, 400)”改变 Picture1 容器左上角坐标为(50, -40)、右下角坐标为(500,400)；

无参数的引用方法如“容器名.Scale”可以使对该容器有关坐标的属性恢复为缺省值。

8.2.3 坐标刻度

坐标刻度又称坐标单位，缺省情况采用 Twip(缇)为单位。

567 缇等于一厘米，1440 缇等于一英寸。VB 程序设计中，经常使用的刻度单位为：缇、磅和毫米。通过设置容器的 ScaleMode 属性可以选择改变坐标系统的单位。

1. 设置(选择)标准刻度

(1) ScaleMode 属性值为 1(缺省值)

容器坐标系的刻度单位为缇，1 缇≈0.01764 毫米≈0.05 磅

(2) ScaleMode 属性值为 2

容器坐标系的刻度单位为磅，1 磅≈0.353 毫米

(3) ScaleMode 属性值为 3

容器坐标系的刻度单位为像素，是显示器分辨率的最小单位。

(4) ScaleMode 属性值为 4

容器坐标系的刻度单位为字符，每个字符宽 6 磅、高 12 磅。

(5) ScaleMode 属性值为 5

容器坐标系的刻度单位为英寸。

(6) ScaleMode 属性值为 6

容器坐标系的刻度单位为毫米。

(7) ScaleMode 属性值为 7

容器坐标系的刻度单位为厘米。

当选择标准刻度时，系统自动使 ScaleLeft、ScaleTop 值为 0，并设置 ScaleHeight、ScaleWidth 值，这些属性决定了容器坐标的最小值、最大值。

2. 自定义刻度

将 ScaleMode 值设置为 0 则采用自定义刻度。

用 Scale 方法设置坐标系后，ScaleMode 值自动变为 0。反之，ScaleLeft、ScaleTop、ScaleHeight、ScaleWidth 属性被改变，ScaleMode 值自动变为 0，单位长度根据变化后的上述属性重新确定。

综上所述：

· 容器对象(Form 和 Picture)除具有位置(Left、Top)、大小(Width、Height)属性以外，还有坐标属性(ScaleLeft、ScaleTop、ScaleWidth、ScaleHeight)。

容器控件的位置、大小属性均采用其所在容器坐标系的刻度，与容器本身的坐标刻度无关。控件的位置、大小属性也采用其所在容器坐标系的刻度。

例如：图 8-9 中，显示的是各坐标系刻度均为"缇"时的属性值，如果改变窗体的坐标刻度，则显示出来的 Frame1 的各属性值将改变，而 Text1 不改变。

容器的坐标属性值则以该容器所设置的坐标刻度为单位。

· 屏幕(Screen)对象可以作为窗体的容器，但它只能提供缺省的坐标系统，其坐标刻度总是为"缇"，不可以改变。因此，窗体的位置(Left、Top)、大小(Width、Height)属性值**均采用缇为单位**。

在引入坐标系统以后，以下几个问题需要读者加以注意：

· 在容器上绘制图形或显示信息时，有效的输出区域，是以(ScaleLeft，ScaleTop)为左上角，(ScaleLeft ＋ ScaleWidth，ScaleTop ＋ ScaleHeight)为右下角的矩形空间内。

· 容器的所有的图形方法和 Print 方法，都使用对应容器的坐标系统。

例如：

```
Private Sub Command1 _ Click()
  Picture1.Circle(100,200),80  '坐标原点在图片框左上角，在图片框上画圆
  Form1.Circle(100,200),80     '坐标原点在窗体左上角，在窗体上画圆
End Sub
```

· 如果在方法中指明容器则采用容器坐标系，否则采用窗体坐标系。

· MouseDown、MouseUp、MouseMove 等事件过程中的形参 x、y，其值为事件发生时鼠标在所在容器中的坐标位置。

8.3 图形方法

使用图形方法是程序运行时产生图形的最基本方法之一。

使用图形方法建立的图形在程序运行时产生，所以在使用上不如图形控件直观。但是，图形控件所提供的绘图样式有限，只能实现一些简单的图形。要实现更高级的功能，还是得使用图形方法。支持图形方法的对象有窗体 Form、PictureBox 控件、Printer 对象等。

8.3.1 使用颜色

使用图形方法绘图时总要使用不同的颜色，VB6.0 使用的颜色用一个长整型数（通常用十六进制）表示，如 &HFFFF00&。其数值由 3 部分组成：右边的两位（十六进制数 FFFFOO，下同）代表红色的亮度值，中间的两位代表绿色的亮度值，左边的两位代表蓝色的亮度值。

每个亮度值都可以取 0 到 255 之间的数值，因此共有一千六百多万种不同的颜色取值。

界面设计时可以通过在对象的属性窗口中选择需要设置的颜色属性，用打开的“调色板”对话框进行颜色设置；

程序运行时，可以使用颜色函数、使用系统预定义颜色常量、直接赋值或使用通用对话框中的“颜色”对话框来指定颜色。

1. 颜色函数

VB 提供了两个专门处理颜色的函数：RGB 和 QBColor。

（1）RGB 函数

RGB 函数是颜色函数中最常用的一个，其使用格式为：

RGB(Red,Green,Blue)

其中：Red、Green、Blue 分别表示红色的亮度值，绿色的亮度值和蓝色的亮度值。取值范围都是 0 到 255。如将窗体 Form1 的背景色设置为红色，命令如下：

Form1.BackColor = RGB(255,0,0)

RGB 函数采用红、绿、蓝三色原理，返回一个 Long 整数，用来表示一个颜色值。表 8-1 列出了一些常见的颜色以及这些颜色的三色值。

表 8-1 常见颜色的 RGB 值

颜　色	红色值	绿色值	蓝色值
白色	255	255	255
黄色	255	255	0
洋红色	255	0	255
红色	255	0	0
青色	0	255	255
绿色	0	255	0
蓝色	0	0	255
黑色	0	0	0

（2）QBColor 函数

QBColor 函数的使用格式为：

QBColor(Color)

其中：Color 参数是一个介于 0 到 15 的整数，如表 8-2 所示。

例如：将窗体 Form1 的背景色设置为红色，也可以写作：

Form1.BackColor = QBColor(4)

表 8-2　Color 参数的设置值及对应的颜色

参数值	颜　色	参数值	颜　色
0	黑色	8	灰色
1	蓝色	9	亮蓝色
2	绿色	10	亮绿色
3	青色	11	亮青色
4	红色	12	亮红色
5	洋红色	13	亮洋红色
6	黄色	14	亮黄色
7	白色	15	亮白色

2. 使用预定义常量

预定义常量在 VB6.0 内部定义，读者可以在视图菜单的“对象浏览器”中选择 ColorConstants 查看所有这些常量，在程序中不需要声明就可以直接使用。如：

```
Form1.BackColor = vbRed
```

3. 直接赋值

如果知道具体的颜色值，也可以直接给颜色属性赋值，如：

```
Form1.BackColor = &HFF&            '设置窗体背景色为亮红色
Form1.BackColor = &HFF00&          '设置窗体背景色为亮绿色
Form1.BackColor = &HFFFF00&        '设置窗体背景色为黄色
```

8.3.2　图形方法

1. 画点方法 PSet

格式：[容器.]PSet [Step](x,y)[,Color]

该方法在容器上(x,y)处以值为 Color 的颜色画点(x、y 是 Single 类型表达式)；缺省容器则指当前窗体，缺省 Color 则为容器前景色(ForeColor)。

· 容器的当前输出位置坐标为(容器名.CurrentX,容器名.CurrentY)，加 Step 关键字则在坐标(容器名.CurrentX + x,容器名.CurrentY + y) 位置画点。

· 该方法所画点的大小，取决于容器的 DrawWidth 属性值。

DrawWidth 用来设置绘图线的宽度，值以像素为单位，取值范围是 1 到 32767，缺省值为 1 即一个像素宽。设置该属性后，影响 Pset、Line 和 Circle 等方法的输出效果。

2. 返回某点颜色值的函数 Point

格式：Point(x,y)

该函数的返回值为点(x,y)的颜色值。

如执行语句“c=Point(50,100)”,将窗体坐标(50,100)处点的颜色值存入变量 c。

例 8-4 在窗体上用随机色任意画“满天星”,点的大小为不超过 10 个像素的随机数。

界面设计(略)

```
Private Sub Form_Load()
  '无论界面设计时如何设置 WindowState 属性,装入窗体后、窗体最大化。
  Form1.WindowState = 2
End Sub
'自定义无参 Sub 过程,在窗体的随机位置画点。
Private Sub PsetDemo()
  Dim r As Byte, g As Byte, b As Byte
  '每次使用随机函数前,先初始化随机数发生器,以期得到随机性更好的“随机数”。
  Randomize: r = 255 * Rnd
  Randomize: g = 255 * Rnd      '随机产生红、绿、蓝三种颜色的值。
  Randomize: b = 255 * Rnd
  '在窗体内的某一位置画点,颜色为 RGB 函数提供。
  Form1.PSet (Rnd * Form1.ScaleWidth, Rnd * Form1.ScaleHeight) _
    ,RGB(r,g,b)
End Sub
Private Sub Command1_Click()
  For i% = 1 To 10000                '画 10000 个点
    Randomize
    '点的大小随机产生、不超过 10 个像素。
    Form1.DrawWidth = Int(10 * Rnd) + 1
    Call PsetDemo        '调用 Sub 过程画点。
  Next i%
End Sub
```

3. 画线、矩形方法 Line

(1) 两点连线

格式 1:[**容器名**.]Line [(x1,y1)] - (x2,y2)[,Color]

缺省容器名指窗体;缺省起点坐标则以当前输出位置为起点;缺省 Color 表达式则为容器的 ForeColor 属性;坐标点为 Single 类型表达式。

例如,下列语句分别在窗体、控件 Picture1 上画线。

```
Line(100,150) - (400,300),RGB(120,120,200)        '窗体坐标
Picture1.Line(10,10) - (60,100),RGB(0,0,255)      '图片框坐标
```

格式 2:[**容器名**.]Line [(x1,y1)] - Step(x2,y2)[,Color]

所绘制直线的两个端点位置为(x1,y1)和(x1+x2,y1+y2)。

(2) 多点折线

连续使用缺省起点、画两点连线的语句,可以绘制多点折线:每句的终点位置为下一句的起点位置,首句或是采用格式 1、或是以当前输出位置作为起点。

(3) 矩形与填充矩形

格式一:[**容器名**.]Line [(x1,y1)] − [Step](x2,y2)[,[Color][,B]]

指定位置为矩形对角点,以容器的 FillStyle 填充格式、FillColor 颜色在矩形内部填充;图形边框的颜色由 Color 表达式指定,缺省 Color 表达式则为容器的 ForeColor 属性。

图形的填充特性只有对封闭图形才起作用。

格式二:[**容器名**.]Line [(x1,y1)] − [Step](x2,y2),[Color],BF

用画矩形边框的颜色再填充矩形为实心,该语句的输出效果与容器的 FillStyle、FillColor 属性无关。

例如:执行下列语句后,在窗体上的输出结果如图 8-10 所示。

```
Form1.FillStyle = 2
Form1.FillColor = vbBlue
Form1.ForeColor = vbGreen
Line (100, 100) - (1500, 1000), vbRed, B        '红色外框,蓝色水平填充线
Line (1600, 100) - (2500, 1000), , B            '绿色外框,蓝色水平填充线
Line (2800, 100) - (3800, 1000), vbRed, BF      '红色实心矩形
```

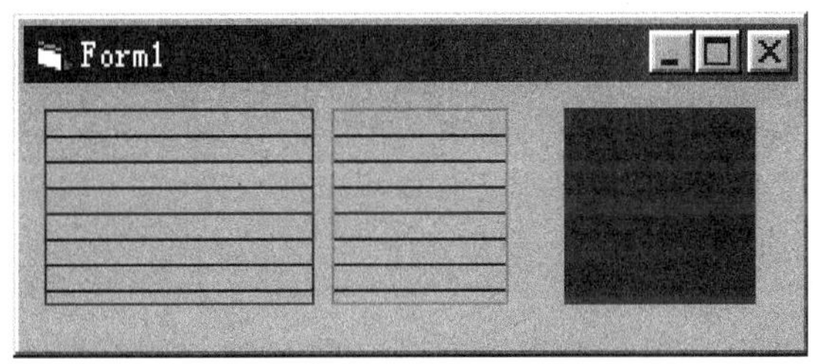

图 8-10　矩形与填充矩形

4. 圆、圆弧与椭圆方法 Circle

(1) 画圆

格式:[**容器名**.]Circle [Step](x,y),Radius[,Color]

以(x,y)为圆心(有 Step 关键字则以(CurrentX + x,CurrentY + y)为圆心)、以 Radius 为半径画颜色值为 Color 的圆。

缺省容器名、Color 选项的有关规则同前,不再赘述。

(2) 画圆弧

格式:[**容器名**.]Circle [Step](x,y),Radius,[Color],Start,End

Start、End 为 Single 类型表达式,该方法以 Start 弧度为起点按逆时针方向到 End 弧度为止画一段圆弧(平行与 x 轴的正向为 0 弧度)。

若 Start 为负值,该方法还画出 1 条从圆心到圆弧相应端点的连线,参数 End 也同样。

例 8-5　下列程序在窗体上画出 1 个红、绿、蓝各占 1/3 的圆饼图(如图 8-11 所示)。

```
Private Sub Form_Click()
  Dim pi As Double, x As Double, y As Double
  pi = 3.1415926535
  FillStyle = 0 : FillColor = RGB(255, 0, 0)
```

```
    x = ScaleWidth \ 2 : y = ScaleHeight \ 2
    Circle (x, y),800, RGB(255,255,255), -2 * pi, -pi * 2/3
    FillColor = RGB(0, 255, 0)
    Circle (x, y),800, RGB(255,255,255), -pi * 2/3, -pi * 4/3
    FillColor = RGB(0, 0, 255)
    Circle (x, y),800, RGB(255,255,255), -pi * 4/3, -pi * 6/3
End Sub
```

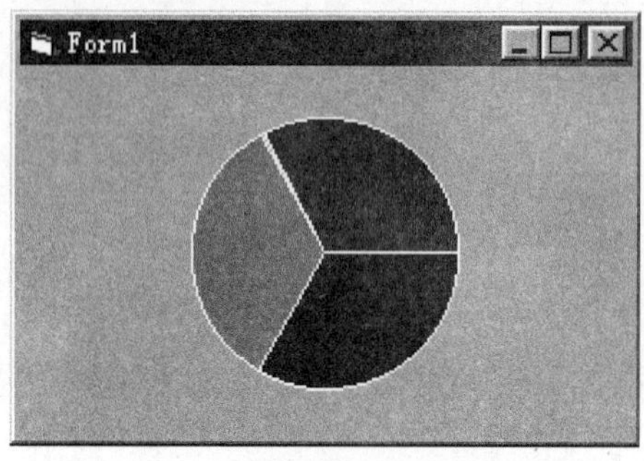

图 8-11 圆饼图

(3) 画椭圆(弧)

格式:[容器名.]Circle [Step](x,y),Radius,[Color],Start,End[,Aspect]

Aspect 是取正值的 Single 类型表达式,为椭圆纵轴与横轴之比。

若 Aspect 值小于 1,则 Radius 为横轴的长度,否则为纵轴的长度。在缺省某参数前的参数时,不可以缺省“,”号。

8.4 实 例

例 8-6 在图片框中画一个圆桶,如图 8-12 所示。

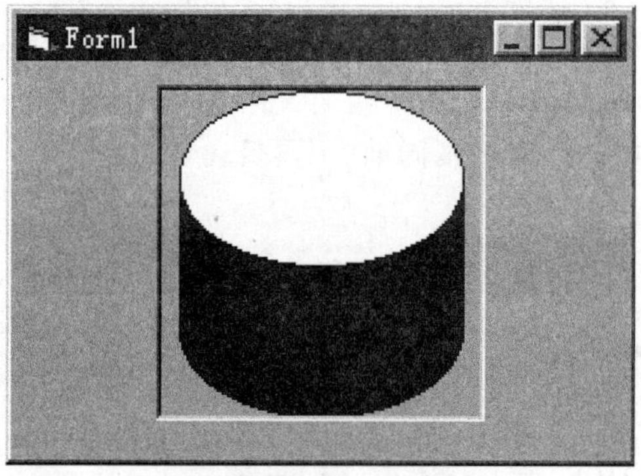

图 8-12 在图片框中画圆桶

(1) 界面设计,在窗体的合适位置添加一个图片框。

(2) 过程设计,利用循环自下而上画一系列椭圆,最上面的椭圆画成实心。编写窗体的单击事件过程如下:

```
Private Sub Form_Click()
  Dim i As Integer, x As Integer, r As Integer
  Dim y As Integer, z As Integer
  x = Picture1.ScaleLeft + Picture1.ScaleWidth \ 2
  '设置圆心的 X 坐标值,水平方向居中
  r = x - 100
  '设置半径
  y = Picture1.ScaleTop + r * 3 \ 5
  z = Picture1.ScaleTop + Picture1.ScaleHeight - r * 3 \ 5
  'y、z 的值决定了圆桶的高度
  For i = z To y Step -1
    Picture1.Circle (x, i), r, vbBlue, , , 3/5      '画蓝色椭圆
  Next i
  Picture1.FillStyle = 0
  Picture1.FillColor = RGB(255, 255, 255)
  Picture1.Circle (x, i), r, , , , 3/5              '顶上画一白色椭圆
End Sub
```

例 8-7　设计一个"反弹球"程序。

(1) 界面设计,如图 8-13 所示。在窗体上添加 1 个图片框控件 Picture1,作为小球运动的区域;在 Picture1 上引入一个形状控件 Shape1 作小球使用,形状为圆,填充色为红色,并合理设置其大小;在 Picture1 上再依次添加定时器控件 Timer1、2 个命令按钮 Command1("启动")和 Command2("停止")。

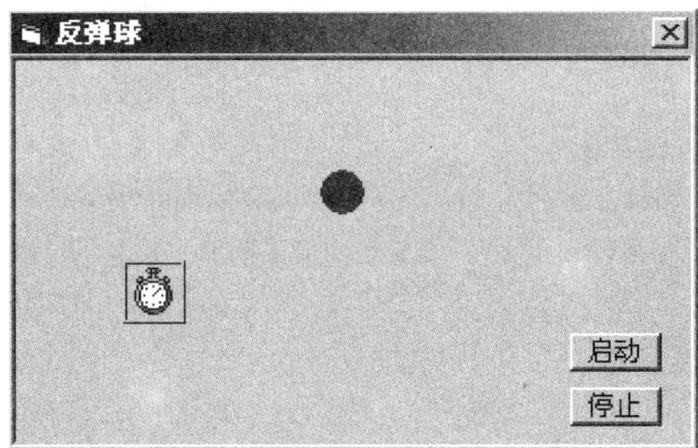

图 8-13　例 8-7 的界面设计

(2) 过程设计。程序运行时,单击"启动"按钮,圆球先向右上角方向运动,碰壁后改变方向,圆球运动时水平方向改变量和垂直方向改变量都是 100Twips;单击"停止"按钮,圆球停止运动,再单击"启动"按钮,则圆球继续运动。

```
Dim dx As Single   '水平运动增量
Dim dy As Single   '垂直运动增量
Private Sub Form_Load()
```

```
  '初始化
  Command1.Enabled = True
  Command2.Enabled = False
  Timer1.Enabled = False
  Timer1.Interval = 100
  dx = 100
  dy = -100
End Sub
Private Sub command1_Click()
  Timer1.Enabled = True
  Command1.Enabled = False
  Command2.Enabled = True
End Sub
Private Sub Command2_Click()
  Timer1.Enabled = False
  Command1.Enabled = True
  Command2.Enabled = False
End Sub
Private Sub Timer1_Timer()
  '注意使用 Picture1.ScaleWidth,Picture1.ScaleHeight
  '小球的运动可分为水平运动分量,垂直运动分量
  If Shape1.Left <= 0 Or _
Shape1.Left >= Picture1.ScaleWidth - Shape1.Width Then
      dx = -dx  '当碰到左右边时,水平运动增量取反
  End If
  If Shape1.Top <= 0 Or _
Shape1.Top >= Picture1.ScaleHeight - Shape1.Height Then
      dy = -dy  '当碰到上下时,垂直运动增量取反
  End If
  Shape1.Top = Shape1.Top + dy
  Shape1.Left = Shape1.Left + dx
End Sub
```

8.5 小　结

这一章主要介绍了 VB 的图形控件和图形方法。

首先介绍了 VB 的坐标系统,坐标系统是画图和进行图形处理的基础。每个容器对象都有一套自己的坐标系统,对象定位都是相对于容器的坐标系的。读者应理解坐标属性、坐标方法、坐标刻度单位等概念,并掌握它们的用法。

图形控件包括图片框、影像框、形状控件和直线控件。

图片框控件不仅可用以显示图片，也可以作为其他对象的容器、显示图形方法的输出结果和 Print 方法输出的文本等；

影像框只能用以显示图片，同时由于它能够响应 Click 事件，所以常常用来作为图形命令按钮来使用；

利用形状控件可以很方便地画出如圆、矩形等简单的图形；直线控件则可以画直线、折线，也可以画矩形。

利用图形方法可以画出更多、更高级的图形。使用图形方法一定要熟悉方法使用的格式，以及在画图时经常用到的一些对象属性的用法，如 FillStyle、FillColor 等。

习题八

一、判断题

1. 图片框可以通过 Print 方法来显示文本。
2. 用 Cls 方法能清除窗体或图片框中用 Picture 属性设置的图形。
3. 改变图形对象的坐标系可以用 Scale 方法。
4. 若 VB 中容器取缺省坐标系，则坐标原点在容器左上角、单位长度为像素。
5. 在图片框中添加的控件，其 Top 和 Left 属性值是相对图片框而言的，与窗体无关。
6. 影像框和图片框一样，也可以作为其他控件的容器。
7. 影像框和图片框都可以用 AutoSize 属性来控制控件大小调整的行为，当 AutoSize 属性值为 True 时，两者控件大小根据图片来调整，设置为 False 时，只有一部分图片可见。
8. ScaleMode 的所有属性值均表示打印长度。
9. 图形控件可以在运行时接收焦点。
10. BorderWidth 属性表示指定直线和形状边界线的线条宽度，该属性值不能设置为 0。

二、选择题

1. 对画出的图形进行填充，应使用______属性。
   A. BackStyle　B. FillColor　C. FillStyle　D. BorderStyle
2. 将图片框的______属性设置成 True 时，可使图片框根据图片调整大小。
   A. Picture　B. AutoSize　C. Stretch　D. AutoRedraw
3. ______可以改变坐标的单位。
   A. DrawStyle 属性　B. Cls 方法　C. ScaleMode 方法　D. DrawWidth 属性
4. VB 用以下哪一条指令来绘制直线______。
   A. Line 方法　B. PSet 方法　C. Point 属性　D. Circle 方法
5. VB 可以用以下哪一条属性来设置边框类型______。
   A. BorderStyle　B. BorderWidth　C. DrawWidth　D. FillColor
6. ______属性可以用来设置所绘线条宽度。
   A. DrawStyle　B. BorderStyle　C. DrawWidth　D. Fillcolor
7. 下列______是用来画圆、圆弧及椭圆的。

A. Circle 方法　B. PSet 方法　C. Line 属性　D. Point 属性

8. 描述以(1000,1000)为圆心、以400为半径画1/4圆弧的语句，以下正确的是______。

A. Circle(1000,1000),400,0,3.1415926/2

B. Circle(1000,1000),,400,0,3.1415926/2

C. Circle(1000,1000),400,,0,3.1415926/2

D. Circle(1000,1000),400,,0,90

9. 语句"Circle(1000,1000),800,,－3.1415926/3,－3.1415926/2"绘制的是______。

A. 弧　B. 椭圆　C. 扇形　D. 同心圆

10. 语句"Circle(1000,1000),800,,,,2"绘制的是______。

A. 弧　B. 椭圆　C. 扇形　D. 同心圆

11. 上题 Circle 语句中最后的2表示的是______。

A. 椭圆的纵轴和横轴长度比　B. 椭圆的横轴和纵轴长度比

C. 同心圆的半径比　D. 圆弧两半径间的夹角

12. RGB 函数中的3个数字分别表示______。

A. 红、绿、白　B. 红、绿、蓝

C. 色调、饱和度、亮度　D. 当前色、背景色、前景色

13. 当 Stretch 属性值为 False 时，______。

A. 图片大小随影像框的大小进行调整　B. 影像框的大小随图片大小进行调整

C. 图片框的大小随图片大小进行调整　D. 图片大小随图片框的大小进行调整

14. BorderStyle 属性是用来表示线条的______。

A. 长度　B. 宽度　C. 线形　D. 颜色

15. 在 VB 中，以下控件不能作为其他控件的容器的是______。

A. 框架　B. 图片框　C. 影像框　D. 窗体

三、填空题

1. 以窗体 Form1 的中心为圆心，画一个半径为800的圆的方法是__________。

2. 在图片框中加一幅图片(从磁盘装入)可用______函数来实现。

3. 图片框的______属性和影像框的______属性都是用来调节图片框或影像框的大小的，它们的默认值分别为______、______。

4. 需要对设置好的线条进行调整时，可再______该线条，通过鼠标的拖动来改变线条的大小或位置，或通过______窗口改变其属性值。

5. Shape 属性决定形状控件的______，当 Shape 属性值为0时，它的表现形式是______。

6. 若控件 Picture1 中要显示C盘 Windows 目录下的 Cloud.bmp 图片，则它的方法是______。

7. 要让图片框作为其他控件的容器，需先建立______，然后再建立______。

8. VB 坐标系的默认单位是______，除此之外，用户还可以选用其他的度量单位，这需要通过对象的______属性来实现。

9. PSet 方法设置指定坐标点处______的色彩，是最简单的图形操作。

10. 画椭圆的方法中，半径以后的参数依次是______、______、______、______。

四、程序阅读

程序 1.

```
Private Sub Form_Click()
  Dim i As Single, x As Single, y As Single
  For i = 0 To 2 * 3.1415927 Step 0.0001
    x = 1000 + 500 * Sin(i) : y = 800 + 500 * Cos(i)
    Line (1000, 800) - (x, y), RGB(255, 0, 0)
  Next i
End Sub
```

写出程序运行时单击窗体后,在窗体上出现的结果。

程序 2.

```
Private Sub Form_Click()
  For i% = 1 To 1000
    Call Circledemo
  Next i%
End Sub
Sub Circledemo()
  Dim Radius
  R = 255 * Rnd : G = 255 * Rnd : B = 255 * Rnd
  XPos = ScaleWidth * Rnd : YPos = ScaleHeight * Rnd
  Radius = ((YPos * 0.9) + 1) * Rnd/10
  Circle (XPos, YPos), Radius, RGB(R, G, B)
End Sub
```

写出程序运行时单击窗体后的结果。

程序 3.

```
Dim x0 As Single, y0 As Single
Private Sub Picture1_MouseDown(Button As Integer, _
      Shift As Integer, X As Single, Y As Single)
  x0 = X: y0 = Y
End Sub
Private Sub Picture1_MouseUp(Button As Integer, Shift As Integer, _
     X As Single, Y As Single)
  If Picture1.FillStyle <> 0 Then
    Picture1.FillStyle = 0
  Else
    Picture1.FillStyle = 1
  End If
  Picture1.Line (x0, y0) - (X, Y), RGB(255, 255, 0), B
End Sub
```

写出程序运行后,鼠标多次在图片框内拖动后的显示结果。

五、程序填空题

1.【程序说明】选择形状、边框后,图片框中控件 Shape1 作相应变化。界面设计如图 8-14 所示。

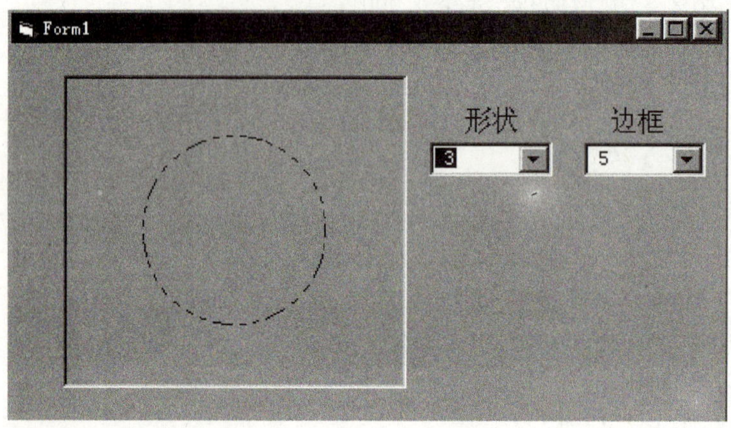

图 8-14 程序 1 的运行窗口

```
Private Sub Combo1_Click()
  Shape1.Shape = Combo1.List(____(1)____)
End Sub
Private Sub Combo2_Click()
____(2)____ = Combo2.List(Combo2.ListIndex)
End Sub
Private Sub Form_Load()
  For i% = 0 To 5 : Combo1.AddItem Str(i%) : Next i%
  For i% = 0 To 6 :____(3)____ : Next i%
End Sub
```

2.【程序说明】自制一个简单的图片浏览器。要求在窗体上建立一个影像框和两个命令按钮,命令按钮上显示文字“上一张”和“下一张”。

运行时,显示第一张图片,“上一张”按钮不能响应,单击“下一张”按钮显示另一张图片,“上一张”按钮能响应。显示到最后一张图片时,“下一张”按钮不能响应。(假设在 C:\windows 目录下有 1.bmp、2.bmp、…、8.bmp 这样 8 张图片)

```
Dim n As Byte
Private Sub Command1_Click()
  If n = 8 Then Command2.Enabled = True
  n = n - 1
  ____(1)____
  If n <= 1 Then
    Command1.Enabled = ____(2)____
    n = 1
```

```
    End If
End Sub
Private Sub Command2_Click()
    ______(3)______
    If n >= 1 Then Command1.Enabled = True
    Call pic
    If n = 8 Then Command2.Enabled = False
End Sub
Private Sub Form_Load()
    n = 1 : Command1.Enabled = False
    Image1.Picture = ______(4)______
End Sub
Sub pic()
    Dim fn As String
    fn = "c:\windows\" + Trim(str(n)) + ".bmp"
    Image1.Picture = ______(5)______
End Sub
```

六、程序设计题

1. 编程，在图片框中画一个以两点为对角的矩形（图片框中以像素为刻度单位，两点坐标用 InputBox 函数输入）。

2. 编程，以毫米为刻度单位、以窗体中心点为坐标原点，以窗体的高与宽中最小值的 1/3 为半径画一个圆（轮廓线为黄色、线粗 2mm，蓝色填充）。

3. 编程，以缇为窗体刻度的初值、窗体中心点为坐标原点，在列表框中选取刻度的其他单位的同时画一个半径为 50mm 的圆，观察圆的大小的变化。

第9章

对话框和菜单

在图形用户界面中,对话框通常是程序和用户进行交互的有效途径,它既可以用来输入信息,也可以用于输出信息,是程序的必要组成部分。

在Windows环境中,几乎所有的应用软件都提供菜单,并通过菜单来实现各种操作。菜单一方面提供了人机对话的接口,以便让用户选择应用系统的各种功能;同时,借助于菜单,能够有效地组织和控制应用系统各功能模块的运行。

这一章主要介绍对话框及菜单的设计和应用。

9.1 用户对话框

用户对话框是用户根据应用程序设计的需要,自行定义的对话框,通常由标签、文本框与命令按钮等控件组合而成。前面各章中的许多程序,都用到了用户对话框。

例9-1 用户对话框示例。

(1) 界面设计如图9-1所示。

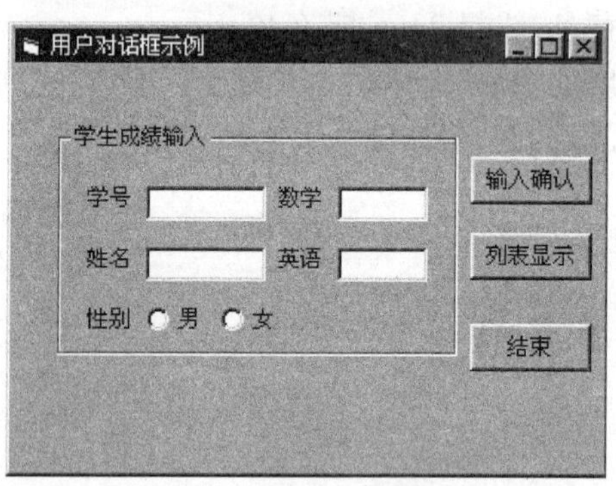

图9-1 用户对话框示例

在窗体上建立一个框架Frame1作为数据录入窗口,在Frame1上分别画出5个标签、4个文本框,其中文本框被设计成控件数组,分别为Text1(0)、Text1(1)、Text1(2)、Text1(3);

在窗体上建立2个单选按钮Option1和Option2;

添加一个列表框List1,用于列表显示输入的数据;添加3个命令按钮(Cmd1、Cmd2、Cmd3)用于控制程序的运行。并设置各对象的有关属性。

程序启动后,先隐藏列表框List1,在文本框中输入相应的数据,选择单选按钮用于输入性别,然后单击“输入确认”,则输入的信息就被添加到列表框List1中。

如此反复，直到全部数据输入完毕。数据输入后，单击“列表显示”，则显示列表框 List1，如图 9-2 所示。

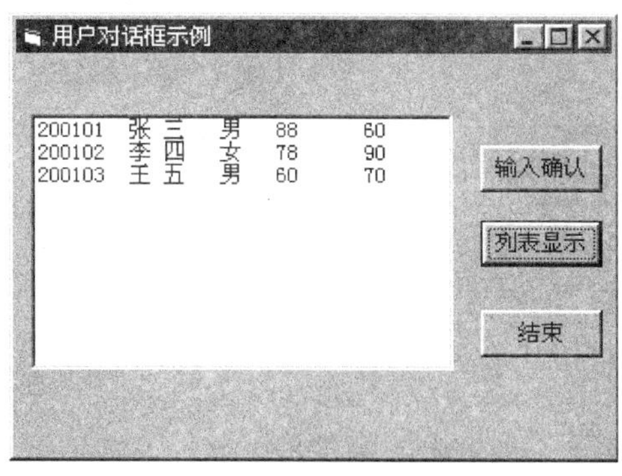

图 9-2　例 9-1 的列表显示

(2) 过程设计

```
Dim xh As String, xm As String, xb As String
Dim sx As String, yy As String, ll As String
Private Sub Form_Load()
  List1.Visible = False           '隐藏列表框
  For i% = 0 To 3                 '文本框置空
    Text1(i%).Text = ""
  Next i%
End Sub
Private Sub Text1_KeyPress(Index As Integer, KeyAscii As Integer)
  If KeyAscii = 13 Then
    n% = Index
    If n% < 3 Then n% = n% + 1 Else n% = 0
    Text1(n%).SetFocus          '自动设置文本框焦点
  End If
End Sub
Private Sub Text1_GotFocus(Index As Integer)
  '当文本框获得焦点后，原来的内容呈高亮显示，以便重新输入或修改。
  Text1(Index).SelStart = 0
  Text1(Index).SelLength = Len(Text1(Index).Text)
End Sub
Private Sub Cmd1_Click()
  xh = Text1(0).Text                '学号
  xm = Text1(1).Text                '姓名
  sx = Text1(2).Text                '数学
  yy = Text1(3).Text                '英语
  If Option1.Value = True Then      '性别
    xb = "男"
```

```
    Else
      xb = "女"
    End If
    ll = xh & Space(8 - Len(xh)) & xm & Space(6 - Len(xm))
    ll = ll & xb & Space(4 - Len(xb)) & sx & Space(8 - Len(sx)) & yy
    List1.AddItem ll                    '添加到列表框
    For i% = 0 To 3
      Text1(i%).Text = ""
    Next i%
    Option1.Value = False
    Option2.Value = False
    Text1(0).SetFocus
End Sub
Private Sub Cmd2_Click()
    Frame1.Visible = False              '隐藏框架
    List1.Visible = True                '使列表框可见
End Sub
Private Sub Cmd3_Click()                '结束
    Unload Me
End Sub
Private Sub Form_Unload(Cancel As Integer)
    n% = MsgBox("谢谢使用,再见!", 64)
End Sub
```

9.2 通用对话框控件 CommonDialog

除可以设计用户对话框外,VB 还提供了一组基于 Windows 的标准对话框。用户可以利用通用对话框控件在窗体上创建 6 种对话框,分别为打开(Open)、另存为(Save As)、颜色(Color)、字体(Font)、打印(Printer)和帮助(Help)对话框。

通用对话框不是标准控件,初始时在工具箱中一般是找不到的。它属于 VB 的 ActiveX 控件,在使用前需要将它添加到工具箱中。

将通用对话框图标添加到工具箱的方法如下:

· 单击"工程"菜单的"部件"选项,或者用鼠标右键单击工具箱,在弹出的菜单中选择"部件",打开"部件"对话框。

· 在"部件"对话框中,选中"Microsoft Common Dialog Control 6.0"。

· 单击"确定"按钮即可将通用对话框控件添加到工具箱中(在工具箱中以图标 表示)。

把通用对话框添加到工具箱以后,就可以像使用标准控件一样把它添加到窗体上。

在程序的设计状态,窗体上显示通用对话框图标如图 9-3 所示。

在程序运行时,窗体上的通用对话框图标是看不到的,在程序中通过对 Action 属性的设置或调用 Show 方法来调出所需要的对话框。

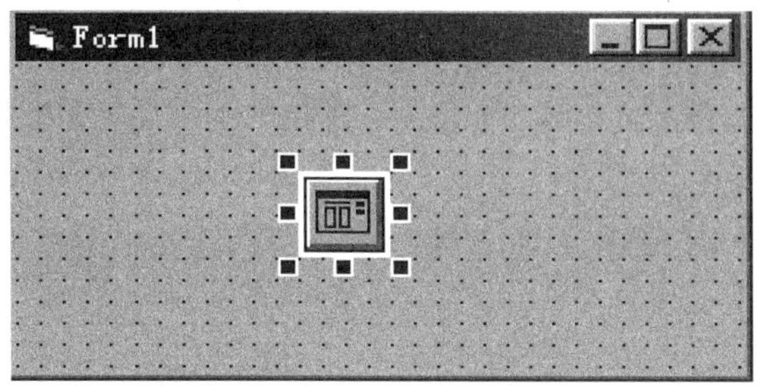

图 9-3　窗体上的通用对话框图标

9.2.1　通用对话框控件的基本属性和方法

1. 控件名称

自定义,缺省名称 CommonDialog1、CommonDialog2……

2. 设计时设置控件属性

(1) 用鼠标右键单击窗体上的 CommonDialog 控件图标,在弹出的快捷菜单中选择“属性”选项,或在属性窗口中选择“(自定义)”,再单击右侧的“...”按钮,就可以打开“属性页”对话框,如图 9-4 所示。

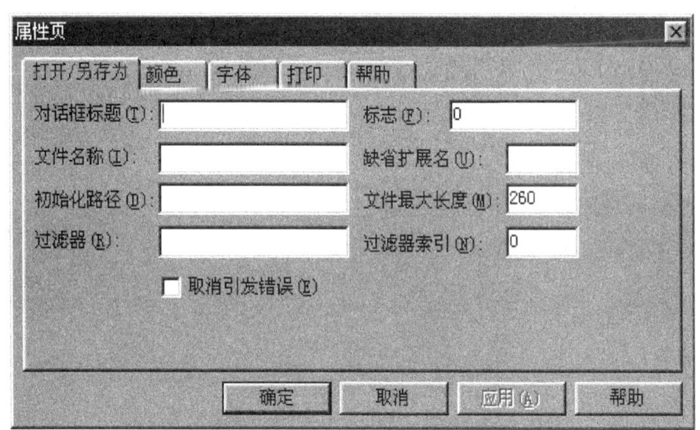

图 9-4　“属性页”对话框

在“属性页”对话框中有 5 个选项卡,用于对不同类型的对话框进行属性设置。例如,要设置颜色对话框的属性,需要选定“颜色”选项卡。

(2) 也可以在属性窗口中设置通用对话框的属性。

3. 打开通用对话框的 Action 属性

在程序中,可以通过对该属性的设置来决定打开何种类型的通用对话框。Action 属性是只写属性,只能在程序中赋值,而后即刻出现一个对话框。

(1) 显示打开文件对话框

CommonDialog1.Action = 1

(2) 显示保存文件对话框

CommonDialog1.Action = 2

(3) 显示颜色对话框

CommonDialog1.Action = 3

(4) 显示字体对话框

CommonDialog1.Action = 4

(5) 显示打印机设置对话框

CommonDialog1.Action = 5

(6) 显示 Windows 帮助对话框

CommonDialog1.Action = 6

4. 打开通用对话框的"方法"

要打开通用对话框,除了可以通过对 Action 属性赋值来实现外,VB 还提供了与之相对应的六种方法,用来指定相应的对话框。这六种方法是:

(1) 显示打开文件对话框

CommonDialog1.ShowOpen

(2) 显示保存文件对话框

CommonDialog1.ShowSave

(3) 显示颜色对话框

CommonDialog1.ShowColor

(4) 显示字体对话框

CommonDialog1.ShowFont

(5) 显示打印机设置对话框

CommonDialog1.ShowPrint

(6) 显示 Windows 帮助对话框

CommonDialog1.ShowHelp

5. 执行通用对话框所改变的控件属性及其应用

通用对话框的属性值一般是在程序运行时,通过对话框产生的人机对话过程获得。

例如:当出现"颜色对话框"选择颜色后,该控件的 Color 属性值被改写;当出现"打开文件对话框"选择文件后,该控件的 FileName 属性值被改写,等等。

读者应明确对话的结果会改变控件的哪些属性,以及如何利用改变后的属性实现自己的编程意图。例如:

· **Action 为 1 或 2,改变 Dialog 控件 Filename 属性**

```
Private Sub Command1_Click()
  '运行时通过对话选择在图片框所装入的图片文件。
  CommonDialog1.Action = 1
  Picture1.Picture = LoadPicture(CommonDialog1.Filename)
```

```
End Sub
```

· Action 为 3 改变 Dialog 控件 Color 属性

```
Private Sub Command1 _ Click()
  ´用对话改变了的 Color 属性作为文本框背景色
  CommonDialog1.Action = 3
  Text1.BackColor = CommonDialog1.Color
End Sub
Private Sub Command2 _ Click()
  ´用对话改变了的 Color 属性作为文本框前景色
  CommonDialog1.ShowColor        ´等价于 CommonDialog1.Action = 3
  Text1.ForeColor = CommonDialog1.Color
End Sub
```

9.2.2　“打开文件”对话框

打开文件是 Windows 应用程序中的常用操作。利用“打开文件”对话框可以选择文件。运行时选定文件并关闭对话框后,可用 FileName 属性得到文件所在的驱动器、文件夹和文件名。

1. 设计时建立“打开文件”对话框

设计时建立“打开”文件对话框的步骤如下:

(1) 在窗体上添加通用对话框控件。

(2) 打开“属性页”对话框。

(3) 选择“打开/另存为”选项卡,设置属性。

其中“属性页”中有关属性的含义如下:

·对话框标题(Dialog Title):字符串类型,用于设置对话框的标题,缺省值为“打开”。

·文件名称(FileName):字符串类型,用于设置对话框中“文件名称”的默认值,程序运行后该属性返回用户所选择的文件名。

·初始化路径(InitDir):字符串类型,用于设置初始的文件目录,字符串中的字符表示某文件夹名称。

例如,执行语句“CommonDialog1.InitDir=″D:\HTS\VB″”,则对话框出现后文件显示窗口中显示的是文件夹“D:\HTS\VB”中指定类型的所有文件。

程序运行后该属性返回用户所选择的目录名。如不设置该属性,系统默认当前目录。

· 过滤器(Filter):字符串类型,用于设置显示文件的类型。字符串中有若干个“|”号,奇数个数的“|”号左边的字符显示在类型列表框中、右边的字符决定所显示的文件类型。

如 Filter 属性值为下列字符串,

″所有文件|*.*|WORD 文档|*.doc|位图文件|*.bmp″

则类型列表框中显示“所有文件、Word 文档、位图文件”,选择表项“Word 文档”则扩展名为 doc 的文件被显示,选择表项“位图文件”则扩展名为 bmp 的文件被显示,等等。

· 标志(Flags):用于设置对话框的一些选项。如设置为 1,则以只读方式打开文件。

· 缺省扩展名(DefaultExt):为字符串类型,用于设置缺省的文件扩展名,当保存一个没有指定扩展名的文件时,自动指定为该属性所指定的扩展名。

· 文件最大长度(MaxFileSize):用于指定文件的最大字节数。

· 过滤器索引(FilterIndex):设置过滤器的默认索引值。如下列语句使文件类型列表中首行显示为“WORD 文档”,文件显示窗口中显示所有指定文件夹下的 Word 文档。

```
CommonDialog1.Filter="所有文件|*.*|WORD 文档|*.doc|位图文件|*.bmp"
CommonDialog1.FilterIndex=2
```

2. 运行时显示“打开文件”对话框

通过 Show 方法或对 Action 属性赋值 1,显示“打开文件”对话框。

例 9-2 “打开文件”对话框示例。

(1) 界面设计

在窗体上添加一个图片框 Picture1,用于显示图片;2 个命令按钮 Command1(加载图片)、Command2(结束),并设置有关属性如下:

```
Form1.Caption="对话框示例_图片"
Command1.Caption="加载图片"
Command2.Caption="结束"
```

打开通用对话框属性页,设置属性如图 9-5 所示。

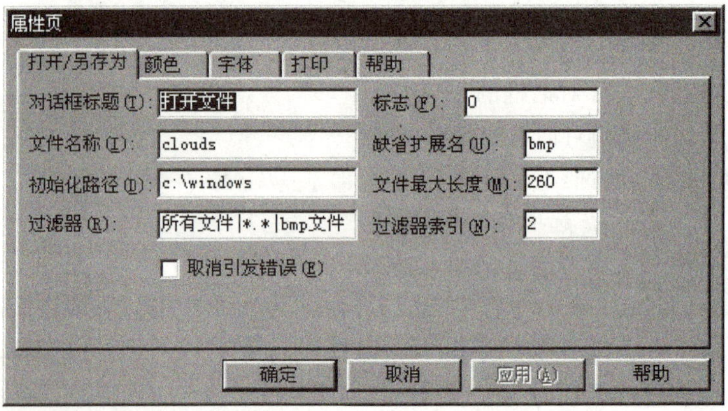

图 9-5 设置对话框属性

属性设置后的界面如图 9-6 所示。

(2) 过程设计

单击 Command1,显示“打开”文件对话框,从中选择图片文件加载到图片框 Picture1 上。单击 Command2,则程序结束。

```
Private Sub Command1_Click()
  CommonDialog1.ShowOpen
  Picture1.Picture = LoadPicture(CommonDialog1.FileName)
  Command2.Enabled = True
End Sub
Private Sub Command2_Click()
  End
```

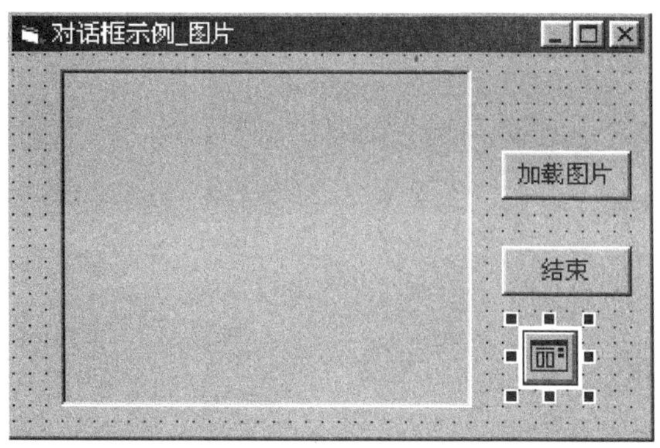

图 9-6　例 9-2 的界面设计

```
End Sub
```

通用对话框的属性既可以在“属性页”窗口中设置，也可以在程序代码中设置。如在 Form_Load 中设置以下属性，与在属性页窗口中设置具有相同的效果：

```
Private Sub Form_Load()
  CommonDialog1.DialogTitle = "打开文件"
  CommonDialog1.FileName = "clouds"
  CommonDialog1.InitDir = "c:\windows"
  CommonDialog1.Filter = "所有文件|*.*|bmp 文件|*.bmp|gif 文件|*.gif"
  CommonDialog1.DefaultExt = "bmp"
  CommonDialog1.FilterIndex = 2
End Sub
```

(3) 调试运行

程序运行时，单击 Command1，打开如图 9-7 所示的对话框，从中选择图片文件并单击“打开”按钮，则将图片加载到 Picture1 上，如图 9-8 所示。

图 9-7　程序运行时打开的对话框

9.2.3　“另存为”对话框

“另存为”对话框可以用来指定所要保存文件的驱动器、文件夹、文件名和扩展名。

图 9-8 例 9-2 的运行结果

1. 设计时建立“另存为”对话框

设计时建立“另存为”对话框与建立“打开文件”对话框的方法相同:打开通用对话框后的属性页如图 9-5 所示。

2. 运行时显示“另存为”对话框

使用通用对话框控件的 ShowSave 方法,或将 Action 属性赋值为 2,可以在运行时显示“另存为”对话框。

需要提醒读者注意的是:“打开文件”与“另存为”对话框的对话结果,只是改变了控件的 Filename 属性,并不能提供真正的打开、存储文件操作,打开、存储文件的操作需要通过编程来实现(详见第 10 章有关例子)。

9.2.4 “颜色”对话框

“颜色”对话框用来提供调色板并从中选择颜色,或创建自定义颜色。

1. 设计时建立“颜色”对话框

设计时,在通用对话框控件的属性页窗口“颜色”选项卡设置属性,如图 9-9 所示。

2. 运行时显示“颜色”对话框

运行时,使用通用对话框控件的 ShowColor 方法,或将 Action 属性赋值为 3,可显示“颜色”对话框,如图 9-10 所示。

例 9-3 颜色对话框示例。

(1) 界面设计,如图 9-11 所示。在窗体上添加一个框架、一个形状控件,在框架上画出 6 个单选按钮(设计成控件数组)用来选择不同形状;添加一个通用对话框控件、一个命令按钮。

(2) 过程设计

程序启动后,在框架上选择形状,形状控件自动设置为所选形状;单击命令按钮打开颜色对话框,为形状控件设置颜色,运行时如图 9-12 所示。设计有关事件过程如下:

```
Private Sub Command1_Click()
```

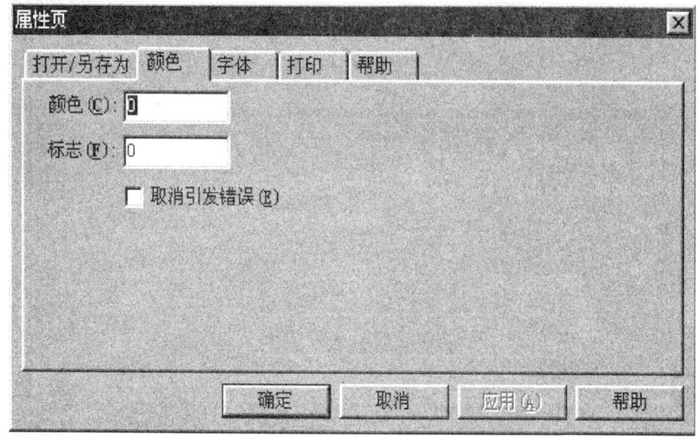

图 9-9　“颜色”对话框的属性页

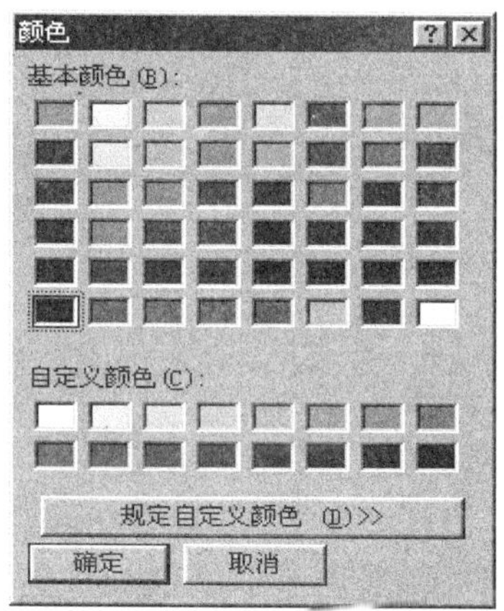

图 9-10　“颜色”对话框

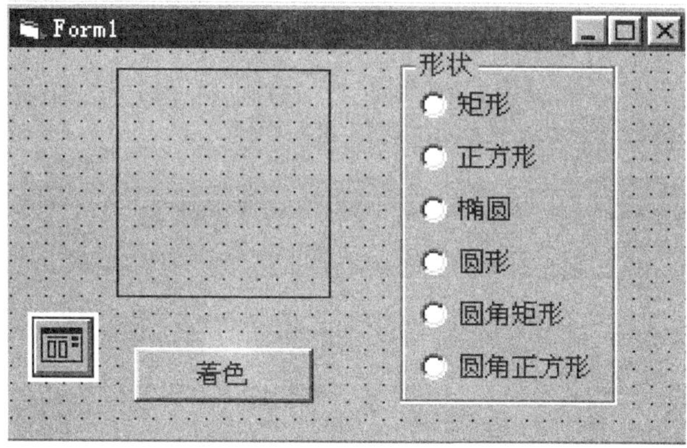

图 9-11　例 9-3 的界面设计

```
    CommonDialog1.ShowColor         '打开颜色对话框
    Shape1.FillStyle = 0            '实心填充
    Shape1.FillColor = CommonDialog1.Color
End Sub
Private Sub Option1_Click(Index As Integer)
```

```
    Shape1.Shape = Index            '选择形状
End Sub
```

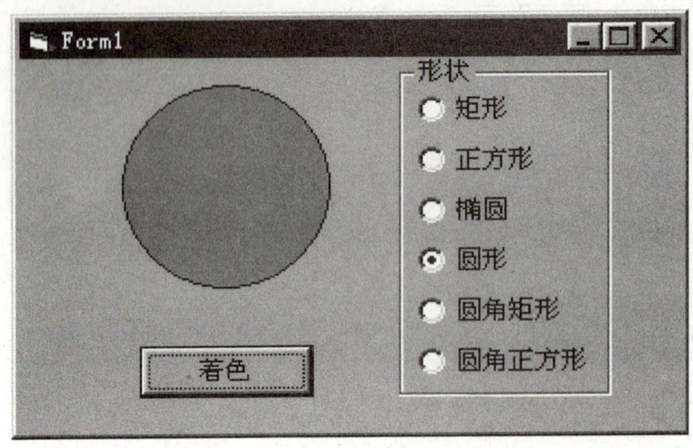

图 9-12　例 9-3 之程序运行结果

9.2.5 "字体"对话框

"字体"对话框用来设置并返回所用字体的名字、样式、大小、效果及颜色等。

1. 设计时建立"字体"对话框

设计时，在通用对话框控件的属性页窗口"字体"选项卡设置属性，如图 9-13 所示。其中"属性页"中有关属性的含义如下：

(1) 字体名称(FontName)：用于设置初始字体，并可返回用户所选择的字体名称。

(2) 字体大小(FontSize)：用于设置对话框中字体大小，并可返回用户所选择的字体大小。

(3) 最小(Min)：用于设置对话框中"大小"列表框中的最小值。

(4) 最大(Max)：用于设置对话框中"大小"列表框中的最大值。

(5) 标志(Flags)：设置对话框的一些选项。

· cdlCFScreenFonts 或 1：使用屏幕字体。

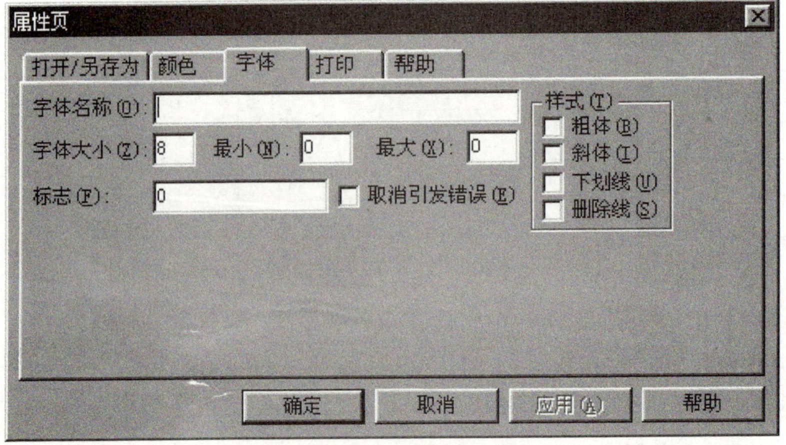

图 9-13　"属性页"对话框

· cdlCFPrinterFonts 或 2:使用打印字体。
· cdlCFBoth 或 3(=1+2):使用两种字体。
· 如设置为 257(=256+1),在对话框中将出现颜色、效果等选项。

(6) 样式(Style):用于设置字体风格。包括 4 个选项:粗体(FontBold)、斜体(FontItalic)、下划线(FontUnderline)和水平删除线(FontStrikethru)。

2. 运行时显示"字体"对话框

运行时,使用通用对话框控件的 ShowFont 方法,或将 Action 属性赋值为 4,可以显示"字体"对话框。在"字体"对话框中选定设置并关闭对话框,读者可以通过以下属性得到所需要的设置值:

· FontName:选定字体的名称
· FontBold:是否选定了粗体
· FontItalic:是否选定了斜体
· FontStrikethru:是否选定了水平删除线
· FontUnderline:是否选定了下划线
· FontSize:选定字体的大小
· Color:选定的颜色。

其中,要使用 FontStrikethru、FontUnderline 和 Color 这三个属性,必须先将通用对话框的 Flags 属性设置为 cdlCFEffects 或 256。

例 9-4 "字体"对话框示例。在文本框上显示文字,利用"字体"对话框来设置所显示文字的字体、字型、大小、颜色等。

(1) 界面设计

在窗体上添加一个通用对话框 CommonDialog1、一个文本框 Text1、两个命令按钮 Command1 和 Command2,并设置属性如下:

```
Text1.Multiline = True               '多行文本
Text1.ScrollBars = 2                 '具有垂直滚动条
Command1.Caption = "选择字体"
Command2.Caption = "结束"
```

在 Text1 的属性窗口内设置 Text 属性,输入若干行要在文本框内显示的文字。

(2) 过程设计

编写 Form _ Load、Command1 和 Command2 的 Click 事件过程代码如下:

```
Private Sub Form _ Load()
  '设置初始字体为宋体
  CommonDialog1.FontName = "宋体"
  'Flags 为 256 + 1,使用屏幕字体;出现颜色、效果等选项
  CommonDialog1.Flags = 257
End Sub
Private Sub Command1 _ Click()
  CommonDialog1.ShowFont        '打开"字体"对话框
  Text1.FontName = CommonDialog1.FontName
```

```
    Text1.FontSize = CommonDialog1.FontSize
    Text1.FontBold = CommonDialog1.FontBold
    Text1.FontItalic = CommonDialog1.FontItalic
    Text1.FontUnderline = CommonDialog1.FontUnderline
    Text1.FontStrikethru = CommonDialog1.FontStrikethru
    Text1.ForeColor = CommonDialog1.Color
End Sub
Private Sub Command2 _ Click()
    End
End Sub
```

(3) 调试运行

程序运行时,单击"选择字体"按钮,打开的"字体"对话框(与在属性窗口设置 Font 属性打开的对话框完全相同)。

在打开的"字体"对话框中选择设置,文本框中所显示设置后的效果,如图 9-14 所示。

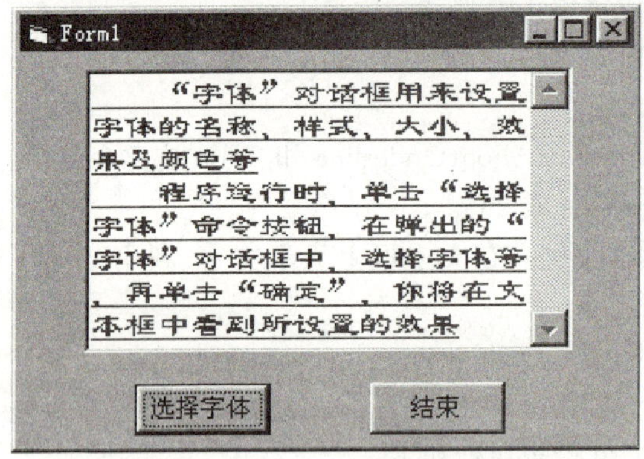

图 9-14 例 9-4 之运行结果

9.2.6 其他对话框

VB6.0 中除以上介绍的 4 种通用对话框外,还提供了"打印"和"帮助"对话框。

"打印"对话框可以设置打印输出的方法,如打印范围、打印份数以及当前安装的打印机信息等。"帮助"对话框则通过使用 ShowHelp 方法调用 Windows 系统的帮助引擎。这两种对话框的使用方法与前面介绍的类似,读者可以参考 VB 有关资料,得到进一步的说明。

9.3 菜单设计

9.3.1 菜单的类型

菜单是界面设计的重要组成部分,一般有两种基本类型:下拉式菜单和弹出式菜单。

下拉式菜单通过单击菜单栏中的菜单标题来打开，如图 9-15 所示。

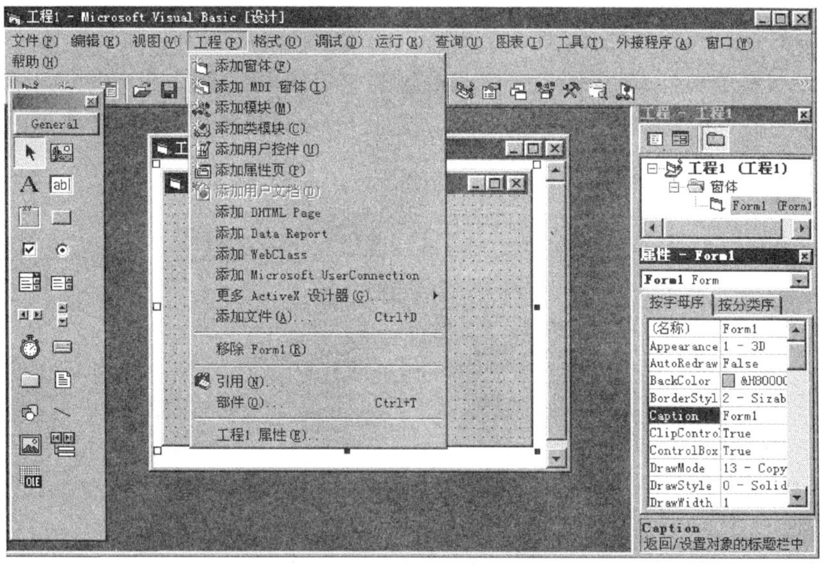

图 9-15　下拉式菜单

弹出式菜单则通过用鼠标左键或右键单击某个区域的方式打开，如图 9-16 所示。

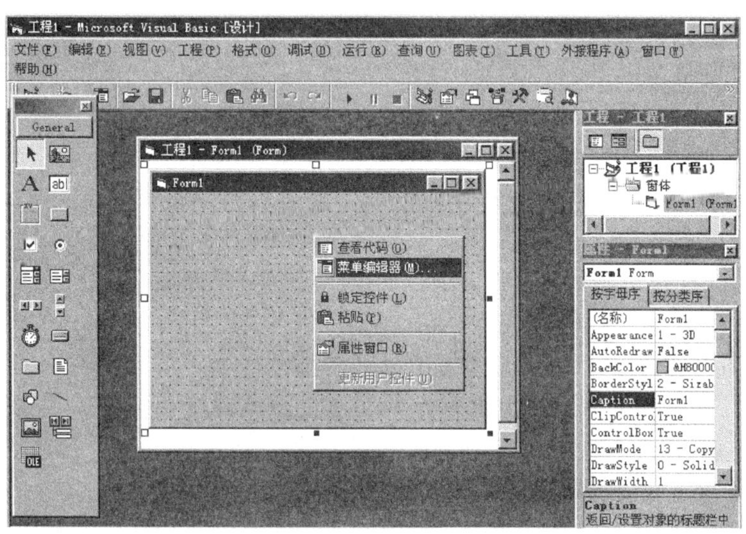

图 9-16　弹出式菜单

在 VB 中，每一个菜单项就是一个控件。与其他控件一样，具有定义它的外观和行为的属性。在设计或运行时可设置 Caption 属性、Enabled 属性、Visible 属性和 Checked 属性等。菜单控件只能识别一个事件，即 Click 事件，当用鼠标或键盘选中某个菜单控件时，将引发该事件。

9.3.2 菜单编辑器

VB6.0 没有菜单控件,但提供了建立菜单的菜单编辑器。在 VB6.0 集成开发环境中,选择“工具”菜单中的“菜单编辑器”选项,可以进入菜单编辑器,为窗体编辑菜单,如图 9-17 所示。

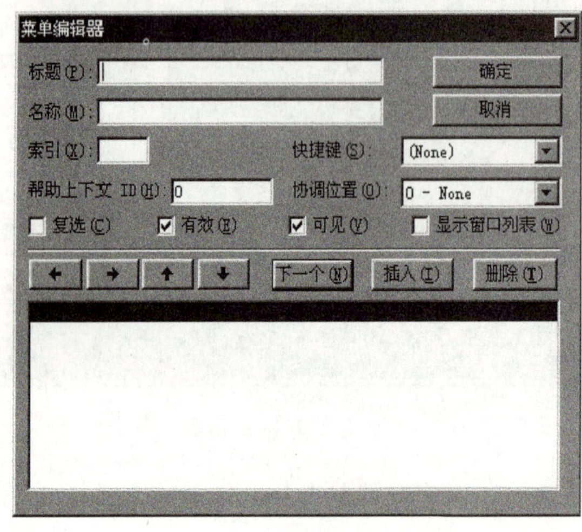

图 9-17 VB 的菜单编辑器

其中:

(1) 标题:运行时各项菜单的字面解释,即在菜单中显示的文本,可自定义。

(2) 名称:菜单名称,用来唯一识别该菜单,也是运行时单击该菜单项所执行的事件过程的名称。

例如:标题为“打开文件”、名称为“Fopen”,程序运行时单击菜单项“打开文件”所执行的事件过程为 Fopen_Click。

(3) 索引:如果建立菜单数组,必须使用该属性。

(4) 快捷键:在该下拉列表框中可以为调用事件过程确定快捷键,缺省的表项是 None。快捷键将显示在菜单项后,如“打开文件 Ctrl+O”。

(5) 复选:设置下拉菜单项的 Checked 属性。

当该属性值为 True 时,在下拉菜单项前面显示一个复选标志。若某菜单项有复选标志,再选时希望无复选标志,除在设计时设置该菜单项具有复选功能外,还必须在相应事件过程中写入如下代码:

```
菜单名称.Checked= Not 菜单名称.Checked
```

(6) 有效:设置下拉菜单项的 Enabled 属性,缺省值为 True。若要在程序运行时使某个菜单项不可选,可设置为 False。

(7) 可见:设置下拉菜单项的 Visible 属性,缺省值为 True。若要在程序运行时使某个菜单项不可见,可设置为 False。

(8) 菜单项移动按钮

左移、右移按钮可以使编辑器窗口选定的菜单项左边减少、增加 4 个点,若某菜单项比它上 1 行的菜单项多 4 个点，则该选项作为上 1 菜单项的子菜单(VB 允许最多 6 级菜单)。

上移按钮可以使编辑器窗口选定的菜单项移动到上 1 行菜单项的上边，下移按钮可以使编辑器窗口选定的菜单项移动到下 1 行菜单项的下边。

(9) “下一个”按钮：单击该按钮，光标从当前菜单项移到下一项。如果当前菜单项是最后一项，则加入一个新的菜单项。

(10) “插入”按钮：在当前选择的菜单项前插入一个新的菜单项。

(11) “删除”按钮：删除当前选择的菜单项。

在菜单设计过程中，已经设计的菜单项及其上下级关系都会显示在菜单编辑器下端的列表框中，读者可以非常直观地修改、调整有关的菜单项。

9.3.3　下拉式菜单

在下拉式菜单中，一般有一个主菜单，称为菜单栏。每个菜单栏包括一个或多个选择项，称为菜单标题，如 VB 6.0 集成开发环境中的文件、编辑、视图、工程等。

当单击一个菜单标题时，包含菜单项的列表(即菜单)被打开，在列表项目中，可以包含分隔条和子菜单标题(其右边含有三角的菜单项)等。当选择子菜单标题时又会“下拉”出下一级菜单项列表，称为子菜单。

VB 的菜单系统最多可达 6 级，但在实际应用中一般不超过 3 层，因为菜单层次过多，会影响操作的方便性。

建立下拉式菜单的步骤如下：

(1)启动菜单编辑器。

(2)输入菜单标题。

(3)输入菜单名称。

(4)选择快捷键、复选、有效、可见等属性。

(5)运用菜单项移动按钮调整菜单位置。

(6)重复 2 至 5 步骤，直到完成菜单输入。

(7)单击“确定”按钮。

下拉式菜单建立以后，需要为相应的菜单项编写事件过程代码，以便当程序运行时选择菜单实现具体的功能。

例 9-5　建立下拉式菜单，控制标签上显示的文字的字体、颜色等。

(1) 界面设计

在窗体上添加一个标签 Label1，用于显示文字信息；添加通用对话框控件 CommonDialog1。

当程序运行时，选择颜色菜单，打开“颜色”对话框，设置标签的文字颜色和背景颜色。

表 9-1　菜单项的设置

菜单标题(Caption)	菜单名称(Name)	索引值	说　明
字体	F1		主菜单项 1
....字体名称	F11		子菜单项 11
........宋体	F111	0	子菜单项 111,快捷键 Ctrl + S
........楷体	F111	1	子菜单项 112,快捷键 Ctrl + K
........黑体	F111	2	子菜单项 113,快捷键 Ctrl + H
....	F12		子菜单项 12,用作分隔条
....文本风格	F13		子菜单项 13
........粗体(&B)	F131	0	子菜单项 131,热键 B
........斜体(&I)	F131	1	子菜单项 132,热键 I
........下划线(&U)	F131	2	子菜单项 133,热键 U
颜色	C1		主菜单项 2
....文字颜色	C11	0	子菜单项 21
....背景颜色	C11	1	子菜单项 22
结束	E1		主菜单项 3

启动菜单编辑器,按照表 9-1 设置菜单项,建立下拉式菜单如图 9-18 所示。

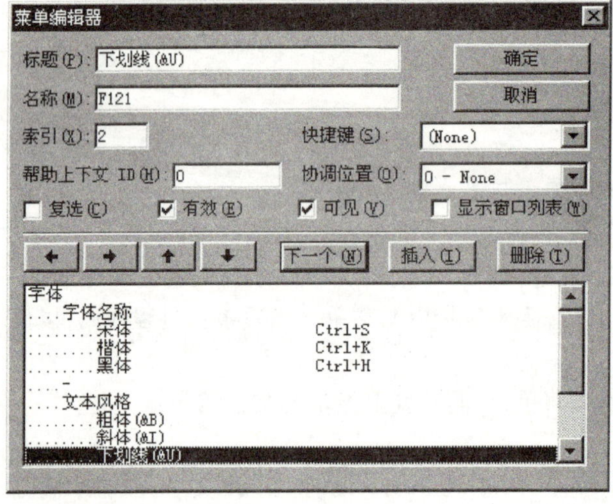

图 9-18　菜单编辑器

其中:

①宋体、楷体、黑体等菜单项分别设置为菜单数组,它们使用相同的菜单名称(如 F111),采用不同的索引值来区分(菜单数组必须输入索引值)。

②分隔条的设置。分隔条是一个特殊的菜单项,其标题以一个“-”号表示,同时必须为它设置菜单名称。运行时将在所显示的上、下两个菜单项间出现一条直线(分隔),如本例中,程序运行时将在字体名称和文本风格两个菜单项中间显示一条直线。

③快捷键和热键。

快捷键是指与该菜单项相对应的功能键或组合键，程序运行时，按下快捷键，其作用相当于鼠标单击对应的菜单项，执行 Click 事件程序代码。所以，为常用的菜单项设置对应的快捷键，提供了一种快速操作下拉菜单的方法。设置快捷键的方法很简单，你只要在菜单编辑器中选中需要设置快捷键的菜单项，然后在快捷键列表框中选择即可，如本例中设置宋体的快捷键为 Ctrl+S。

热键是为某个菜单项指定的字母键。程序运行时，在显示出有关菜单项后，按该字母键，即选中对应的菜单项。设置热键的方法为：在菜单编辑器中，输入菜单标题和"&"，再输入指定的字母即可。如设置"粗体"的热键为 B。

界面设计和程序运行的情况分别如图 9-19a、9-19b 所示。

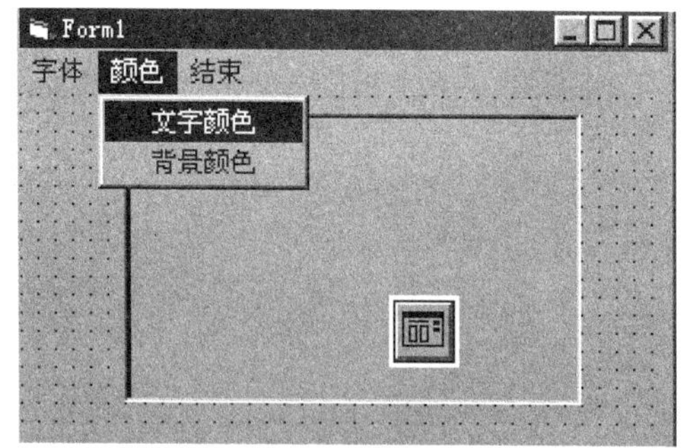

图 9-19a　例 9-5 的界面设计

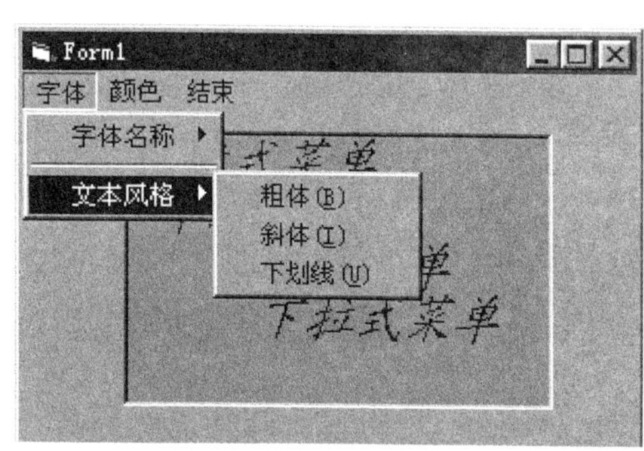

图 9-19b　例 9-5 的运行结果

(2) 过程设计

在菜单编辑器中建立菜单后，需要为有关菜单项编写 Click 事件过程，除分隔条以外的所有菜单项都可识别 Click 事件。根据本例题目要求，编写事件过程如下：

```
Private Sub Form_Load()
  Label1.FontSize = 18
  Label1.Caption = "下拉式菜单" + Chr(13) + Chr(10) + Space(2)
  Label1.Caption = Label1.Caption + "下拉式菜单" + Chr(13) + Chr(10)
  Label1.Caption = Label1.Caption + Space(4) + "下拉式菜单"
  Label1.Caption = Label1.Caption + Chr(13) + Chr(10)
  Label1.Caption = Label1.Caption + Space(6)
  Label1.Caption = Label1.Caption + "下拉式菜单" + Chr(13) + Chr(10)
End Sub
Private Sub F111_Click(Index As Integer)
  Select Case Index
    Case 0                                    '选中"宋体"
      Label1.FontName = "宋体"
    Case 1                                    '选中"楷体"
      Label1.FontName = "楷体_GB2312"
    Case 2                                    '选中"黑体"
      Label1.FontName = "黑体"
  End Select
```

```
End Sub
Private Sub F131 _ Click(Index As Integer)
  Select Case Index
    Case 0
      Label1.FontBold = True
    Case 1
      Label1.FontItalic = True
    Case 2
      Label1.FontUnderline = True
  End Select
End Sub
Private Sub C11 _ Click(Index As Integer)
  CommonDialog1.ShowColor                      '打开颜色对话框
  If Index = 0 Then
    Label1.ForeColor = CommonDialog1.Color     '设置文字颜色
  Else
    Label1.BackColor = CommonDialog1.Color     '设置背景颜色
  End If
End Sub
Private Sub E1 _ Click()
  End
End Sub
```

例 9-5 中用于设置文本风格的三个菜单项,在程序运行时一旦选中就一直设置有效,即不具备复选功能。如果需要将他们设置为能够复选,F131 _ Click 事件过程可作如下修改:

```
Private Sub F131 _ Click(Index As Integer)
  Select Case Index
Case 0
  F131(Index).Checked = Not F131(Index).Checked
  Label1.FontBold = F131(Index).Checked
Case 1
  F131(Index).Checked = Not F131(Index).Checked
  Label1.FontItalic = F131(Index).Checked
Case 2
  F131(Index).Checked = Not F131(Index).Checked
  Label1.FontUnderline = F131(Index).Checked
  End Select
End Sub
```

修改后的程序的运行情况如下图所示:

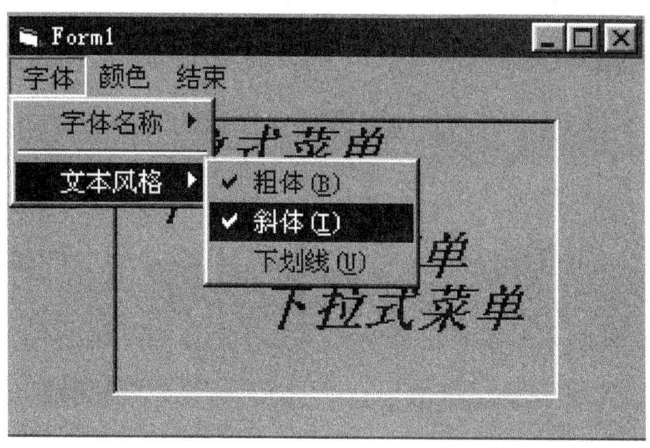

图 9-20　例 9-5 修改后之运行

9.3.4　弹出式菜单

弹出式菜单是独立于菜单栏显示在窗体或指定控件上的浮动菜单，菜单的显示位置与鼠标当前位置有关。实现步骤如下：

(1)在菜单编辑器中建立该菜单。

(2)设置其顶层菜单项(主菜单项)的 Visible 属性为 False(不可见)。

(3)在窗体或控件的 MouseUp 或 MouseDown 事件中调用 PopupMenu 方法显示该菜单。PopupMenu 的使用方法为：

PopupMenu 〈菜单名〉[,Flags[,x[,y[,Boldcommand]]]]

其中：

(1) 关键字"PopupMenu"可以前置窗体名称，但不可前置其他控件名称。

(2) <菜单名>是指通过菜单编辑器设计的、至少有一个子菜单项的菜单名称(Name)。

(3) Flags 参数为常数，用来定义显示位置与行为如下：

- vbPopupMenuLeftAlign 或 0:　缺省值，指定的 x 位置作为弹出式菜单的左上角
- vbPopupMenuCenterAlign 或 4:　指定的 x 位置作为弹出式菜单的中心点
- vbPopupMenuRightAlign 或 8:　指定的 x 位置作为弹出式菜单的右上角
- vbPopupMenuLeftButton 或 0:　菜单命令只接受鼠标左键单击
- vbPopupMenuRightButton 或 2:　菜单命令可接受鼠标左键、右键单击

前面 3 个为位置常数，后 2 个是行为常数。这两组常数可以相加或用 or 连接，如：

vbPopupMenuCenterAlign or vbPopupMenuRightButton 或 6 (即 2+4)

(4) Boldcommand 参数指定需要加粗显示的菜单项，注意只能有一个菜单项加粗显示。

有关弹出式菜单的具体应用请参见下面的例子。

9.4　实　例

例 9-6　图片的折叠与展开。

在窗体上添加一个图片框 Picture1，用于显示图片。

设计一个弹出式菜单“图片”(菜单名 t1),包括“加载”、“折叠”、“展开”和“退出”菜单项,分别为 t11(0)、t11(1)、t11(2)、t11(4),t11(3)为分割条;添加 2 个定时器控件 Timer1 和 Timer2。

程序启动后,使“加载”和“退出”菜单项有效,而“折叠”、“展开”菜单项不能响应;

单击“加载”,显示“打开”文件对话框,从中选择图片文件加载到图片框 Picture1 上,同时使折叠有效;

单击折叠,启动定时器 1,使图片自右向左缓缓折叠起来,然后使展开有效而折叠不能响应;单击展开,则启动定时器 2,使图片自左向右缓缓展开。程序运行的情况如图 9-21 所示。

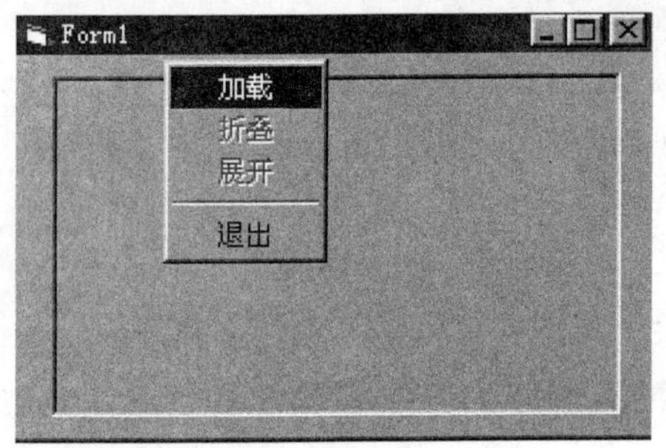

图 9-21a 例 9-6 的运行结果一

图 9-21b 例 9-6 的运行结果二

(1) 界面设计

在窗体上添加各个控件,其中通用对话框的属性设置可参见例 9-2。启动菜单编辑器,建立菜单(设置主菜单图片的 Visible 属性为 False)。

(2) 过程设计

```
Dim w1 As Integer, w2 As Integer
Private Sub Form_Load()
  w1 = Picture1.Width
  w2 = Picture1.Width - Picture1.ScaleWidth
  t11(1).Enabled = False                  '使折叠、展开菜单项不能响应
  t11(2).Enabled = False
  Timer1.Interval = 1                     '定时器设置
  Timer1.Enabled = False
  Timer2.Interval = 1
  Timer2.Enabled = False
End Sub
Private Sub Form_MouseDown(Button As Integer, Shift As _
     Integer, X As Single, Y As Single)
  If Button = 2 Then                      '在窗体上按右键显示弹出式菜单
    PopupMenu t1, 6
  End If
End Sub
Private Sub T11_Click(Index As Integer)
  Select Case Index
```

```
        Case 0                           '加载图片
          CommonDialog1.ShowOpen
          Picture1.Picture = LoadPicture(CommonDialog1.FileName)
          t11(0).Enabled = False
          t11(1).Enabled = True
        Case 1                           '折叠
          Timer1.Enabled = True
        Case 2                           '展开
          Timer2.Enabled = True
        Case 4                           '结束
          End
      End Select
    End Sub
    Private Sub Timer1_Timer()
      Picture1.Width = Picture1.Width - 10
      If Picture1.Width <= w2 Then
        Timer1.Enabled = False
        t11(1).Enabled = False
        t11(2).Enabled = True
      End If
    End Sub
    Private Sub Timer2_Timer()
      Picture1.Width = Picture1.Width + 10
      If Picture1.Width >= w1 Then
        Timer2.Enabled = False
        t11(1).Enabled = True
        t11(2).Enabled = False
      End If
    End Sub
```

9.5 小　结

程序在运行过程中，一般总是需要输入数据、输出信息，对话框为程序和用户的交互提供了有效的途径。

通用对话框属性的设置可以在“属性页”中完成，也可以在程序运行时（如在 Form_Load 中）设置；要打开通用对话框需要在程序中调用 Show 方法或对 Action 的赋值来实现；对话的结果对控件属性产生影响，用户要利用改变后的属性实现编程意图，这是能否有效使用通用对话框的关键。

在 Windows 环境中，几乎所有的应用软件都提供菜单，并通过菜单来实现各种操作。VB

中,在“菜单编辑器”中能够非常方便、高效、直观地建立菜单。菜单设计好以后,需要为有关菜单项编写事件过程,在 VB 中,每个菜单项就是一个控件,菜单控件能够识别的唯一事件是 Click。为了简化程序设计,通常将同一层菜单的几个或全部菜单项设计成菜单数组,如果使用菜单数组,则在菜单编辑器中输入菜单时必须设置索引值。

习题九

一、判断题

1. 用通用对话框控件显示“字体”对话框前,必须先设置 Flags 属性,否则将发生“不存在字体”的错误。
2. 通用对话框的 Filename 属性返回的是一个输入或选取的文件名字符串。
3. 在设计 Windows 应用程序时,用户可以使用系统本身提供的某些对话框,这些对话框可以直接从系统调入而不必由用户用“自定义”的方式进行设计。
4. 在窗体上绘制 CommonDialog 控件时,控件的大小、位置可由用户自己加以设定。
5. 在消息框(MsgBox)中,“Prompt”(消息)是必选项,最大长度为 64 个字符。
6. Menu 控件显示应用程序的自定义菜单,每一个创建的菜单最多有 3 级子菜单。
7. 菜单编辑器中的快捷键是指无须打开菜单就可以直接由键盘输入选择菜单项的按键。
8. 当一个菜单项不可见时,其后的菜单项就会往上填充留下来的空位。
9. CommonDialog 控件就像 Timer 控件一样,在运行时是看不见的。
10. 设计菜单中每一个菜单项分别是一个控件,每个控件都有自己的名字。

二、选择题

1. 通常用______方法来显示自定义对话框。
   A. Load　B. Unload　C. Hide　D. Show
2. 将 CommonDialog 通用对话框以“打开文件对话框”方式打开,须选______方法。
   A. ShowOpen　B. ShowColor　C. ShowFont　D. ShowSave
3. 将通用对话框类型设置为“另存为”对话框,应修改______属性。
   A. Filter　B. Font　C. Action　D. FileName
4. 用户可以通过设置菜单项的______ 属性的值为 False 来使该菜单项失效。
   A. Hide　B. Visible　C. Enabled　D. Checked
5. 用户可以通过设置菜单项的______ 属性的值为 False 来使该菜单项不可见。
   A. Hide　B. Visible　C. Enabled　D. Checked
6. 通用对话框可以通过对______属性的设定来过滤文件类型。
   A. Action　B. FilterIndex　C. Font　D. Filter
7. 输入对话框(InputBox)的返回值的类型是 ______。
   A. 字符串　B. 浮点数　C. 整数　D. 长整数
8. 菜单编辑器中,同层次的______ 设置为相同,才可以设置索引值。
   A. Caption　B. Name　C. Index　D. ShortCut
9. 每创建一个菜单,它的下面最多可以有______ 级子菜单。

A. 1　　B. 3　　C. 5　　D. 6

10. 在设计菜单时，为了创建分隔栏，要在______中输入单连字符(-)。

A. 名称栏　　B. 标题栏　　C. 索引栏　　D. 显示区

三、填空题

1. 菜单一般有______和______两种基本类型。
2. 将通用对话框的类型设置为字体对话框可以使用______方法。
3. 通用对话框控件可显示的常用对话框有：______、______、______、______、______。
4. 如果工具箱中还没有 CommonDialog 控件，则应从______菜单中选定______，并将控件添加到工具箱中。
5. 将控件 CommonDialog1 设置为颜色对话框，可表示为______或______。
6. 在使用消息框时，要给 MsgBox 函数提供 3 个参数，它们是______、______、______。
7. 菜单项可以响应的事件过程为______。
8. 在设计菜单时，可在 VB 主窗口的菜单栏中选择______，单击后从它的下拉菜单中选择"菜单编辑器"菜单项。
9. 设计时，在 VB 主窗口上只要选取一个没有子菜单的菜单项，就会打开______，并产生一个与这一菜单项相关的______事件过程。
10. 设置菜单时，同一层的 Name 设置为______，才可以设置索引值，且索引值应设置为______的连续整数，但不一定从 0 开始。

四、程序阅读题

程序 1.

```
Dim m As Integer, nmin As Integer,n As Integer, na As Integer
Private Sub Form _ Click()
  m = InputBox("please input m")
  n = InputBox("please input n")
  nmin = m
  If n < nmin Then nmin = m: m = n: n = nmin
  For na = nmin To 1 Step -1
    If n Mod na = 0 And m Mod na = 0 Then
      s = 1 : Exit For
    End If
  Next na
  If s = 1 Then p = MsgBox(na, 0, " na 的输出结果")
End Sub
```

请写出输入 m 为 60、n 为 55 时消息框中的输出结果。

程序 2.

```
Private Sub Form _ MouseDown(Button As Integer, _
      Shift As Integer, X As Single, Y As Single)
  If Button = 2 Then PopupMenu mnuPopup, 10
```

```
End Sub
'mnuChoice1、2、3 顺序为菜单项 mnuPopup 的下一级子菜单名
Private Sub mnuChoice1_Click()
  m = MsgBox("您选择了第一项", 0, "第一项")
End Sub
Private Sub mnuChoice2_Click()
  m = MsgBox("您选择了第二项", 0, "第二项")
End Sub
Private Sub mnuChoice3_Click()
  m = MsgBox("您选择了第三项", 0, "第三项")
End Sub
```

请写出在鼠标右击后出现的弹出菜单中点击菜单第一项后的显示结果。

五、程序填空题

1.【程序说明】以下是一个简化了的猜数游戏程序,自动生成一个小于 100 的随机整数与您用输入对话框输入的数进行对比,猜中后输出相关信息,过程结束。

单击窗体则开始猜数,如要终止 VB 程序运行可以按 Ctrl + Break 组合键。

```
Private Sub Form_Click()
  Dim r As Integer, x As Integer, i As Integer
  Randomize : r = ____(1)____
  For i = 1 To 10
    x = Val(InputBox("请输入一个整数:"))
    If x < r Then m = MsgBox("太小了,请继续猜!")
    If x > r Then m = MsgBox("太大了,请继续猜!")
    If x = r Then
      Print "猜中了! 共猜了" + ____(2)____ + "次"
      If i <= 5 Then Print "太棒了!" Else Print "加油!"
    ____(3)____
    End If
  Next i
End Sub
```

2.【程序说明】在文本框内设置一个弹出式菜单,分别对文本框进行“显示时间”、“显示日期”、“颜色”、“字体”和“清空”操作。

说明:m1 为不可见菜单项,m11 为其子菜单(共 5 项,均同名,索引值依次为 0,1,2,3,4)。

```
Private Sub Form_Load()
  Timer1.Enabled = False '锁定定时器(时间间隔已设置为 1 秒)
End Sub
Private Sub m11_Click(Index As Integer)
  Select Case Index
    Case 0
```

```
      Timer1.Enabled = True
    Case 1
      Timer1.Enabled = ____(1)____ : Text1.Text = "日期:" + ____(2)____
    Case 2
      CommonDialog1.Action = 3 : Text1.ForeColor = ____(3)____
    Case 3
      CommonDialog1.Flags = 256 '选择字体范围,否则出现运行错误
      CommonDialog1.Action = 4  '打开"字体"对话框
      Text1.FontBold = CommonDialog1.FontBold  '用修改后的属性设置
      Text1.FontItalic = CommonDialog1.FontItalic '文本框相应属性
      Text1.FontName = CommonDialog1.FontName
      Text1.FontSize = CommonDialog1.FontSize
    Case 4
      Text1.Text = ""
  End Select
End Sub
Private Sub Text1_MouseDown(Button As Integer, Shift As Integer, _
    x As Single, y As Single)
  If Button = 2 Then ____(4)____ , 2
End Sub
Private Sub Timer1_Timer()
  Text1.Text = "时间:" + Time$
End Sub
```

六、程序设计题

1. 编制 Command1 的 Click 事件过程:调用"打开文件对话框"(通过控件 CommonDialog1)选择文件,将所选的文件名追加到列表框控件 List1 中。

2. 编制 Command1 的 Click 事件过程:调用"另存为对话框"(通过控件 CommonDialog1)选择文件,将所选的文件名追加到列表框控件 List1 中。

说明:将以上两个命令过程作比较,"打开文件对话框"与"另存为对话框"运行时的界面小有区别,但对话结果没有不同,只是改变了控件的 FileName 属性。所谓"打开"或"另存为",要

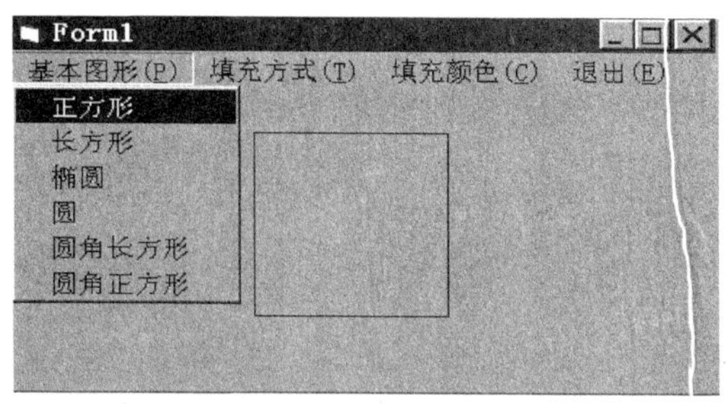

图 9-22　程序 3 的界面设计

在对话结束后增加一些不同语句来实现,这些语句将在第 10 章介绍。

3.设计一个如图 9-22 所示的菜单,各菜单项的属性设置如表 9-2 所示。要求所有图形用一个形状控件(Shape1)来实现,填充颜色用“颜色”对话框(CommonDialog1)来实现。

表 9-2 程序 3 的各级菜单设置

菜单分类	菜单标题	菜单名称	菜单分类	菜单标题	菜单名称
主菜单 1	基本图形(&P)	Picture	主菜单 2	填充方式(&T)	FillStyle
一级子菜单	正方形	Sqr	一级子菜单	水平线	ShP
一级子菜单	长方形	Rec	一级子菜单	竖直线	ShZh
一级子菜单	椭圆	Oval	一级子菜单	斜线	XieX
一级子菜单	圆	Circle	一级子菜单	水平交叉	ShPJ
一级子菜单	圆角长方形	Rrec	一级子菜单	斜交叉	XJ
一级子菜单	圆角正方形	RSqr	主菜单 3	填充颜色(&C)	FillColor
			主菜单 4	退出(&E)	Exit

第10章 文 件

通过前几章的学习，使我们了解，利用 VB 可以编写一些用于科学计算、图形处理等方面的程序。

不仅如此，VB 还广泛地应用于编制如人事、财务、生产、教学等各方面的管理程序，在这类应用中，通常需要处理大量不同类型的数据信息，而这些数据信息常常需要独立存储在某种介质上（如磁盘等），以便需要时通过程序来加工处理，这种独立存储的数据集合就称为文件。因此，掌握文件的概念及其使用方法是 VB 程序设计的重要内容之一。

10.1 文件管理控件

在 Windows 应用程序中打开文件或保存文件时，通常需要打开一个对话框，用于选择文件所在的驱动器（盘）、文件夹（目录）、文件名。在 VB 中，使用驱动器列表框（DriveListBox）、目录列表框（DirListBox）以及文件列表框（FileListBox）这三种控件的组合，可以创建类似 Windows 资源管理器的文件操作对话框，用于选择文件。

10.1.1 驱动器列表框控件

驱动器列表框控件用于显示驱动器列表，工具箱中该控件图标为 。

该控件缺省的名称为：Drive1、Drive2……

1. 驱动器列表框控件常用属性

（1）Drive 属性（字符串类型）

用来设置当前驱动器或返回所选择的驱动器名。Drive 属性只能在程序运行时赋值，而不能通过属性窗口设置。为驱动器列表框的 Drive 属性赋值的语句格式为：

〈驱动器列表框名〉.Drive[= 驱动器名]

格式中的“驱动器名”为指定的驱动器，也就是说使该驱动器成为当前驱动器；如果省略，则不改变当前驱动器。如果所指定的驱动器在系统中不存在，则产生错误。

程序运行时若选择驱动器，则 Drive 属性值改写为所选择的驱动器名。

如运行时单击驱动器列表框控件 Drive1 中 D:盘图标，则 Drive1.Drive 的值为"D:"。

值得注意的是：驱动器列表框中显示的驱动器名都是由系统自动生成的，用户只能通过列表框选择使用，不可以对 Drive 控件使用 AddItem、RemoveItem 等方法添加或删除列表项。

（2）List 属性（字符串数组）

List 数组的每一个元素中的字符串，为一个驱动器名，数组下标从 0 开始。

(3) ListCount 属性(正整数)

ListCount 属性值表示系统中盘驱动器的个数。

若系统有驱动器 A:、C:、D:、E:、F:(光驱)，则驱动器列表框控件 Drive1 的 ListCount 属性值为 5，执行下列语句后在窗体上输出的结果为“A: C: D: E: F:”。

```
For i% = 0 To Drive1.ListCount - 1
    Print Drive1.List(i%);
Next i%
```

2. 驱动器列表框控件常用事件

运行时，当单击驱动器列表框中某一驱动器图标时，该驱动器的名就赋值给控件的 Drive 属性，同时引发 Change 事件。

例 10-1 在窗体上添加一个驱动器列表框 Drive1、一个标签 Label1。当程序启动时，设置当前驱动器为 C 盘；选择驱动器列表框中的盘符，在标签上显示相应的当前驱动器信息。

在窗体的 Load 事件中设置 Drive 属性的初值、编制事件过程 Drive1 _ Change 如下：

```
Private Sub Form _ Load()
  Drive1.Drive = "c:"
  Label1.Caption = "当前驱动器为:" + Drive1.Drive
End Sub
Private Sub Drive1 _ Change()
  Label1.Caption = "当前驱动器为:" + Drive1.Drive
End Sub
```

界面设计和程序运行的情况分别如图 10-1a 和图 10-1b 所示。

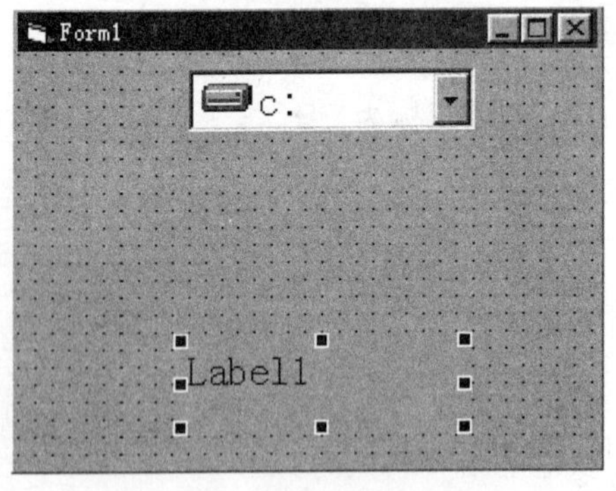

图 10-1a 例 10-1 的界面设计

图 10-1b 例 10-1 的运行情况

10.1.2 目录列表框控件

目录列表框控件在工具箱中的图标为▭。

目录列表框控件用于显示当前驱动器中文件夹(目录)列表。如图 10-2 所示。

其中，突出显示的为当前目录。

目录列表框控件缺省的控件名称为：Dir1、Dir2……

1．目录列表框控件常用属性

(1) Path 属性(字符串类型)

Path 属性值为当前目录或所选择的目录名。

如果选中盘 X 的根目录,则 Path 属性为"X:\";如果选中盘 X 的某一个子目录 Y(文件夹),则 Path 属性为"X:\Y"。

请注意,Path 属性值的最后一个字符是否为"\",取决于是否选中根目录。

同 Drive 属性一样,Path 属性只能用程序代码设置,而不能在设计时通过属性窗口设置。

为目录列表框的 Path 属性赋值的语句格式为:**〈目录列表框名〉**.Path[= **目录路径名**]

图 10-2　文件夹(目录)列表

运行时单击目录列表框中某一文件夹(目录)图标时,该目录被突出显示,表示被选中。

选中目录则改变目录列表框的 ListIndex 属性,但是没有改变其 Path 属性,若要改变 Path 属性值为所选中的目录路径,应当执行语句:

〈目录列表框名〉.Path=**〈目录列表框名〉**.List(**〈目录列表框名〉**.ListIndex)

(2) List 属性(字符串数组)

List(0)、List(1)、…、List(ListCount - 1)中的字符串为目录列表框中所选目录下所有的目录名,该数组由系统自动生成。

(3) ListCount 属性(正整数)

ListCount 属性值为 List 数组中的元素个数,即所选目录之下 1 级目录的数量。

如在图 10-2 中,若 VB98 目录下的子目录已全部显示,则 Dir1.ListCount 属性值为 5。若执行语句:

```
For i% = 0 To Dir1.ListCount - 1
  Print Dir1.List(i%)
Next i%
```

窗体上输出结果为:

```
C:\Program File\Microsoft Visual Studio\VB98\Setup
C:\Program File\Microsoft Visual Studio\VB98\Template
C:\Program File\Microsoft Visual Studio\VB98\Tsql
C:\Program File\Microsoft Visual Studio\VB98\Wizards
C:\Program File\Microsoft Visual Studio\VB98\新文件夹
```

(4) ListIndex 属性(整数)

该属性取值范围为 - n～ListCount - 1,当前目录所对应的 ListIndex 属性值为 - 1,当前目录的上 1 级目录所对应的 ListIndex 属性值为 -2,其中的 n 反映了当前目录在目录层次中的深度。

Path 属性值也可以通过在事件过程的程序代码中重新定义 Dir 控件的 ListIndex 属性来选择设置：

Dir1.ListIndex=2　　选当前目录下 1 级目录中的第 3 个目录为当前目录(文件夹)

Dir1.ListIndex=0　　选当前目录下 1 级目录中的第 1 个目录为当前目录。

Dir1.ListIndex=-2　选当前目录上 1 级目录为当前目录。

Dir1.ListIndex=-3　选当前目录上 2 级目录为当前目录。

若要改变的当前目录不存在,则显示出错信息。

如在图 10-2 中,假定当前所选文件夹是 VB98：

执行语句"Dir1.ListIndex=2"后文件夹 Tsql 被突出显示；

执行语句"Dir1.ListIndex=0"后文件夹 Setup 被突出显示；

执行语句"Dir1.ListIndex=-3"后文件夹 Program Files 被突出显示,等等。

2. 目录列表框控件常用事件

(1) Change 事件

每次重新设置或选择改变目录列表框的 Path 属性时,都将引发 Change 事件。

运行时双击目录列表框的列表选项,可改变 Path 属性值为当前目录名,并执行 Change 事件。

(2) Click 事件

单击选中目录列表框控件 Dir1 的某个目录名,则选中该目录,但 Dir1.Path 属性没有改变,可以在事件过程 Dir1_Click 中写入语句"Dir1.Path=Dir1.List(Dir1.ListIndex)",则可以在选择目录的同时改变 Dir1.Path 属性为所选目录的路径。

在窗体的 Load 事件中可以设置 Path 属性的初值。

例 10-2　目录列表框示例。

(1) 界面设计：

在窗体上建立目录列表框控件 Dir1、三个标签控件(Label1、Label2、Label3)以及一个列表框控件 List1。

程序启动时,设置初始当前目录为"C:\WINDOWS"；

程序运行后,通过鼠标双击 Dir1 中的列表选项,改变当前目录,同时在三个标签控件上分别显示当前目录、当前 ListIndex 和 ListCount 的值,在 List1 中显示当前目录的所有下一级目录的目录路径信息。程序的运行情况如图 10-3 所示。

(2) 过程设计

编写 Form_Load 和 Dir1_Change 事件过程如下：

```
Private Sub Form_Load()
  '设置 Dir1 控件的初始路径
  Dir1.Path = "C:\WINDOWS"
End Sub
' 双击控件 Dir1 时执行下列事件过程 Dir1_Change
Private Sub Dir1_Change()
```

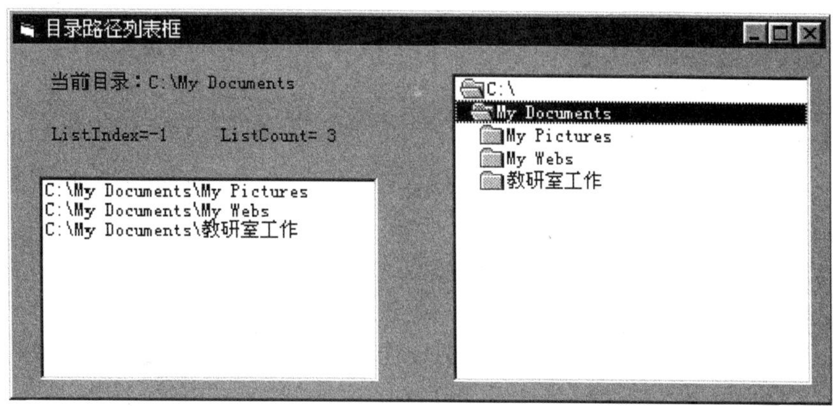

图 10-3 双击“My Documents”文件夹后的显示

```
    Label1.Caption = "当前目录:" + Dir1.Path
    Label2.Caption = "ListIndex = " + Str(Dir1.ListIndex)
    Label3.Caption = "ListCount = " + Str(Dir1.ListCount)
    List1.Clear
    For i% = 0 To Dir1.ListCount - 1
      List1.AddItem Dir1.List(i%)
    Next i%
End Sub
```

在双击 Dir1 前，目录列表框中突出显示的是 C:\WINDOWS 目录；

双击“My Documents”文件夹后，所选目录和 Dir1.Path 均改变为“C:\ My Documents”。

将下列 Click 事件过程与上述过程 Dir1_Change 相比较，可知要实现同样的功能，其中的语句“Dir1.Path = Dir1.List(Dir1.ListIndex)”是必不可少的。

```
' 单击控件 Dir1 时执行该事件过程
Private Sub Dir1_Click()
    Dir1.Path = Dir1.List(Dir1.ListIndex)
    Label1.Caption = "当前目录:" + Dir1.Path
    Label2.Caption = "ListIndex = " + Str(Dir1.ListIndex)
    Label3.Caption = "ListCount = " + Str(Dir1.ListCount)
    List1.Clear
    For i% = 0 To Dir1.ListCount - 1
      List1.AddItem Dir1.List(i%)
    Next i%
End Sub
```

在实际应用中，目录列表框 Dir1 与驱动器列表框 Drive1 有着紧密的关系。

一般情况下，改变驱动器列表框中的驱动器名后，目录列表框中的目录也要随之改变为该驱动器上的目录。

要实现这样的同步变化，可以在驱动器列表框的 Change 事件中设置如下命令：

```
Dir1.Path = Drive1.Drive
```

将用户在驱动器列表框中选择的 Drive 属性，改写目录列表框中的 Path 属性，使目录列表框中显示所选驱动器下的目录。

10.1.3 文件列表框控件

文件列表框控件用于显示当前目录中的文件列表，该控件图标为▤。

文件列表框控件缺省的控件名称为：File1、File2……

1. 文件列表框控件常用属性

(1) Path 属性(字符串类型)

同目录列表框的 Path 属性一样，用以设置当前文件列表框内所显示文件的存储路径。仅在运行时读写，不能在属性窗口中设置。

文件列表框总是显示 Path 所指示的文件夹中的文件。

若在 Form_Load 事件中写入语句"File1.Path="C:\Windows"",则窗体装入后 File1 显示文件夹 C:\Windows 中的文件列表。

(2) FileName 属性(字符串类型)

用以设置或返回所选文件的文件名，不能在属性窗口中设置，运行时若在文件列表框中选择文件将改写 FileName 属性值。

所选文件的全名 f$ 为：

```
If Right(File1.Path, 1) = "\" Then
  f$ = Form1.File1.Path + Form1.File1.FileName
Else
  f$ = Form1.File1.Path + "\" + Form1.File1.FileName
End If
```

在第 9 章中介绍的通用对话框控件也有同名的 FileName 属性，请读者注意两者的区别。

同样，在实际应用中，文件列表框也要随着目录列表框的改变而变化。

在程序中创建三个控件 Drive1、Dir1、File1，并编制下列事件过程，则程序运行时对这些列表框所作选择可以起到调用通用(文件)对话框的作用。

```
Private Sub Drive1_Change()
  Dir1.Path = Drive1.Drive
End Sub
Private Sub Dir1_Change()
  File1.Path = Dir1.Path
End Sub
```

(3) Pattern 属性(字符串类型)

用以设置文件列表框中文件的显示模式，缺省值为"*.*"。

此属性可以在属性窗口中设置，也可以在程序中通过赋值设置。

字符串中为若干个用分号间隔的文件名，在文件名中可以含有通配符。

例如：在 Form_load 事件中写入语句 File1.Pattern="*.exe",使 File1 列表框中只显示所有扩展名为 EXE 的文件；

写入语句 File1.Pattern="＊.dat;a＊.＊",使 File1 列表框中只显示所有扩展名为 DAT 以及文件名首字符为 a 的文件,等等。

2. 文件列表框控件常用事件

与驱动器列表框和目录列表框不同的是:文件列表框能支持 PathChange 和 PatternChange 事件,但不能响应 Change 事件。

(1) PathChange 事件

当改变了文件列表框的文件显示路径时,引发 PathChange 事件。

(2) PatternChange 事件

当改变了文件列表框的文件显示模式,即 Pattern 属性值的改变将引发 PatternChange 事件。

例 10-3 在窗体上建立一个驱动器列表框 Drive1、目录列表框 Dir1、文件列表框 File1、影像框 Image1,运行时选择 File1 中所列的图片文件,则相应图片显示在影像框 Image1 中。

(1) 界面设计,如图 10-4 所示。

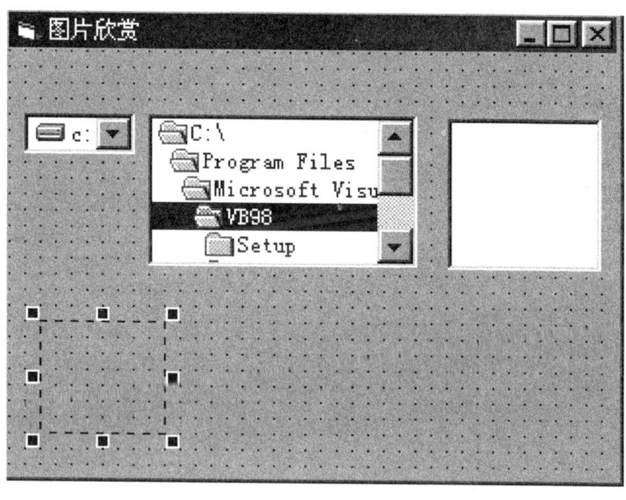

图 10-4　例 10-3 的界面设计

(2) 过程设计

```
Private Sub Form_Load()
  Drive1.Drive="c:\"                     '设置 Drive1 的初始盘符
  File1.Pattern="*.bmp;*.gif"            '设置 File1 的文件显示模式
End Sub
Private Sub Drive1_Change()
  Dir1.Path=Drive1.Drive                 '使 Dir1 与 Drive1 同步改变
End Sub
Private Sub Dir1_Change()
  File1.Path=Dir1.Path                   'File1 与 Dir1 同步改变
End Sub
Private Sub File1_Click()                '单击文件列表选项,加载图片
```

```
    If Right(File1.Path, 1) = "\" Then
        f$ = Form1.File1.Path + Form1.File1.FileName
    Else
        f$ = Form1.File1.Path + "\" + Form1.File1.FileName
    End If
    Image1.Picture = LoadPicture(f$)
End Sub
```

程序运行的情况如图 10-5 所示。

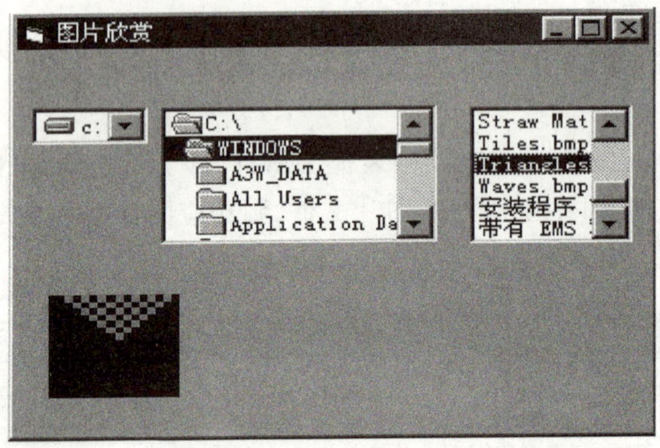

图 10-5　例 10-3 的运行情况

10.2　文件操作语句与函数

10.2.1　直接调用外部可执行文件的 Shell 方法

调用 Shell 函数可以执行外部的可执行文件，其扩展名如.exe、.com、.bat 或.pif，缺省扩展名为.exe。

不能执行操作系统的内部命令及所有非执行文件(如文档)，否则将显示出错信息。

调用 Shell 函数的格式：

Call Shell(〈FileName〉[,Windows _ Style])

或　〈变量名〉= Shell(FileName,Windows _ Style)

其中：Filename 为字符串，是所调用可执行文件的全名。

Windows _ Style 参数用于规定当前窗口与被调用文件窗口的不同状态。其值为 0、1、2、3、4、6 的表达式。

函数返回值在 Windows9x 中无意义，但必须书写，因此格式中的“变量名”是无用但又是必须的。

例 10-4　将例 10-3 工程生成为 exe 文件，保存在 D:盘根目录下，并取名为 Tupian，则可用以下方式调用该工程。

```
Private Sub Command1 _ Click()
```

```
  x = Shell("d:\tupian.exe",0)
End Sub
```

例 10-5 在窗体上添加通用对话框控件 CommonDialog1、单击命令按钮 Command1，打开文件对话框选择扩展名为 EXE 的文件执行。

（1）界面设计，如图 10-6a 所示：

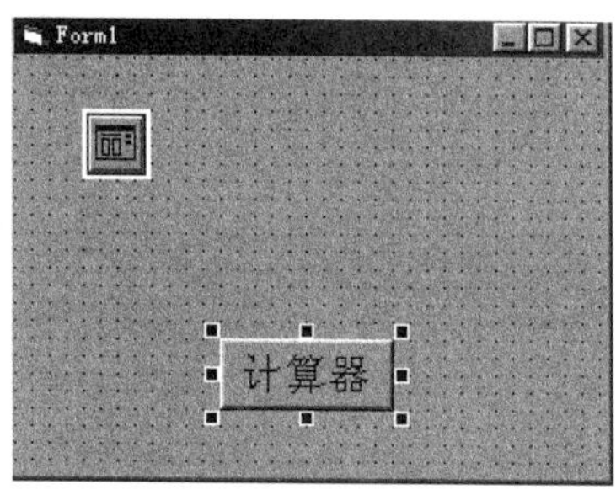

图 10-6a 例 10-5 的界面设计

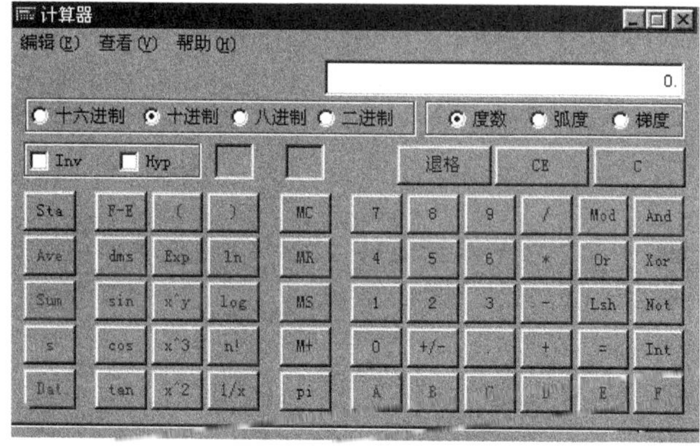

图 10-6b 例 10-5 的运行情况

（2）过程设计

```
Private Sub Command1_Click()
  CommonDialog1.Action = 1
  x = Shell(CommonDialog1.FileName,0)
End Sub
```

若运行时在文件对话框中选择 Windows 中"计算器"文件"calc.exe"，则该程序被调用，如图 10-6b 所示，关闭计算器窗口后，控制返回到 VB 应用程序界面。

10.2.2 目录和文件操作

1. 改变当前盘

格式：CHDrive <盘符>

其中：<盘符>为字符串，即驱动器名。

例 10-6 确认 calc.exe 的准确位置如"c:\windows\calc.exe"（可以通过运行"开始"菜

单的“查找”选项确认)，下列过程打开该文件。

```
Private Sub Command1_Click()
    CHDrive "c:"                              '改变 c:盘为当前盘
    y = Shell("\windows\calc.exe", 0)         '省略盘符，指当前盘
End Sub
```

2. 创建文件夹

格式：MKDir <文件夹名>

例 10-7 (先建立 1 个目录列表框以便观察)执行下列事件过程。

```
Private Sub Command1_Click()
    MKDir "c:\aaa"              '建立文件夹 c:\aaa
    MkDir "c:\aaa\bbb"          '建立文件夹 c:\aaa\bbb
End Sub
```

如果要创建的文件夹已经存在、或所指出的路径是错误的，则执行该过程将产生错误信息。如上面的两条命令如交换次序，则出现错误，因为在建立文件夹 bbb 时，所指出的路径 c:\aaa 还不存在。

3. 删除文件夹

格式：RMDir <文件夹名>

例 10-8 (在运行例 10-7 程序的基础上)执行下列事件过程。

```
Private Sub Command1_Click()
    RMDir "c:\aaa\bbb"      '删除文件夹 c:\aaa\bbb
    RMDir "c:\aaa"          '删除文件夹 c:\aaa,如果与上 1 句交换位置将出错。
End Sub
```

如果要删除的文件夹不存在，或是该文件夹下面还有文件、文件夹存在，则该语句将产生错误信息。

4. 改变当前目录

格式：CHDir <PATH>

例如，执行语句“CHDir "c:\vb6"”，即把 c:\vb6 设置为当前目录。

如果要改变的目录不存在，则该语句将产生错误信息。

此外，还有返回当前目录的 CurDir 函数，其格式为：

CurDir[(盘符)]

```
例如：CHDrive "d:"     ' 改变 d:盘为当前盘。
      CHDir "\hts"     ' 改变默认盘的当前目录为 d:\hts"。
      Print CurDir     ' 函数 CurDir 返回值为字符串"d:\hts"。
```

5. 复制文件

格式：FileCopy <源文件名>，<目标文件名>

例如，执行语句“FileCopy "d:\hts\vb_4.doc","a:\vb4.doc"”，可将 d:\hts 中的文件

vb _ 4.doc复制到a:盘,并取名为vb4.doc。

(1) 文件名中,缺省盘符指当前盘;缺省路径指当前目录。

(2) 文件名中,不可以缺省文件主名、不可使用通配符。

6. 删除文件

格式:Kill <文件名>

例如,执行语句"Kill "d:\hts\vb _ 4.doc""则删除d:\hts中文件名为vb _ 4.doc的文件。

(1) 文件名中,缺省盘符指当前盘;缺省路径指当前目录。

(2) 文件名中可使用通配符,以删除一批文件。如执行语句"Kill "d:\hts*.doc"",则删除d:\hts中所有的扩展名为doc的文件。

(3) 如果需要删除的文件未找到,系统显示出错信息。

7. 文件改名、移动

格式: Name <Old _ Name> as <New _ Name>

例如,执行语句"Name "d:\hts\aaa.txt" as "d:\bbb.dat""后,文件d:\hts\aaa.txt被改名(在此亦即移动)为d:\bbb.dat。

缺省盘符为当前盘、缺省路径为当前目录。

如果指定的目录、文件不存在,则该语句将产生错误信息。如果新文件名与原文件的路径和文件名都不同,则做移动且改名操作。

8. 获取文件属性的函数

格式:GetAttr(<FileName>)函数的返回值是一个整数

例如: x=GetAttr("d:\bbb.dat")

函数的返回值与对应文件属性值分别如下:

(1) 常规属性:0

(2) 只读属性:1

(3) 隐藏属性:2

(4) 系统属性:4

(5) 文件夹:16

(6) 上次备份后已改变:32

9. 设置文件属性

格式:SetAttr <FileName>,Attributes

例如:SetAttr "d:\bbb.dat",1 ' 设置文件d:\bbb.dat为只读文件

SetAttr "aaa.txt",2 ' 设置缺省目录下的文件aaa.txt为隐藏文件

10. 返回文件最后1次修改的日期和时间的函数

格式:FileDateTime(<FileName>) 返回值为字符串

例如,执行语句"dt$ = FileDateTime("d:\bbb.dat")"后,如dt$中的字符串为"00-5-23

PM 4:18:26”,表明该文件最后一次修改的日期和时间是 2000 年 5 月 23 日下午 4 点 18 分 26 秒。

11. 检测文件长度的函数

格式:FileLen(<Filename>)　　返回数值表示文件的字节数

例如,执行语句“Print FileLen("d:\bb.dat")”的输出结果为文件 bb.dat 的字节数。

10.3 数据文件的操作

10.3.1 文件的基本概念

1. 文件、文件标识符

文件是数据信息在磁盘上的一种存储结构。计算机系统中的不同文件以不同的文件标识符区分,文件标识符即文件全名,包括存储路径、主名、扩展名三部分组成。

在使用顺序文件时应注意以下几点:

· 顺序文件在打开时必须指定对文件的操作方式(Input、Output、Append),打开后只能对文件按指定的方式进行操作。

每打开一次文件,只能进行单一的一种操作。

· 顺序文件以 Output 方式打开后,总是从文件的开头写,使用这种方式打开一个已经存在的文件,磁盘上的原有同名文件将被覆盖、其中的数据将会丢失;

· 顺序文件以 Append 方式打开后,总是从文件的末尾写,磁盘上的原有同名文件中的数据仍然存在;

· 顺序文件以 Input 方式打开后,总是从文件的开头读文件,即使需要的是最后一行内容也必须如此。

2. 文件的存储格式

按文件的存储格式,可以把文件分为以下几种。

(1) 文本(ASCII)文件:按字符的 ASCII 码存储,每个字符占 1 个字节。

(2) 二进制文件,按数据的机内码存储,每个数据所占存储空间为该类型数据的字节数。

3. 文件的存取方式

按文件的存取方式,可以把文件分为以下几种。

(1) 顺序文件:必须在顺序访问文件中某个数据前(物理位置)的所有数据后,才可以访问该数据。

(2) 随机文件:可以直接访问文件中的任何 1 个数据。

文本文件中的数据进入内存要转换为二进制形式,计算机处理的效率不如二进制文件。由于用户可以直接识别、并可以用编辑器编辑文本文件中的数据,使用较为普遍;而顺序文件的操作相对随机文件较为方便,以下介绍文本文件的顺序操作。

10.3.2　文本文件的顺序操作

1. 打开、关闭文件

文件必须先打开,才可以对其进行访问。结束访问后应当关闭文件,应用程序终止运行时也会自动关闭文件。

(1) 打开文件

格式:**Open ＜FileName＞ For Mode [Lock Lock _ Level] As [#]File _ Numb**

其中:

① 必选项 FileName 为字符串,为所打开文件的文件标识符。

② Mode 选项只能取下列关键字之一:

Input:打开文件、只读,文件不存在则显示出错信息。

Output:打开文件、只写,文件不存在则新建文件、否则刷新文件。

Append:打开文件、在文件末尾追加数据,文件不存在则新建文件。

③ Lock _ Level 选项只能取下列关键字之一:

Read:别的任务或进程不可读该文件。

Write:别的任务或进程不可写该文件。

Read Write:别的任务或进程不可读、写该文件。

若缺省该选项,用 Input 打开的文件默认该项为 Write、用 Output、Append 打开的文件默认该项为 Read Write。

④ File _ Numb 为打开文件后使用的通道号,为正整数值,一般应从小到大使用。

函数 FreeFile 返回值为系统中当前最小、没有为其他文件所用的通道号,常常与 Open 语句一起使用:

```
n% = FreeFile : Open "d:\user\a.txt" For Output As n%
```

(2) 关闭文件

结束访问文件后,应关闭该文件以保证其正确和完整,关闭文件使用 Close 语句。

格式:**Close [[#]File _ Numb]**

该语句关闭由通道号 File _ Numb 所指定的文件,若缺省[#]File _ Numb,则关闭所有用 Open 语句打开的文件。

2. 写文件

可以用 Print#语句或 Write#语句将数据写入到文件。

(1) Write# 语句

格式:**Write #File _ Numb,[表达式列表]**

其中:

① 表达式列表用逗号或分号间隔效果一样,都是在写入的数据间加入逗号作分隔符。

② 表达式列表末尾无分隔符,则输出回车、换行符到文件。

③ 字符串表达式写入文件时字符串两端自动加双引号,其他非数值类型数据写入文件时

两端加“#”号。

例 10-9　用 Write# 语句写文件。

```
Private Sub Form_Click()
  Open "d:\aaa\a.dat" For Output As #1        ' 打开文件,做好写准备
  Write #1, 1, 2, 3; 4; 5                     ' 写文件
  Write #1, 5; 6; 7; 8; 9
  Write #1,                                   ' 在文件中写入一空行
  Write #1, "abc", "def"; True,               ' 不换行
  Write #1, False
  Close #1                                    ' 关闭文件
End Sub
```

读者可以利用 Windows 附件中的写字板程序打开文件 d:\aaa\a.dat,观察文件的实际内容,如图 10-7 所示。

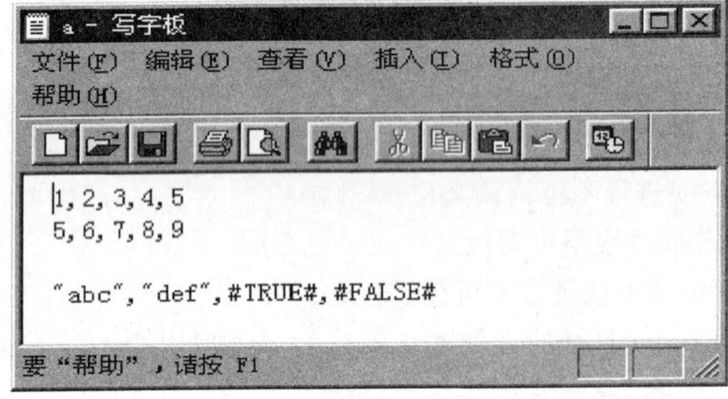

图 10-7　用写字板程序打开文件 d:\aaa\a.dat

(2) Print# 语句

格式:Print #File_numb,[表达式列表]

用 Print# 语句写到文件的内容、格式,与 Print 语句输出到窗体上的内容与格式相类似。

例 10-10　用 Print# 语句写文件。

```
Private Sub Form_Click()
  Open "d:\aaa\b.dat" For Output As #1
  Print #1, 1, 2, 3; 4; 5
  Print #1, 5; 6; 7; 8; 9
  Print #1,
  Print #1, "abc", "def"; True,
  Print #1, False
  Close #1
End Sub
```

同样,利用写字板程序打开 d:\aaa\b.dat,观察文件的实际内容,如图 10-8 所示。

3. 读文件

可以用 Input# 语句或 Line Input# 语句从文件读数据。

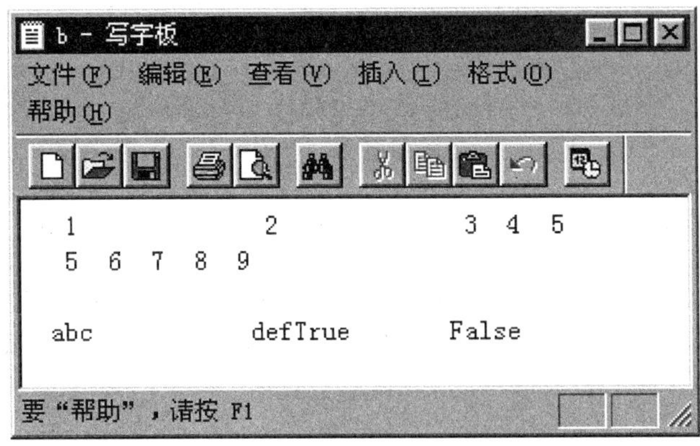

图 10-8 用写字板程序打开文件 d:\aaa\b.dat

(1) Input# 语句

格式:**Input #File_Numb,<变量名列表>**

读文件时,由数据间的分隔符区分哪段字符与哪个变量对应,具体规则如下:

① 非数字、小数点、正负号、E 字符作为数值数据之间的分隔符;

② 日期、逻辑类型数据的两端以"#"号作为分隔符,与其他类型数据之间应有非空字符间隔。

③ 逗号、换行符可以作为字符数据的分隔符,双引号作为字符数据分隔符必须成对出现。

(2) Line Input# 语句

格式:**Line Input #File_Numb,<字符串变量名>**

将文件的当前读写位置起至换行符前的所有字符读入到字符串变量。

例如:用 Input 方式打开例 10-9 所建立的文件 d:\aaa\a.dat,执行以下命令:

```
Open "d:\aaa\a.dat" For Input As #1
Line Input #1, s$
Print s$
```

窗体上的输出结果如下:

```
1        2            3    4    5
```

下面,讨论外部文件的数据格式与输入语句如何匹配的问题:

· 如果文件中的数据是在某种编辑器中直接输入的,则数据间必须有适当的分隔符,否则程序将难以处理! 例如下列形式的数据很难读到相应的变量中去。

```
张三 03/12/67 89 76
李四 05/11/69 57 69
…… ……
```

如果改成如下形式,则可以设计输入语句"Input #1,a$,d,i%,j%"读取。其中,与变量 a$ 对应的字符串,可以加引号或以逗号作为间隔符。

```
"张三" #03/12/67#, 89, 76
李四, #05/11/69#, 57 69
"王五", #03/12/67#, 89, 76
…… ……
```

建议:

· 如果文件中的数据是直接在编辑器中输入的，需要为字符串加引号，日期、逻辑类型数据加“#”号，所有不同数据之间加逗号。

· 如果文件中的数据是 VB 应用程序的输出结果，以采用 Write # 语句输出而以 Input # 语句输入为宜。

4. 与文件读写有关的函数

(1) 测试文件的当前读写位置是否到达文件末尾的函数：**EOF(#File_Numb)**

函数返回逻辑值 True 表示已到达文件末尾。文件刚打开时，读写位置位于文件开始处。在程序中，利用 Input # 或 Line Input # 语句读取数据时，常用 EOF 函数来测试是否到了文件尾。

(2) 测试已打开文件的字节总数：**LOF(#File_Numb)**

函数返回长整数表示该文件的所占存储单元的字节总数。

例 10-11 找出 1000 之内的素数写入文件 d:\aaa\su.dat。然后输入若干个数，通过在该文件中查找这些数是否存在的方法，判断它们是否为素数。

(1) 界面设计

在窗体上设计两个命令按钮 Command1、Command2，和一个文本框 Text1。

(2) 过程设计，开始时使 Command1 有效而 Command2 不能响应。

单击 Command1 后创建存放素数的数据文件 d:\aaa\su.dat，然后使 Command2 有效而 Command1 不能响应；

单击 Command2，用输入对话框输入 1 个小于 1000 的正整数，判断是否素数，并在文本框中输出有关的信息。编写 Command1、Command2 的 Click 事件过程代码如下：

```
Private Sub Command1_Click()
  '该事件过程在文件 d:\aaa\su.dat 中 1 行写入 5 个素数。
  Open "d:\aaa\su.dat" For Output As #1
  k% = 2
  Write #1, 2, 3,              '写入 2 个素数 2 和 3 之间自动加逗号间隔。
  For i% = 5 To 997 Step 2
    For j% = 3 To Sqr(i%) Step 2
      If i% Mod j% = 0 Then Exit For
    Next j%
    If j% > Sqr(i%) Then
      k% = k% + 1
      If k% = 5 Then
        k% = 0
        Write #1, i%           '1 行写入 5 个素数后换行
      Else
         Write #1, i%,
      End If
    End If
  Next i%
```

```
  Close #1
  Command1.Enabled = False
  Command2.Enabled = True
End Sub
Private Sub Command2_Click()
  Text1.Text = ""
  k% = InputBox("请输入1个小于1000的正整数", "判断是否素数")
  Open "d:\aaa\su.dat" For Input As #1
  Do While Not EOF(1)
    Input #1, n%
    If n% = k% Then Text1.Text = Str(k%) + "是素数!"
    If n% >= k% Then Exit Do
  Loop
  If EOF(1) Or n% > k% Then Text1.Text = Str(k%) + "不是素数!"
  Close #1
End Sub
Private Sub Command3_Click()
  End
End Sub
Private Sub Form_Load()
  Command2.Enabled = False
End Sub
```

10.4 实　例

例 10-12　选择一个文件，分别统计文件中数字字符、英文字符以及其他字符的个数，然后输出统计结果。

(1) 界面设计，如图 10-9a 所示。

在窗体上添加 4 个标签控件：Label1、Label2、Label3 分别显示提示信息"数字字符数"、"字母字符数"、"其他字符数"，Label4 用于在程序启动时提示用户单击窗体选择文件；

添加 3 个文本框控件 Text1、Text2、Text3 用来输出统计结果；

添加通用对话框控件 CommonDialog1，设置为"打开文件"对话框，用于选择文件。

(2) 过程设计。

程序启动后，先隐藏 Label1、Label2、Label3 和 Text1、Text2、Text3；

单击窗体打开"打开文件"对话框，选择文件(如 d:\abc.txt)，在程序中用 Input 方式打开在"打开文件"对话框中所选择的文件，利用 Line Input 语句将文件中的信息整行整行地读到变量中，然后统计各类字符的数量，并将统计结果输出。

编写 Form_Load()、Form_Click()事件过程如下：

```
Private Sub Form_Click()
```

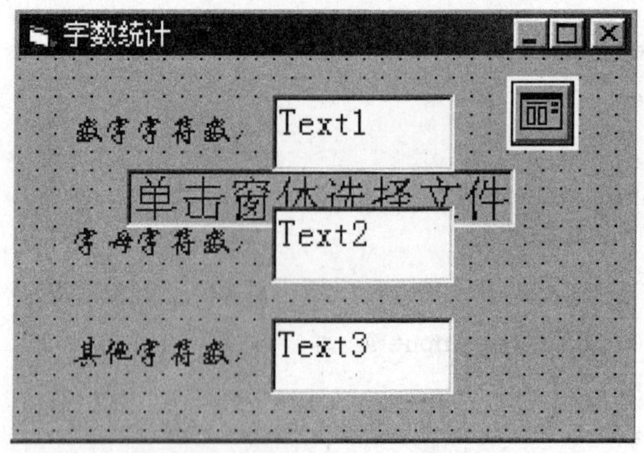

图 10-9a 例 10-12 之界面设计

```
Dim S As String, Length As Integer
Dim n1 As Integer, n2 As Integer, n3 As Integer
CommonDialog1.Action = 1
Form1.Caption = "文件" & CommonDialog1.FileName & "字数统计"
'用 Input 方式打开在"打开文件"对话框中所选择的文件
Open CommonDialog1.FileName For Input As #1
n1 = 0: n2 = 0: n3 = 0
Do While Not EOF(1)
Line Input #1, S
Length = Len(S)
For i% = 1 To Length
   If Mid(S, i%, 1) <= "9" And Mid(S, i%, 1) >= "0" Then
     n1 = n1 + 1                    '统计数字字符的个数
     '函数 UCase 返回其字符串参数转换后的字符串,转换的规则是,小写字母全部
     '转换为对应的大写字母。
   ElseIf UCase(Mid(S, i%, 1)) <= "Z" And _
           UCase(Mid(S, i%, 1)) >= "A" Then
     n2 = n2 + 1                    '统计英文字母的个数
   Else
      n3 = n3 + 1                   '统计其他字符的个数
   End If
Next i%
Loop
Close #1
Text1.Text = n1 : Text2.Text = n2 : Text3.Text = n3
Label4.Visible = False
Label1.Visible = True
Label2.Visible = True
```

```
Label3.Visible = True
Text1.Visible = True
Text2.Visible = True
Text3.Visible = True
End Sub
Private Sub Form_Load()
  Label1.Visible = False : Label2.Visible = False
  Label3.Visible = False : Text1.Visible = False
  Text2.Visible = False : Text3.Visible = False
End Sub
```

程序运行的情况如图 10-9b 所示。

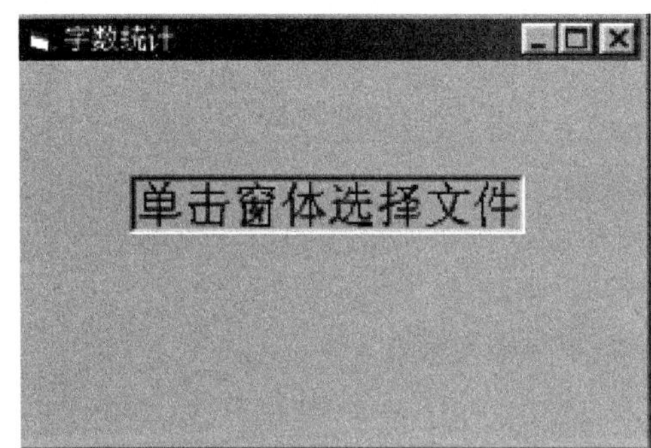

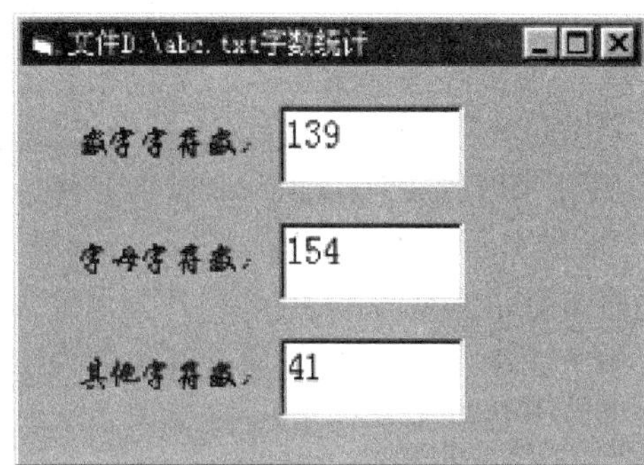

图 10-9b　例 10-12 的程序运行

例 10-13　设计一个文本编辑器，使其具有建立、编辑、保存文件内容的功能。

(1) 界面设计，如图 10-10 所示。

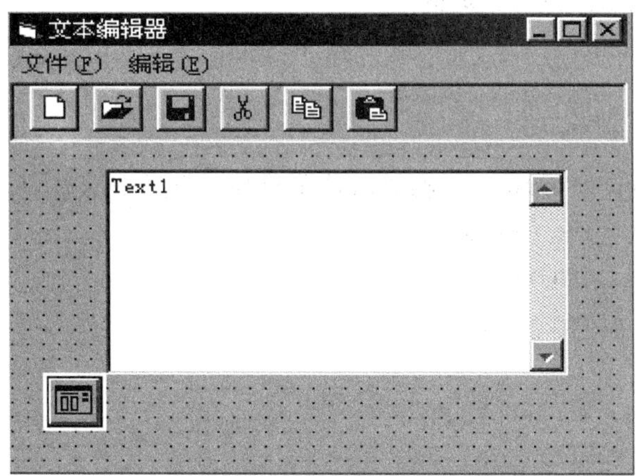

图 10-10　例 10-13 的界面设计

① 在窗体上添加通用对话框控件 CommonDialog1、文本框控件 Text1，设置对象属性如下：

```
Form1.Caption = "文本编辑器"          '设置窗体标题
Text1.Multiline = True                '设置文本框具有多行功能
```

```
Text1.ScrollBars = 2                     '设置文本框具有垂直滚动条
```

② 打开菜单编辑器,设置菜单项,如表 10-1 所示。

表 10-1　菜单项设置

菜单标题(Caption)	名称(Name)	索引(Index)	说　明
文件(&F)	Files		主菜单项 1
...新建(&N)	File	0	子菜单项 11
...打开(&O)	File	1	子菜单项 12
...保存(&S)	File	2	子菜单项 13
...另存为(&A)	File	3	子菜单项 14
...退出(&X)	File	4	子菜单项 15
编辑(&E)	Edits		主菜单项 2
...剪切	Edit	0	子菜单项 21
...复制	Edit	1	子菜单项 22
...粘贴	Edit	2	子菜单项 23

③ 建立图片框控件 Picture1,设置 Picture1.Align = 1。

④ 在 Picture1 上画出名称为 Command1 的 6 个命令按钮所组成的控件数组。

将每个数组元素的 Caption 属性都设置为空串;

将每个数组元素的 Style 属性都设置为 1,即设置为图形按钮;

设置各个数组元素的 Picture 属性:分别加载 new.bmp、open.bmp、save.bmp、cut.bmp、copy.bmp、paste.bmp 等图片文件(读者可以在 Windows 中查找这些文件,确定它们的路径)。

(2) 过程设计

```
Private Sub Form_Load()
  Text1.Left = Form1.ScaleLeft             '设置文本框的位置、大小
  Text1.Width = Form1.ScaleWidth
  Text1.Top = Picture1.Top + Picture1.Height
  Text1.Height = Form1.ScaleHeight - Text1.Top
  Text1.Text = ""
  Edit(0).Enabled = False        '初始时使菜单和工具栏中的剪切、复制不能响应
  Command1(3).Enabled = False
  Edit(1).Enabled = False
  Command1(4).Enabled = False
End Sub
Private Sub Text1_MouseUp(Button As Integer, Shift As Integer, _
    X As Single,Y As Single)
  '编写 Text1_MouseUp 事件,在文本框中释放鼠标键时产生该事件。
  If Text1.SelLength = 0 Then
    Edit(0).Enabled = False
    Command1(3).Enabled = False
    Edit(1).Enabled = False
    Command1(4).Enabled = False
```

```
  Else         '当文本框中选择了文本后,使菜单和工具栏中的剪切、复制有效。
    Edit(0).Enabled = True : Command1(3).Enabled = True
    Edit(1).Enabled = True : Command1(4).Enabled = True
  End If
End Sub
Private Sub File_Click(Index As Integer) '编写文件菜单的单击事件过程
  n% = Index
  Select Case n%
    Case 0                                      '新建文件
      Text1.Text = ""
      Form1.Caption = "未命名"
    Case 1                                      '打开文件
      CommonDialog1.ShowOpen                    '打开通用对话框,选择文件
      fname = CommonDialog1.FileName
      If fname <> "" Then
        Text1.Text = ""
        Open fname For Input As #1      '将选定文件中的内容逐行添加到文本框
        Do Until EOF(1)
          Line Input #1, nextline
          Text1.Text = Text1.Text + nextline + Chr(13) + Chr(10)
        Loop
        Close #1
      End If
      Form1.Caption = fname
    Case 2                                      '保存文件
      If Form1.Caption = "未命名" Or Form1.Caption = "文本编辑器" Then
        '若文件未保存过,则打开通用对话框设置路径和文件名、保存;否则直接保存。
        CommonDialog1.ShowSave
        fname = CommonDialog1.FileName
      Else
        fname = Form1.Caption
      End If
      If fname <> "" Then
        Open fname For Output As #1
        Print #1, Text1.Text : Close #1
      End If
    Case 3                                      '文件另存为
      CommonDialog1.ShowSave
      fname = CommonDialog1.FileName
      If fname <> "" Then
```

```
            Open fname For Output As #1
            Print #1, Text1.Text
            Close #1
          End If
        Case 4                                              '退出,程序结束
          End
      End Select
    End Sub
    Private Sub Edit_Click(Index As Integer)  '编写编辑菜单的单击事件过程
      n% = Index
      Select Case n%
        Case 0                                      '剪切将选中的文本内容送到剪贴板
          Clipboard.SetText Text1.SelText
          Text1.SelText = ""                        '删除文本框中选中的文本内容
        Case 1                                      '复制
          Clipboard.SetText Text1.SelText
        Case 2                                      '粘贴
          Text1.SelText = Clipboard.GetText()
      End Select
    End Sub
    Private Sub Command1_Click(Index As Integer)
      '编写工具栏按钮的 Click 事件过程
      n% = Index
      Select Case n%
        Case 0                            '新建
          File_Click (0)
        Case 1                            '打开
          File_Click (1)
        Case 2                            '保存
          File_Click (2)
        Case 3                            '剪切
          Edit_Click (0)
        Case 4                            '复制
          Edit_Click (1)
        Case 5                            '粘贴
          Edit_Click (2)
      End Select
    End Sub
```

(3) 运行调试,程序运行的情况如图 10-11 所示。

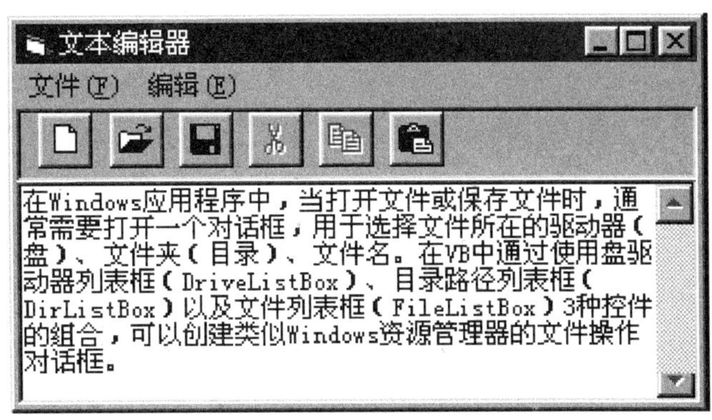

图 10-11　例 10-13 的运行情况

10.5　小　结

本章介绍了文件的基本概念及其操作使用方法。

打开文件或保存文件是 Windows 应用程序的基本操作，在 VB 中通过使用驱动器列表框(DriveListBox)、目录列表框(DirListBox)以及文件列表框(FileListBox)三种控件组合起来的对话框实现，设计这种对话框的关键是 3 个同步关系需要通过编程来实现。读者可以同第 9 章介绍的通用对话框进行比较，分析两者在功能上的相似性及操作使用上的不同处。

对文件的操作还包括建立文件，在文件中查找、追加、删除或修改数据等。这些操作在数据文件的应用中都有所涉及，读者可以参考有关例子进行总结分析。

习题十

一、判断题

1. 运行时盘驱动器的 List 属性可以用 AddItem 和 RemoveItem 两种方法来改变。
2. 在驱动器列表框 Drive1 的 Change 事件过程中，代码 Dir1.Path = Drive1.Drive 的作用是：当 Drive1 的驱动器改变时，Dir1 的目录列表随不同驱动器作相应改变。
3. 选中文件列表框 File1 中某个选项时，File1.FileName 属性值为所选文件的全名。
4. 目录列表框的 Path 属性，只能用程序代码设置，不能通过属性窗口设置。
5. 在程序运行中，目录列表框 DirListBox 将以树形展开方式显示某个盘或目录内的各个子目录名，并用是否为打开的文件夹图标来表示选定的目录。
6. 由于列表项的内容是由系统自动产生的，因而在运行时，用户不能人为地用代码来改变目录列表框中 List 属性的值。
7. 若要新建一个磁盘上的顺序文件，可用 Output、Append 方式打开文件。
8. 若某文件已存在，用 Output 方式打开该文件，等同于用 Append 方式打开该文件。
9. 用 Kill 语句删除文件，只能删除与指定文件名完全匹配的一个文件。
10. Open 语句中的通道号，必须是当前未被使用的、最小的作为通道号的整数值。

二、选择题

1. 设定文件列表框中所显示的文件类型,应修改该控件的______属性。
   A. Pattern　　B. Path　　C. FileName　　D. Name
2. ______函数用来获取已打开文件的长度。
   A. Len　　B. FileLen　　C. LOF　　D. LOE
3. 下列______方法或函数可以调用外部的可执行文件。
   A. Show　　B. Shell　　C. Input　　D. Open
4. 下列文件复制操作的语句中,格式正确的是______。
   A. FileCopy d:\gc.dat c:\a.txt　　B. FileCopy "d:\gc.dat", "c:\a.txt"
   C. FileCopy "d:\gc.dat" "c:\a.txt"　　D. FileCopy "d:\gc.dat" "c:\a.txt"
5. 下列文件操作的语句中,格式正确的是______。
   A. Nname "d:\gc.dat" As "d:\gc.txt"　　B. Nname "d:\gc.dat","c:\gc.txt"
   C. Nname "d:\gc.dat","c:\gc.dat"　　D. Nname d:\gc.dat As gc.txt
6. 执行语句"Print #1, 234; -34.56, "hello"; Date"后,相应的文件内被写入______。
   A. 234, -34.56, hello, 01-08-03　　B. 234 -34.56 "hello" 01-08-03
   C. 234 -34.56 hello01-08-03　　D. "234 -34.56 hello01-08-03"
7. 执行语句"Write #1, 234; -34.56, "hello"; Date"后,相应的文件内被写入______。
   A. 234, -34.56, hello, 2001-08-03　　B. "234","-34.56","hello","2001-08-03"
   C. 234, -34.56, "hello", #2001-08-03#　　D. 234 -34.56 hello 2001-08-03
8. 执行语句 Input #1, k%, s!, a$, d1 后,再执行语句 Print k%; s!; a$; d1 (d1 是 Date 类型,文件中相应字符为"234, -34.56, "hello", #2001-08-03#"),输出结果为______。
   A. 234, -34.56, hello, 2001-08-03　　B. 234 -34.56 hello2001-08-03
   C. 234, -34.56, "hello", #2001-08-03#　　D. 234 -34.56 hello #2001-08-03#
9. 函数 GetAttr("e:\xy.dat")值为 2,表示该文件是______。
   A. 常规文件　　B. 只读文件　　C. 隐藏文件　　D. 系统文件
10. ______,可以改变目录列表框的 Path 属性。
   A. 单击某表项　　B. 双击某表项　　C. 右击某表项　　D. 单击某表项再按回车键

三、填空题

1. ______语句可以改变文件操作的当前目录。
2. 检测未打开的文件总的字节数,可以用______函数。
3. 选择了一个新的目录路径后,为了及时更新文件列表框的显示,可选用目录列表框的______事件来驱动。
4. 文件的当前读写位置是否到达文件末尾,应用______函数。
5. 读文件的______语句从文件的当前位置起至换行符前的所有字符读入到字符串变量。

四、程序阅读题

程序 1.

```
Dim a As Integer, y As Integer, x As Integer
```

```
  Private Sub Command1_Click()
  Open "c:\a1.dat" For Append As #1
  Call aa(5)
  y=y + a : Print #1, "y="; y, "a="; a: Close #1
End Sub
Private Sub Form_Load()
  Open "c:\a1.dat" For Output As #1 : Close #1
End Sub
Sub aa(i As Integer)
  x=1
  Do Until x > i
    a=a + x : x=x + 5
  Loop
End Sub
```

写出程序运行时连续4次单击Command1后,a1.dat文件的最终结果。

程序2.

```
Private Sub Form_Click()
  Dim f1 As Integer,f2 As Integer,f3 As Integer
  Open "c:\a1.dat" For Output As #1
  f1=3
  f2=4
  Print #1, "NO."; 1, f1 : Print #1, "NO."; 2, f2
  For i% =3 To 4
    f3=f1 + f2
    Print #1, "NO."; i% , f3
    f1=f2 : f2=f3
  Next i%
  Close #1
End Sub
```

写出程序运行时单击窗体后,文件a1.dat中的结果。

程序3.

```
Private Sub Form_Click()
  Dim a(6) As Integer, k As Integer, j As Integer
  Open "c:\a1.dat" For Output As #1
  For i% =1 To 6
    j=i% * i% : Print #1, j;
  Next i%
  Close #1
  Open "c:\a1.dat" For Input As #2
  k=0
```

```
  Do While Not EOF(2)
    k=k + 1 : Input #1, a(k)
  Loop
  Close #1
  For i% =k To 1 Step -1 : Form1.Print a(i%); : Next i%
End Sub
```

写出程序运行时单击窗体后,a1.dat文件的结果和窗体上的输出结果。

程序4.

```
Private Sub Form_Click()
  Dim n As byte,i As byte
  Open "c:\a1.dat" For Output As #1
  n=6
  For i=1 To n : Print #1, i * 2; : Next i
  Close #1
  Open "c:\a1.dat" For Input As #1
  For i=1 To n
    Input #1, a
    If i Mod 5=0 Then Print a * 2
  Next i
  Close #1
End Sub
```

写出程序运行时单击窗体后,a1.dat文件的结果和窗体上的内容。

程序5.

```
Private Sub Form_Click()
  Open "c:\a1.dat" For Output As #1
  n=5 : Call a(n) : Close #1
End Sub
Private Sub a(ByVal k)
  Dim i As Integer
  If k <> 0 Then
    a (k-1)
    For i=1 To k : Print #1, k; : Next i
    Print #1,
  End If
End Sub
```

写出程序运行时单击窗体后,a1.dat文件的结果。

五、程序填空题

1.【程序说明】右击窗体则打开Windows自带的计算器"C:\windows\calc";单击"退出"按钮时将右击窗体的次数写入磁盘文件。

```
____(1)____
Private Sub Form_MouseUp(Button As Integer, Shift As Integer, _
      X As Single, Y As Single)
   If Button = 2 Then
      n = n + 1 :  Shell ____(2)____
   End If
End Sub
Private Sub Command1_Click()
   Open "C:\a1.dat" For ____(3)____
   Print #1, n : Close #1
____(4)____
End Sub
```

2.【程序说明】文件 c:\a1.dat 中存放若干个学生信息的记录(行),按 Command1 按钮后,查找文件中姓名与输入姓名相同的记录,找到则删除该记录。

```
Private Sub Command1_Click()
   Open "c:\a1.dat" For Input As #1
   Open "temp.dat" ____(1)____
   b$ = InputBox("输入学生姓名")
   Do While Not EOF(1)
      Line Input #1, a$
      if InStr(a$ ,Trim(b$ )) = ____(2)____ Then print #2,a$
   Loop
   Close #1 : Close #2
   Kill "c:\a1.dat"
   Name ____(3)____
End Sub
```

六、程序设计题

1. 编制 1 个用于删除选定文件的应用程序,界面设计如图 10-12 所示。

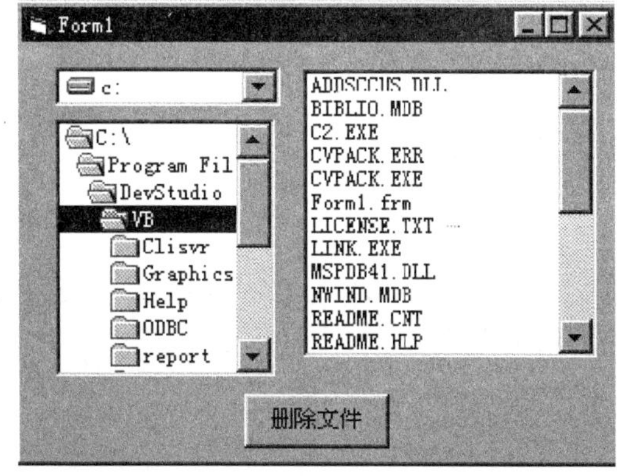

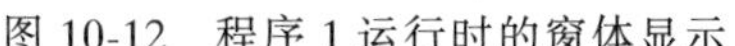
图 10-12　程序 1 运行时的窗体显示

图 10-13　程序 3 的界面设计

2. 编写程序，输入若干个学生的姓名、出生年月、2 门统考课程（外语、计算机），存入磁盘文件 d:\student.dat（可以用记事本打开，观察运行结果的正确）。

3. 编写程序，将磁盘文件 d:\student.dat 中若干个学生的姓名、出生年月、2 门统考课程（外语、计算机）显示在列表框中：直接输入在文本框中的文本可以“追加”；单击列表框某项，则该项可“删除”、文本框中的文本修改后可“修改”列表框中所选项。首次运行时文件可以为空，退出系统前应“保存”。界面设计如图 10-13 所示。

第 11 章

数据库应用

数据库是目前计算机领域发展最快、应用最广泛的技术，它的应用遍及各行各业。许多计算机应用软件的设计和开发都要用到数据库，数据库一直是计算机软件开发的重要话题。几乎所有的应用软件都离不开数据的存取操作，而这种存取操作往往是用数据库来实现的。VB 提供的多种控件，其中包括数据控件、数据绑定控件和远程数据控件等，使用这些控件可以方便地建立对多种数据库的访问。

本章首先介绍数据库的基本知识、建立数据库的方法，然后介绍使用 VB 最常见的数据控件建立数据库应用程序的方法和步骤。

11.1 数据库的基本知识

11.1.1 数据库的概念及相关术语

目前流行的数据库几乎都是关系数据库。关系数据库以二维表的形式来存放数据，其组织方式和传统的信息管理方式十分相似。比如，描述学生基本情况的数据库内容如表 11-1 所示。

表 11-1 简单数据库示例

学号	姓名	性别	出生日期	专业	奖学金	照片
20020101	张三	男	84/12/12	计算机	800	
20020206	李四	女	83/06/18	自动化	1000	
20020207	王小五	男	83/11/03	自动化	500	

数据库最基本的术语有字段(Field)、记录(Record)和表(Table)，其基本含义如下：

·字段(Field)：在学生基本情况数据库中，包含了学生的学号、姓名、性别、出生日期、专业、奖学金和照片等内容，在数据库中，每一项就称为一个字段，即表中的一列。

·记录(Record)：在学生基本情况数据库中，详细记录了一个学生具体内容的一组信息称为一个记录，即表中的一行。

·表(Table)：存放了一组相似记录的集合称为表。

·主关键字(KeyWord)：能惟一标识一个记录的字段或字段的组合称为主关键字，也称为主键。比如学号是表 11-1 中的主键。

一个数据库由若干个相关的数据表组成；数据表由若干组结构相同的记录(行)组成；一个

记录由若干个字段组成。

设计数据库时,首先要根据实际情况,确定需要几个数据表;接着设计每个表的结构,即总共应有多少个字段,每个字段占用多少字节,主键是什么等。设计好每个表的结构后,输入相应的记录。所有这些相关的表,就构成了数据库。譬如,学生的成绩表、通讯录、基本信息表等构成学生数据库,该数据库记录了学生的各种信息。

数据库是有组织地、动态地存储在计算机中的大量关联数据的集合,这些数据可以方便地实现多个用户共享,具有较小的数据冗余和较高的数据独立性和可维护性。

11.1.2 建立数据库

在 VB 中 Access 数据库格式是一种标准的内置格式,所有的非 Access 数据库都被称为外来数据库。在用 VB 开发数据库应用程序时,其数据库可以选用多种格式,如 dBase、FoxPro、Paradox 和 Excel 等,甚至可以是一个文本文件。但建议使用 Microsoft Access 的.mdb 数据库格式,因为用 Access 创建的数据库可以原封不动地用到 VB 数据库应用程序中。本章介绍的数据库应用程序所操作的数据库,均由 Microsoft Access97/2000(以下简称 Access)数据处理系统创建。

1.设计各数据表的表结构

本章用到的示例数据库名称为“d:\sdb1.mdb”,由学生基本信息表、成绩表和课程表组成,各表的结构设计如下:

表 11-2 学生基本信息表结构设计

字段名	字段类型	字段大小
学号	字符(文本)	8
姓名	字符	8
性别	是/否	
出生日期	日期/时间	
专业	字符	30
奖学金	数字	长整型
照片	OLE 对象	

表 11-3 成绩表结构设计

字段名	字段类型	字段大小
学号	字符	8
课程号	字符	6
分数	数字	长整型
标志	字符	4

表 11-4　课程表结构设计

字段名	字段类型	字段大小
课程号	字符	6
课程名	字符	40
学分	数字	整型
学时数	数字	整型
开课学期	数字	整型
考试考查标志	逻辑型	2

2.用 Access 创建数据库

Microsoft Access 是当前最流行的关系数据库管理系统之一,它以操作方便、简单易学以及和 Microsoft Office 的完美结合著称于世。用 Access 创建数据库的基本方法和步骤如下:

(1) 在 Windows“开始”菜单的“程序”选项中选择“Microsoft Access”,在 Access 窗口中的“新建数据库”对话框内选择“空 Access 数据库”,如图 11-1 所示。

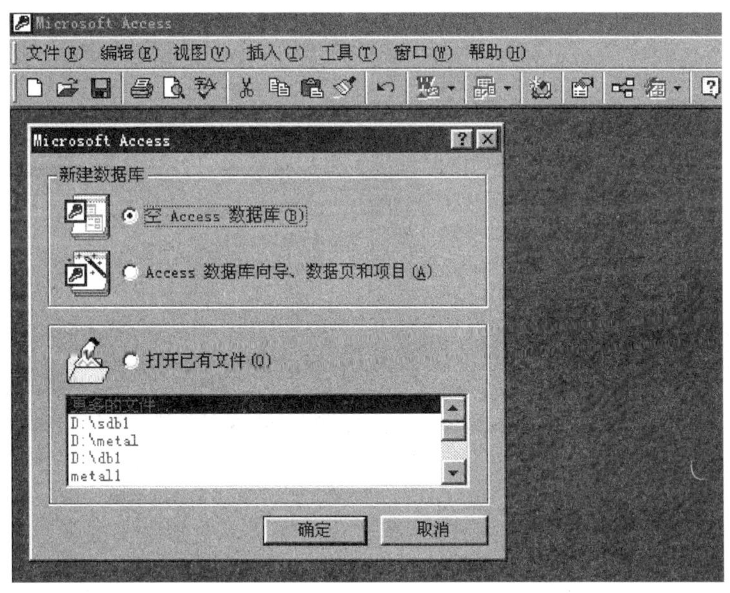

图 11-1　新建 Access 数据库对话框

按“确定”按钮后,出现如图 11-2 所示“文件新建数据库”对话框,用户应确定新建数据库文件的保存位置、文件名和保存类型。

图 11-2 表示新建数据库文件为 d:\sdb1.mdb,文件类型选择“*.mdb”表示所创建的文件 d:\sdb1.mdb 是 Access 数据库文件。

按“创建”按钮,出现如图 11-3 所示“数据库”窗口(左图),此后,需要进一步定义其所属的各个数据表。

(2) 向数据库添加表并定义表结构

① 在图 11-3 所示数据库窗口中,选择“表”对象,选择“使用设计器创建表”,然后,在菜单栏中选择“新建”。

在随后出现的图 11-3 右侧所示的“新建表”对话框中选择“设计视图”、单击“确定”按钮

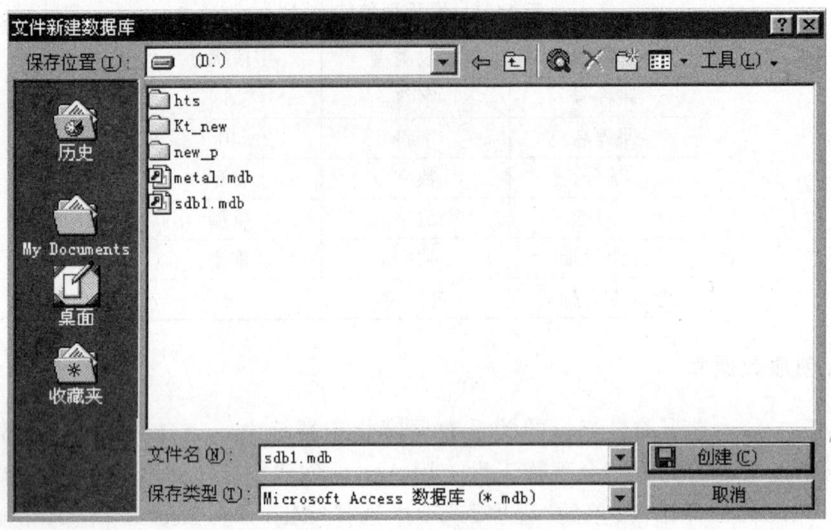

图 11-2 文件新建数据库对话框

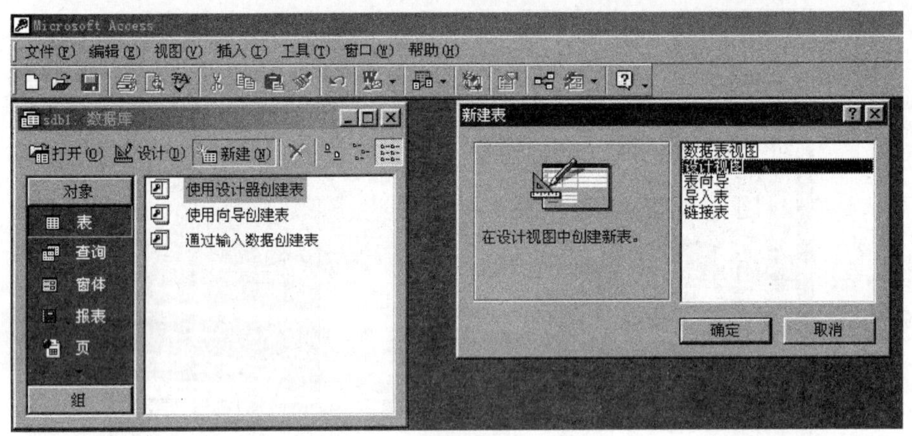

图 11-3 “数据库”窗口

后,出现表的设计视图,在表的设计视图中,可以输入数据表中各字段的名称、数据类型以及字段大小等。

按照表 11-1 所作学生基本信息表的结构设计,在设计视图中定义数据表各字段的名称、类型,如图 11-4 所示。

下面给出了在创建数据表结构时经常遇到的几个术语:

·字段大小:在该字段中所能输入的最大字符数或数字的大小及类型。例如,当设定一个字符型的字段大小为 8 时,最多只能在该字段中输入 8 个字符或 4 个汉字。

·格式:该字段的显示格式。如对于数值字段,常常将 0 显示为空白,将负数显示为红色。

·输入掩码:该字段的数据输入模式。例如,可以让用户按“YYYY-MM-DD”格式输入日期。

·标题:显示给用户的字段的标题。例如,将字段学号的标题设置为“Number”的话,在显示表格时,该字段的标题是“Number”。

·有效性规则:对该字段中所能输入的数据的约束条件。例如,对于某日期字段,有效性规则为“>Now()”,表示该字段不接受小于计算机当前日期的数据。

·有效性文本:当输入不符合有效性规则的数据时,系统显示的警告或说明字符串。

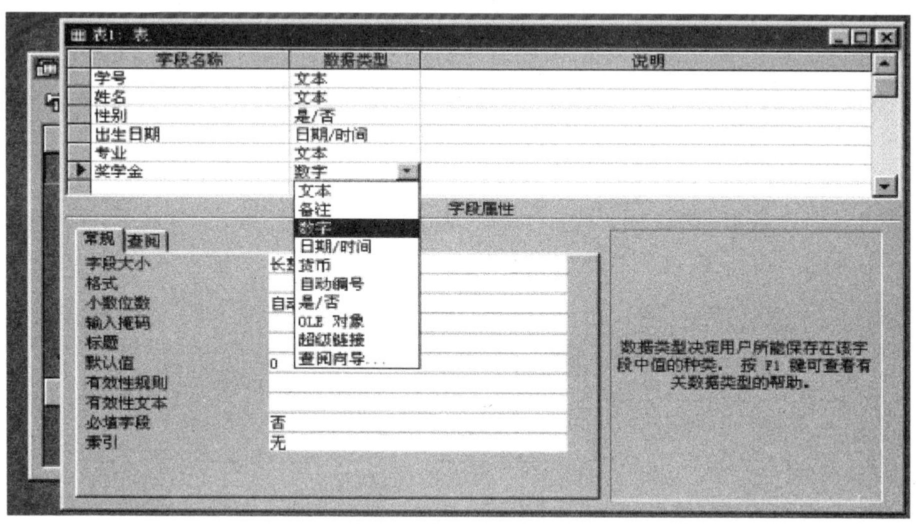

图 11-4 在数据表的设计视图中定义表结构

·必填字段：当前字段是否可以是 NULL。

·索引：是否用当前字段为表建立索引。

NULL 是一种特殊的数据类型，可以简单地理解为“空”或“什么也没有”，如果某个变量或字段的值为 NULL，则说明该变量或字段中不包含有效的数据。NULL 不等同于空字符串“”，空字符串是一个字符串，只不过长度为零。

② 选择主关键词(主键)

数据表的各字段中，只有一个字段或字段的组合可以被选为数据表的主关键词，用来唯一标识表中的一条记录。在“学生基本信息”表中，学号应为表的主关键词，因为每个学生的学号都不同，学号唯一地标识了一个学生。在“学号”字段上右击，在弹出的快捷菜单中单击“主关键词”。

③ 单击“关闭”按钮，出现“您要保存对表 1 设计的更改吗?”对话框，单击“是”按钮，出现“另存为”对话框。

图 11-5 “另存为”对话框

在“表名称”中输入表的名称(表的名称可根据表的意义选用，这里取为“学生”)，单击“确定”按钮，返回到“数据库”窗口。

至此，完成了数据库 sdb1.mdb 中“学生”表的建立及结构设计。

用同样的方法，可再添加表结构如表 11-2 所示的“成绩”表以及表 11-3 所示的“课程”表(在添加“成绩”、“课程”表时，可以不设主关键字，尤其不要将“成绩”表中的字段“学号”设为主关键字，因为在该表的多个记录中“学号”字段值并不是唯一的)。

在图 11-6 所示的“数据库”窗口内，显示了该数据库文件中所添加数据表的全部图标。

至此，建立了包括 3 个表的数据库 sdb1.mdb。

如果在新建表时没有在表中输入数据，那么此时数据库 sdb1.mdb 中没有任何记录，为空数据库，可以用下列方法向表中输入和修改数据。

(3) 向表中输入数据、修改数据

在图 11-6 所示数据库窗口中，选择“学生”表后，单击“打开”按钮，出现“学生”数据表的编辑窗口，可以向表中输入数据或修改表中的数据，如图 11-7 所示。输入或修改结束，关闭相应窗口即可。

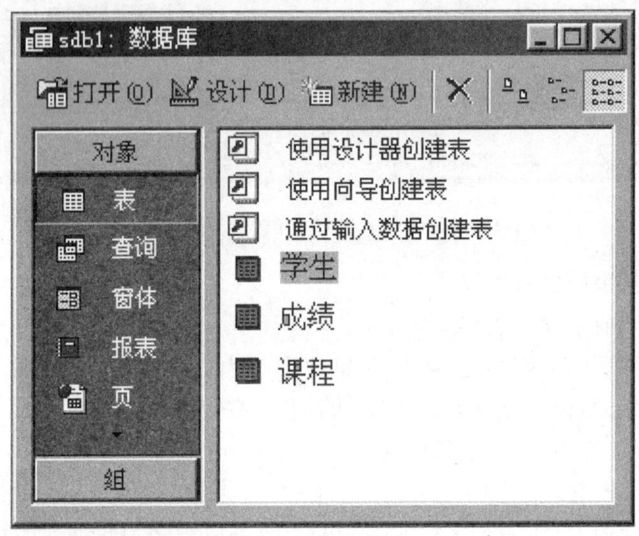

图 11-6 “数据库”窗口

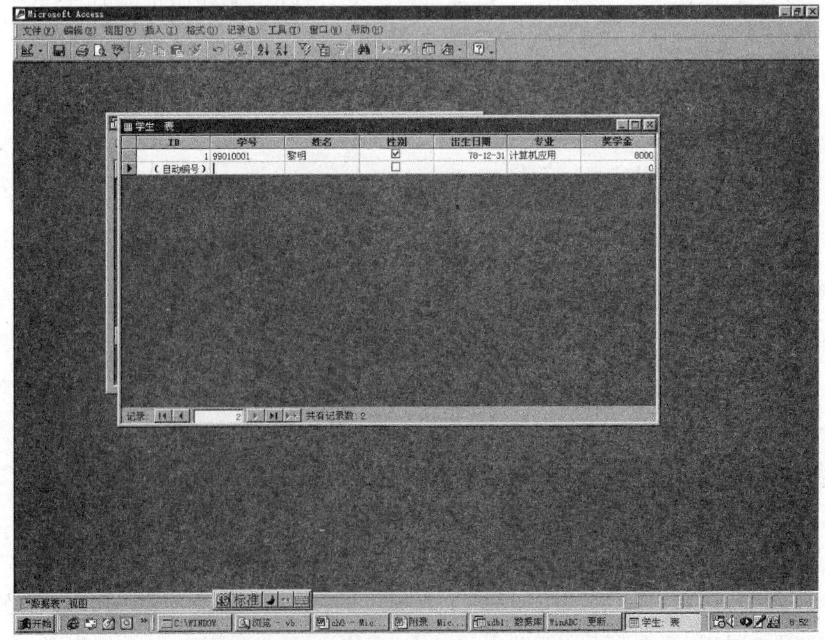

图 11-7 在“学生:表”窗口输入或修改记录

说明：如果数据库是使用 Microsoft Access 2000 创建的，在当前的 VB6.0 环境中不能使用，需要将其转换为较低版本的 Access 数据库。在 Access 窗口中选择“工具”|“数据库实用工具”|“转换数据库”|“到早期 Access 数据库版本”即可完成转换，如图 11-8 所示。

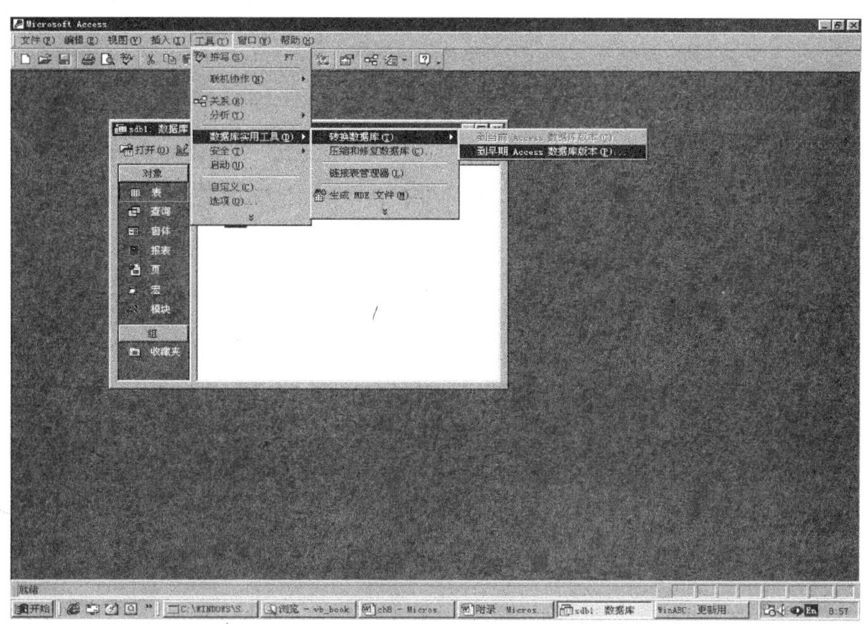

图 11-8　转换 Access 数据库为较低的版本

3. 用 VisData 创建 Access 数据库

可视化数据管理器(VisData)是 VB6.0 自带的一个插件程序，也能够用来创建和访问多种数据库包括 Access 数据库。在 VB 集成开发环境窗口中单击“外接程序”中的“可视化数据管理器”菜单项，启动 VisData，如图 11-9 所示。

图 11-9　可视化数据管理器

用 VisData 创建 Access 数据库的方法和步骤如下：

(1) 创建数据库

单击“文件”|“新建”|“Microsoft Access”|“Version7.0 MDB”菜单项，在出现的保存对话框中输入新建数据库文件名，然后单击“确定”按钮，VisData 便创建并打开相应的数据库，如图

11-10 所示。

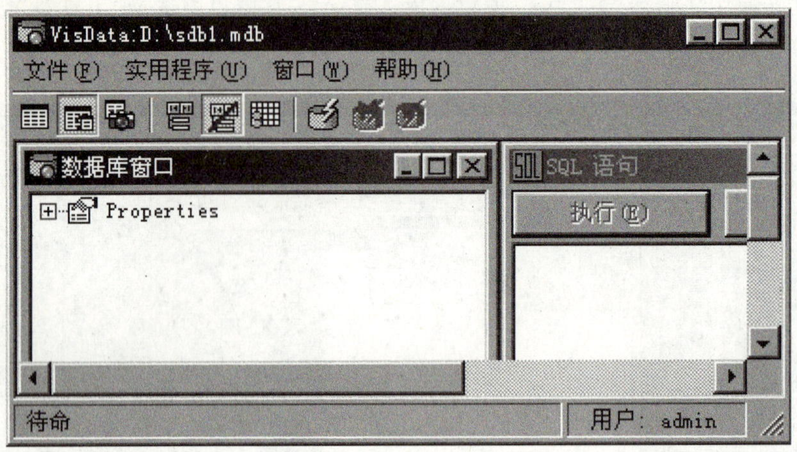

图 11-10 创建好的数据库 d:\sdb1.mdb

(2) 创建数据表

在图 11-10 的数据库窗口中单击右键,在弹出的快捷菜单上单击“新建表”,打开表结构对话框,在表名称文本框中输入表的名称(如学生),单击“添加字段”按钮,出现“添加字段”对话框。如图 11-11 所示。

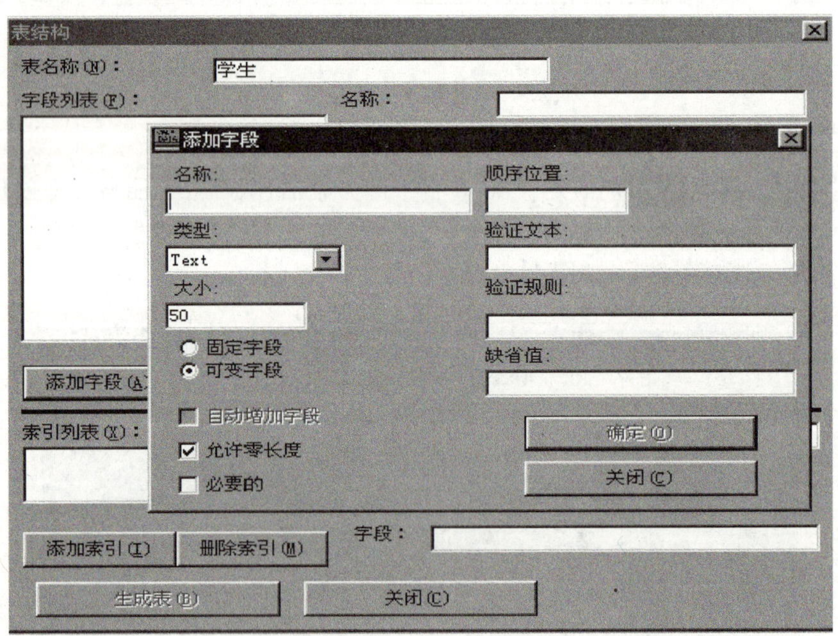

图 11-11 表设计窗口

在添加字段对话框中,输入字段名称、类型、大小等信息,然后单击“确定”按钮,即在表中增加一个字段。重复添加字段操作,直到所有的字段定义完毕。单击“关闭”按钮,返回到表结构对话框,单击“生成表”按钮,则表创建结束。

(3) 输入记录。在数据库窗口中,双击表的名称,即可输入数据,如图 11-12 所示。

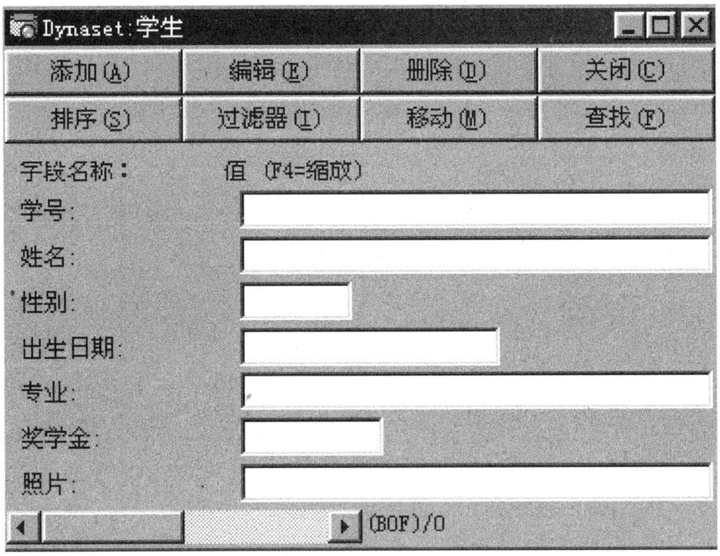

图 11-12　输入学生表数据

11.2　数据控件及其应用

本节介绍使用最常见的数据控件建立数据库应用程序的方法和步骤，以及数据控件的属性、事件和方法。所使用的实例数据库为 11.1 节所创建的 d:\ sdb1.mdb 数据库，该数据库的二个表以及表结构均如上所述。用 VB 开发数据库应用程序时，同样可以通过在窗体上添加控件、设置控件的属性和使用控件的方法，直接面向对象进行编程。

11.2.1　数据控件(Data)简介

数据控件在工具箱中的图标为  。

数据控件缺省的名称为：Data1、Data2……

Data 控件是 VB 用来建立和进行数据库访问的标准控件。使用 Data 控件，可以访问 Access、dBase、FoxPro、Paradox 等数据库以及 Excel、Lotus 1-2-3 和文本文件等。需要注意的是，Data 控件只承担连接数据库，负责提供应用程序的数据源工作，但并不具备显示数据库中具体信息内容的功能，要想观察数据库中的数据信息，必须通过相应的数据绑定控件才能实现。

1.使用 Data 控件建立简单数据库应用程序

使用 Data 控件建立数据库应用程序，可以不写代码或只写很少的代码。下面先通过一个实例，说明如何应用 Data 控件建立简单的数据库应用程序。

例 11-1　创建一个浏览学生记录的应用程序，界面设计如图 11-13 所示。

(1) 在窗体中加入 Data 控件，名称属性为缺省名 Data1，Caption 属性设置为"学生信息"。

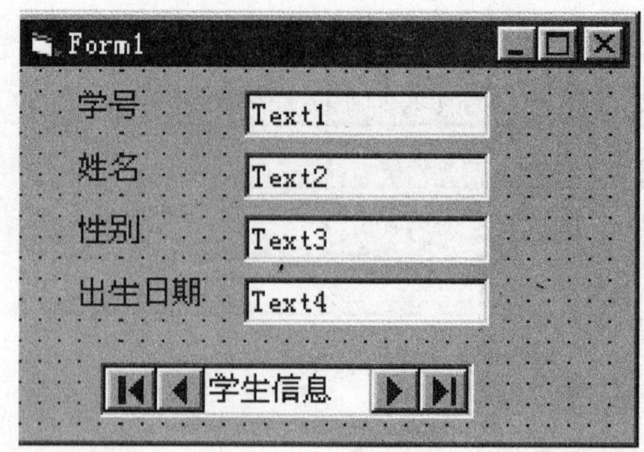

图 11-13　例 11-1 的界面设计

其他属性设置如下：

① Connect：用来指定 Data 控件连接的数据库类型

在此，使用缺省值 Access，表示 Data 控件所连接的数据库类型为 Access 数据库。

② DatabaseName：用来指定 Data 控件连接的数据库文件名

在此，设置为“d：\ sdb1.mdb”，用于指定 Data 控件连接的数据库文件名。

③ RecordSource：用来指定 Data 控件连接的数据库文件中的数据表名

设置时在该属性的下拉列表框中，选择“学生”表。

(2) 在窗体中建立 4 个标签(有关属性设置如图 11-13 所示)、4 个文本框，将 4 个文本框一一绑定到 Data 控件，即设置文本框控件的以下属性：

① DataSource：指定控件的 DataSource 属性为 Data 控件名

本例中加入的 4 个文本框控件 Text1～Text4，将它们的 DataSource 属性都设置为 Data1，则这些文本框控件被绑定到 Data1。

② DataField：指定控件的 DataField 属性为 Data 控件所连接数据表的相应字段

以 Text1 为例，将其绑定到“学生”表的“学号”字段上的做法是：

在 Text1 控件的属性窗口中，单击其 DataField 属性栏，会出现一个下拉式列表(其表项为与控件连接的数据表中所有的字段名)；

从下拉式列表中选择“学号”字段，则把文本框控件 Text1 绑定到 Data1 所连接数据表的“姓名”字段。

用同样的方法，可以把 Text2、Text3、Text4 依次绑定到 Data1 所连接数据表的“姓名”、“性别”、“出生日期”字段。

程序运行时，文本框中将显示数据库 d：\ sdb1.mdb 中“学生”表的相应字段值，显示结果如图 11-14 所示，可以看到数据库中的一条记录已经自动显示在窗体中的相应控件中。

单击 Data 控件上的 4 个按钮时，可以显示其他的记录，Data 控件上的 4 个移动按钮的作用分别是：

单击 ⏮ 则移到第一条记录；

单击 ◀ 则移到上一条记录；

单击 ▶ 则移到下一条记录；

单击 ⏭ 则移到最后一条记录。

修改文本框中的内容，然后通过 Data 控件的按钮移动记录，前面做过的修改将会自动保存到“学生”表中。

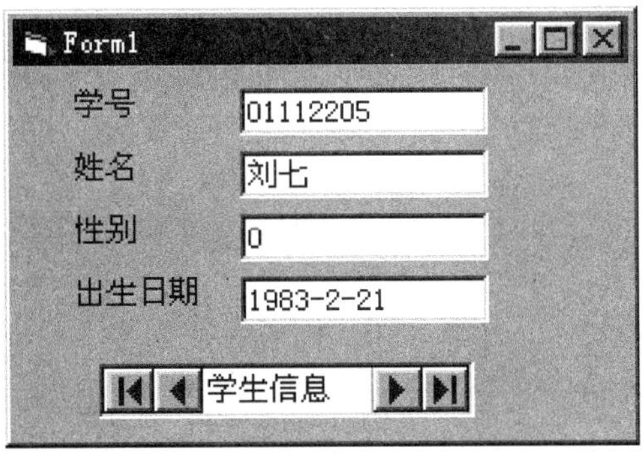

图 11-14　例 11-1 程序之运行结果

被 Data 控件连接的数据表，可以根据实际需要选择其中部分字段并绑定到相应的控件上。本例中，“专业”、“奖学金”、“照片”字段就没有绑定到任何控件。

到目前为止，没有编写任何代码就已经实现了对“学生”表的浏览和修改功能。后面，将会介绍对 Data 控件编写必要的代码，可以使数据库应用程序增加更多的功能。

2. Data 控件的常用属性

(1) Connect 属性，用于指定通过 Data 控件所要处理的数据库类型；

例如，在例 11-1 中设置 Data1 控件的 Connect 属性值为 Access，指定通过 Data 控件要处理的是 Access 数据库。

Connect 属性的角色跟水管很像。买了水管后，还要接上水源并打开水龙头，水才能流出来。设置好 Connect 属性值只是跟买了根水管一样，接下来的动作是接上水源。所谓接上水源，就是设置 Data1 控件的 DatabaseName 属性。

(2) DatabaseName 属性，用于指定 Data 控件所连接的数据库文件名；

例如，在例 11-1 中设置 Data1 控件的 DatabaseName 属性设置为“d: \ sdb1. mdb”，用于指定 Data 控件连接的数据库文件名为“d: \ sdb1. mdb”。

(3) RecordSource 属性，用于指定通过 Data 控件处理的数据源。

买了水管并且将水管接上了水源，接下来的动作就是打开水龙头，即设置 Data 控件的 RecordSource 属性。

在该属性的下拉列表框中，会列出上述由 Data 控件的 DatabaseName 属性所指定的数据库文件中的所有表，选择表名(例 11-1 中为学生表)；也可以直接在 RecordSource 属性值栏中输入 SQL 语言的 select 查询语句“SELECT * FROM 学生”。

打开水龙头后，水到底应该盛在哪里？这就需要数据绑定控件，像文本框、复选框等。

(4) DefaultType 属性

指定由 Data 控件在创建记录集 Recordset 时使用的数据源类型。可以是 Jet 或 ODBC，缺省值为 2，即使用 Jet。

Jet 数据库由 Jet 引擎直接生成和操作，使用灵活而且速度快，Microsoft Access 与 VB 使用相同的 Jet 数据库引擎；ODBC 即开放数据库连接，这类数据库包括遵守 ODBC 标准的客户/服务器数据库，如 Microsoft SQL Server、Oracle、Sybase 等。

(5) Recordset 属性

Data 控件自动创建的记录集(Recordset)对象，由 Data 控件的 RecordsetType 属性决定其类型。

记录集对象可以表示数据表中的记录或者作为查询结果的记录，使用记录集对象可以在记录一级上对数据库中的数据进行处理。

(6) RecordsetType 属性

指出由 Data 控件创建的记录集(Recordset)对象的类型，缺省值为 Dynaset 类型。

记录集对象分三种类型：

① Table(表类型记录集)

这种类型将数据控件的记录直接与数据库中记录相连，数据访问直接在数据库中进行。与其他类型的记录集对象相比，处理时搜索与排序速度最快。

② Dynaset(动态类型记录集)

这种类型将对应于各个数据记录的数据锁(Record Key)放入内存，因此占用内存不多，而且访问速度也较快。动态集与它所对应的基本表可以互相更新：如果动态集中的记录发生改变，则在对应的表中将反映出来；在打开动态集时，如果其他用户修改了对应表，则动态集中也将反映出被修改过的记录。

动态集类型是最灵活、功能最强的记录集类型。

③ Snapsort(快照类型记录集)

这种类型将所有的数据记录都复制到内存中，数据控件的功能只是与内存进行数据交换，这种类型将占用大量内存空间。与动态集类型和表类型的记录集对象相比较，快照类型记录集执行查询和返回数据的速度更快。

具体使用什么记录集，取决于需要完成的操作：

·如果需要对数据进行排序或者使用索引，则使用表类型记录集；

·如果需要对查询返回的记录进行更新，则使用动态集较好；

·如果只需对记录进行扫描，那么使用快照类型可能更快。

一般来说，应尽量使用表类型的记录集对象。

如果在 Data 控件创建记录集前没有指定 RecordsetType 属性值，则自动创建 Dynaset 类型的记录集。

(7) ReadOnly 属性

指定 Data 控件所连接的数据源是否可以修改。设置为 True 则只能显示或读取数据库中的数据，不可编辑；设置为 False 则可以显示和编辑数据。

(8) Exclusive 属性

指出是否允许多个用户同时操作由 Data 控件所关联的数据库。一般在单用户环境中，设置为 True，表示以独占方式打开数据库；在多用户环境中设置为 False，以便多个用户可以同时操作同一个数据库。

(9) EOFAction 属性

指出当记录指针移动到最后一条记录的后面时(此时 EOF 属性值为 True)，Data 控件执行什么样的操作。例如，将 EOFAction 属性设置为 0(sbEOFActionMoveLast)，那么当记录指针移动到最后一条记录的后面时，Data 控件自动将指针移到最后一条记录，从而保持最后一条记录为当前记录。

(10) BOFAction 属性

指出当记录指针移动到第一条记录之前时(此时 BOF 属性值为 True),Data 控件执行什么样的操作。

(11) Recordset 的常用属性

· AbsolutePosition 属性,为记录集中当前记录号,从 0 开始。因此,如果 AbsolutePosition 值为 0,则当前记录为表中第 1 条记录;如果其值为 5,则当前记录为表中第 6 条记录;等等。

· RecordCount 属性,为记录集中总记录数。

3.Data 控件的常用方法

(1) 记录集对象的常用方法

· MoveFirst 方法:将记录指针移到第一条记录。

例如,执行语句“Data1.Recordset.MoveFirst”后,将记录指针移到第一条记录。

· MoveLast 方法:将记录指针移到最后一条记录。

· MoveNext 方法:将记录指针向后移动一条记录。

· MovePrevious 方法:将记录指针向前移动一条记录。

· AddNew 方法:增加一条新记录,作为表文件的最后一条记录。

· Delete 方法:删除当前记录。

(2) Data 控件与数据访问有关的方法

· UpdateRecord 方法:更新记录。将连接到该 Data 控件的数据绑定控件中的内容保存到数据库。该方法通常应用于保存记录的按钮事件过程中。

· UpdateControls 方法:更新控件。将该 Data 控件 RecordSet 对象中的当前记录显示在关联的数据绑定控件中,其功能相当于用户更改了数据之后决定取消更改。该方法通常应用于取消当前修改的按钮事件过程中。

· Refresh 方法:刷新。更改 Data 控件的数据源属性后(如 DatabaseName、ReadOnly、Exclusive 或 Connect 属性值发生改变时),重新创建其 RecordSet 对象。

UpdateRecord 方法和 UpdateControls 方法是一个相反的过程,前者将绑定到 Data 控件的数据绑定控件中的数据保存到数据库中,后者则用数据库中的数据来更新绑定到 Data 控件的数据绑定控件。

4.Data 控件的常用事件

(1) Reposition 事件。

当一个记录成为当前记录后发生。

(2) Validate 事件。

在改变当前记录之前发生,以 Update 方法及删除、卸载或关闭操作来改变。

11.2.2　Data 控件的应用

使用 Data 控件创建数据库应用程序的一般步骤:

(1) 将 Data 控件添加到窗体上,调整其位置和大小。然后,将 Data 控件与所需处理的数据库进行连接,按下列步骤进行:

① 设置 Data 控件的 Connect 属性,用于指定通过 Data 控件所要处理的数据库类型;

② 设置 Data 控件的 DatabaseName 属性，用于指定 Data 控件所连接的数据库文件名；

③ 设置 Data 控件的 RecordSource 属性，用于指定通过 Data 控件处理的数据源。

(2) 向窗体添加显示记录字段值所需的控件，例如文本框、复选框、图片框、列表框等，这些控件均具有 DataSource 属性，用来绑定到 Data 控件，所以称这类控件为数据绑定控件。利用数据绑定控件，可以对 Data 控件所连接的数据库中的数据进行显示、修改和输入等。

使用数据绑定控件的方法如下：

① 设置数据绑定控件的 DataSource 属性为 Data 控件的名称，用于绑定到 Data 控件；

② 设置数据绑定控件的 DataField 属性为某个字段，通过数据绑定控件对相关字段完成显示、编辑等功能；

(3) 添加其他控件，设置相应的属性；

(4) 编写事件过程。

例 11-2 Data 控件数据访问方法的运用。

在例 11-1 界面设计的基础上添加 3 个命令按钮 Command1～Command3，分别为“保存”、“取消”和“退出”按钮，并编制相应事件过程。

(1) 界面设计(略)

(2) 过程设计

```
Private Sub Form_Load()
  Data1.ReadOnly = False          '设置 Data1 所绑定的数据表可以改写
  Command1.Caption = "保存"
  Command2.Caption = "取消"
  Command3.Caption = "退出"
End Sub
Private Sub Command1_Click()   '保存
  On Error GoTo err1              '如果程序发生错误，则控制转到“Err1:”处。
  '将数据绑定控件中的内容保存到数据库。
  Data1.UpdateRecord
  Exit Sub                        '退出 Sub 过程
  err1:
  MsgBox Err.Description          '调用显示有关错误信息的消息框
End Sub
Private Sub Command2_Click()
  On Error GoTo err2
  '将该 Data 控件 RecordSet 对象中的当前记录显示在关联的数据绑定控件中。
  Data1.UpdateControls
  Exit Sub
  err2:
  MsgBox Err.Description
End Sub
Private Sub Command3_Click()
  End
```

```
End Sub
```

程序运行时，如果边浏览“学生”表各记录、边修改显示在数据绑定控件(文本框)中记录的内容，按“保存”按钮后、表中相应记录均为修改后的内容。说明 Data 控件的 UpdateRecord 方法，是将连接到该控件的数据绑定控件中的内容全部保存到数据库。

事件过程 Command2 _ Click 中，语句 Data1.Update Controls 将与 Data1 连接的数据表的当前记录显示在关联的数据绑定控件(文本框)中，即读当前记录、在文本框显示。“保存”过的记录无法“取消”，在修改文本框中文本的过程中，按“取消”键使修改前的数据重新显示。

例 11-3　编写一个程序，实现移动记录和显示当前位置的功能。

(1) 界面设计

如图 11-15 所示，4 个命令按钮的名称属性分别设置为“CmdFirst”、“CmdPrevious”、“CmdNext”和“CmdLast”，设置 Data1 的 Visible 属性为 False，使其运行时不可见。

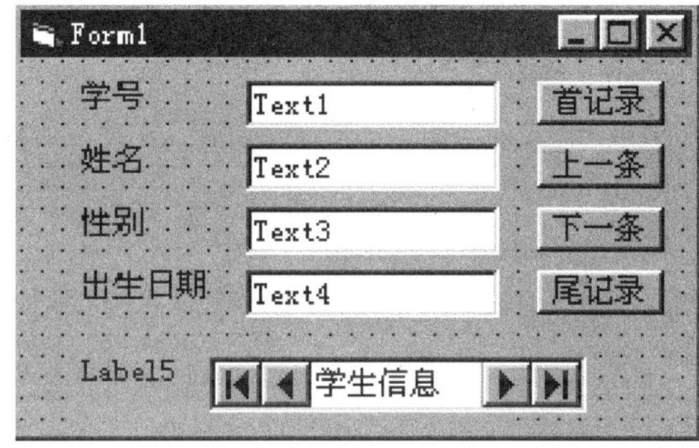

图 11-15　例 11-3 之界面设计

(2) 过程设计

```
Private Sub CmdFirst _ Click()          '显示第一条记录
  Data1.Recordset.MoveFirst             '将记录指针移到第一条记录。
  Label5.Caption = "记录:" & Data1.RecordSet.AbsolutePosition + 1 _
    & "/" & Data1.RecordSet.RecordCount
  CmdFirst.Enabled = False
  CmdPrevious.Enabled = False
  CmdNext.Enabled = True
  CmdLast.Enabled = True
End Sub
Private Sub CmdLast _ Click()           '显示最后一条记录
  Data1.Recordset.MoveLast              '将记录指针移到最后一条记录
  Label5.caption = "记录:" & Data1.RecordSet.AbsolutePosition + 1 _
    & "/" & Data1.RecordSet.RecordCount
  CmdFirst.Enabled = True
  CmdPrevious.Enabled = True
  CmdNext.Enabled = False
  CmdLast.Enabled = False
End Sub
```

```
Private Sub CmdNext _ Click()          '显示下一条记录
  Data1.Recordset.MoveNext             '将记录指针移到下一条记录
  If Data1.Recordset.EOF Then          '如果移到了记录集末尾,则移动到第一条记录。
    Data1.Recordset.MoveLast
    CmdNext.Enabled = False
    CmdLast.Enabled = False
  Else
    CmdNext.Enabled = True
    CmdLast.Enabled = True
  End If
  Label5.caption = "记录:" & Data1.RecordSet.AbsolutePosition + 1 _
    & "/" & Data1.RecordSet.RecordCount
  CmdFirst.Enabled = True
  CmdPrevious.Enabled = True
End Sub
Private Sub CmdPrevious _ Click() '显示上一条记录
  Data1.Recordset.MovePrevious        '将记录指针移到上一条记录
  If Data1.Recordset.BOF Then        '如果移到了记录集头,则移动到最后一条记录。
    Data1.Recordset.MoveFirst
    CmdFirst.Enabled = False
    CmdPrevious.Enabled = False
  Else
    CmdFirst.Enabled = True : CmdPrevious.Enabled = True
  End If
  Label5.Caption = "记录:" & Data1.RecordSet.AbsolutePosition + 1 _
    & "/" & Data1.RecordSet.RecordCount
  CmdNext.Enabled = True : CmdLast.Enabled = True
End Sub
```

程序启动后,单击命令按钮显示相应的记录数据。图 11-16 是单击“尾记录”按钮后的窗体显示画面。

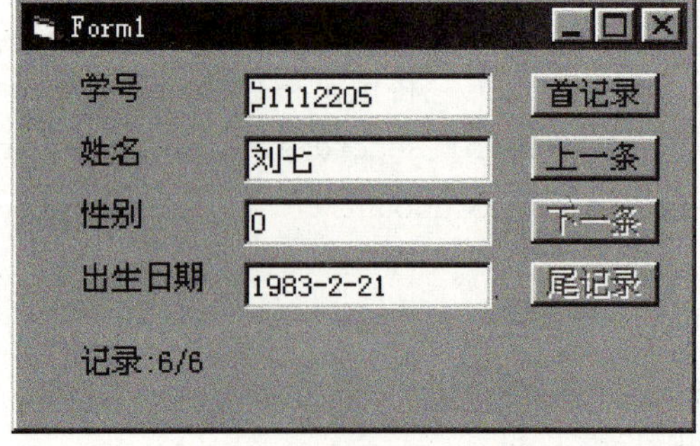

图 11-16 例 11-3 的界面设计

例 11-4　改写例 11-1，扩充增加记录、删除记录和插入照片功能。

(1) 界面设计，如图 11-17 所示。

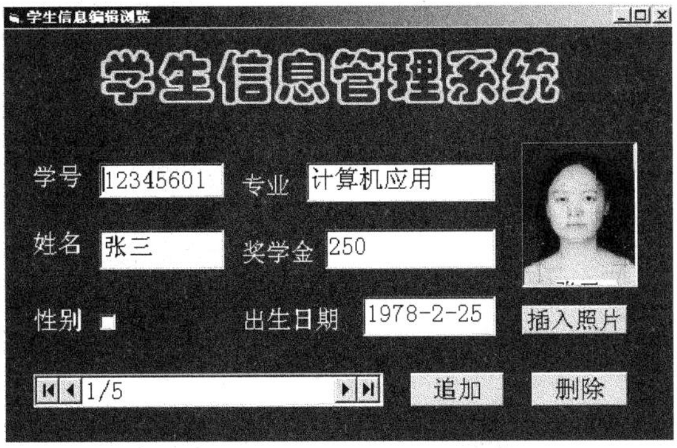

图 11-17　例 11-4 的界面设计

(2) 过程设计

```
Private Sub Command1 _ Click()
  '显示插入 OLE 对象对话框
  OLE1.InsertObjDlg
End Sub
Private Sub Command2 _ Click()
  Data1.Recordset.AddNew
  Text1 = "": Text2 = "": Text3 = "": Text4 = "": Text5 = ""
  Data1.Caption = Data1.Recordset.RecordCount + 1 _
   & "/" & Data1.Recordset.RecordCount + 1
End Sub
Private Sub Command3 _ Click()
  Data1.Recordset.Delete
  Data1.Recordset.MoveFirst
End Sub
Private Sub Data1 _ Reposition()
  '当数据表指针移动时，检测与字段"性别"绑定的控件 Check1。
  If Check1.Value = 1 Then Check1.Caption = "男" Else _
   Check1.Caption = "女"
     Data1.Caption = Data1.Recordset.AbsolutePosition + 1 _
      & "/" & Data1.Recordset.RecordCount
End Sub
Private Sub Check1 _ Click()
  If Check1.Value = 1 Then
     Check1.Caption = "男"
  Else
     Check1.Caption = "女"
```

```
    End If
End Sub
Private Sub Form_Activate()
    'RecordCount 属性值初态为 0,指针移动后改变为实际记录数
    Data1.Recordset.MoveLast
    Data1.Recordset.MoveFirst
End Sub
```

11.3 数据绑定控件

在前面的几个例子中我们看到,Data 控件用来建立对数据库的访问,数据绑定控件(如文本框)和 Data 控件配合使用,用来显示 Data 控件 Recordset 对象中的数据。

VB 支持几种能与 Data 控件绑定的内部标准控件,包括:

·TextBox:主要用来显示文本和数据字段,是最为常用的数据绑定控件。文本框还用来显示其他类型的字段,如日期时间字段。

·Label:用标签的 Caption 属性显示文本等字段内容,但不能输入和修改。

·CheckBox:用来表示是/否类型的字段。例如性别字段,当 CheckBox 被选中时,可以视为"男",反之,则视为"女"。

·Image 和 PictureBox:用来显示图形和图片。

·ListBox 和 ComboBox:将某字段可能的取值显示在列表中,用户只能选择其中的一个值作为该字段的内容,从而方便输入,同时又限制用户的输入。

·OLE Container:用于描述 OLE 数据类型的字段。

除了内部的数据绑定控件外,VB 还提供了几种能绑定在 Data 控件上的 ActiveX(.OCX)控件,便完成复杂的数据显示和更新任务。以下是几种常用的 ActiveX 控件:

·DBlistBox:与 Data 控件配合使用,以自动显示和输入多种数据类型的字段。

例如,将 DBlistBox 用于一个学生的专业字段的输入,其列表中的数据来源于另一个表(如专业代码表)。这样做的好处是,一方面可以减少输入的工作量,另一方面用户可以修改专业代码表中的记录,从而自动修改专业字段可供选择的数据。

·DBComboBox:与 DBlistBox 控件的用法相似。

·DBGrid:与 Data 控件配合使用,可以一次显示整个 RecordSet 对象中所有的数据,并允许对代表 RecordSet 对象中记录和字段的一系列行和列的数据进行操作。经常用于数据浏览,显示查询返回的一系列数据。

本节重点介绍 DBGrid 控件和 OLE 容器控件的使用。

11.3.1 使用 DBGrid 控件

选择"工程"菜单之"部件"选项,在"控件"选项卡中选"Microsoft Data Bound Grid Control 5.0",网格(DBGrid)控件图标被加入到控件工具箱中。

网格控件在工具箱中的图标为 ▦ 。

网格控件缺省的控件名称为:DBGrid1、DBGrid2……

DBGrid 控件功能强大,操作简便,可以同时显示多条记录并进行编辑操作,是一种常用的数据绑定控件。

DBGrid 控件常用属性如下:

· AllowAddNew 属性:决定是否允许向表中添加记录。

· AllowDelete 属性:决定是否允许删除表中的记录。

· AllowUpdate 属性:决定是否允许修改表中的记录。

· RecordSource 属性:指定访问的记录来源。

例 11-5　演示 DBGrid 控件的使用。

用表格方式显示例 11-1 的数据表,用复选框决定是否允许添加、修改或删除记录并修改 DBGrid1 之相应属性。

(1) 界面设计,如图 11-18 所示。

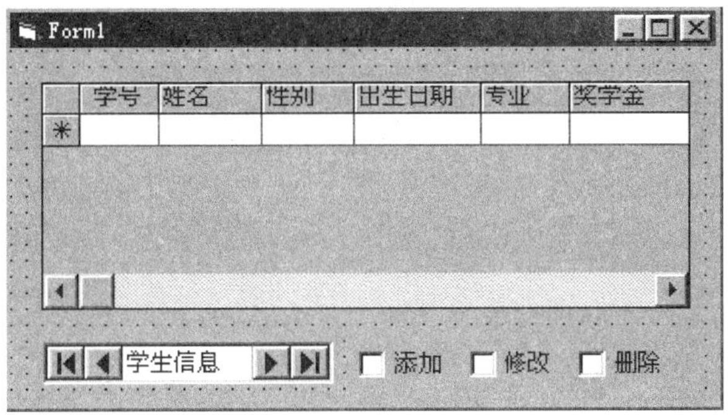

图 11-18　例 11-5 的界面设计

在窗体上添加 3 个复选框控件 Check1、Check2 和 Check3,Caption 属性分别设置为“添加”、“修改”和“删除”。添加数据控件 Data1,设置 Data1 的 DatabaseName 属性为“d:\sdb1.mdb”,RecordSource 属性设置为“学生”表。

建立网格控件 DBGrid1,设置其 DataSource 属性为 Data1。

在窗体上建立的 DBGrid 控件,其初态如图 11-19 所示,在 DBGrid 控件中只能显示 2 列字段。用鼠标右键单击 DBGrid 控件,在弹出的快捷菜单中选择“Edit”,再右击 DBGrid 控件,在随后出现的“编辑”快捷菜单中选择“Append”追加列,可使控件扩充为 3 列,重复选择“Append”追加列,将 DBGrid 控件扩展到所需要的列数(本例中,需扩展到 6 列,分别用来显示学号、姓名、性别、出生日期、专业和奖学金字段信息)。

图 11-19　DBGrid 控件初态

接下来，在 DBGrid1 的属性窗口中单击“自定义”右侧的按钮，打开网格控件的属性页对话框，在属性页中选择“列”标签，如图 11-20 所示。在下拉列表中选择各列，并为各列输入“学号”“姓名”等标题，在“数据字段”一栏选择填入与标题相对应的字段名称。

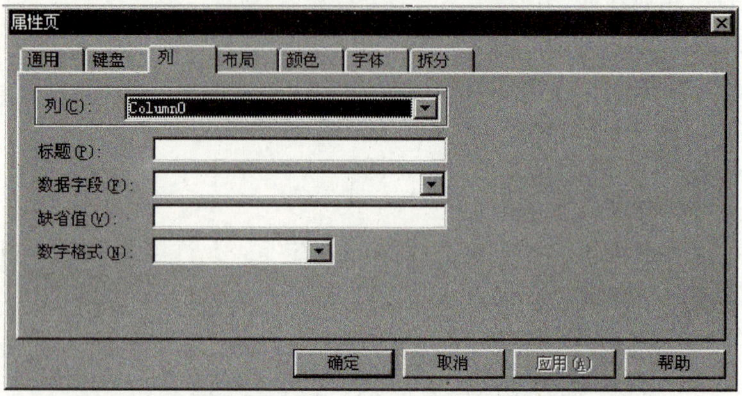

图 11-20 DBGrid 控件的属性页

(2) 过程设计

```
Private Sub Form_Load()
  Check2.Value = 1                  '网格控件的缺省设置为允许修改表中的记录
End Sub
Private Sub Check1_Click()
  If Check1.Value  = 1 Then
    DBGrid1.AllowAddNew = True      '允许向表中增添记录
  Else
    DBGrid1.AllowAddNew = False     '不允许向表中增添记录
  End If
End Sub
Private Sub Check2_Click()
  If Check2.Value = 1 Then
    DBGrid1.AllowUpdate = True      '允许修改表中的记录
  Else
    DBGrid1.AllowUpdate = False     '不允许修改表中的记录
  End If
End Sub
Private Sub Check3_Click()
  If Check3.Value  = 1 Then
    DBGrid1.AllowDelete = True      '允许删除表中的记录
  Else
    DBGrid1.AllowDelete = False     '不允许删除表中的记录
  End If
End Sub
```

运行时只要选择了相应的权限，就可以在表中直接添加、修改或删除操作。作删除操作前，应选中一行(单击该行左端空白处、出现箭头表示选中)，按键盘上的删除键即可删除该行。

程序启动后显示的窗体界面如图 11-21 所示，从图中看到，所显示的学生表并不理想，需要调整各列的显示宽度。事实上这种调整非常方便，只要将鼠标指向标题行两列之间位置，鼠标指针变成双向箭头后左右拖动即可。

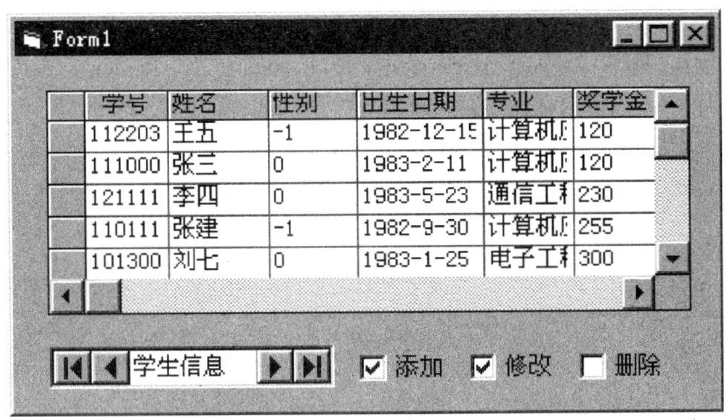

图 11-21　例 11-5 的程序运行

DBGrid 控件是从 VB 5.0 开始提供的，非常实用。在 VB 6.0 中同时提供了 Data Grid 控件(有些版本的 VB 6.0 中可能没有再提供 DBGrid 控件)，该控件可以看做是 DBGrid 控件的升级版，其使用方法和功能均与 DBGrid 控件类似。有关 Data Grid 控件的使用，可参考VB6.0 的相关资料。

11.3.2　使用 OLE 容器控件

1. OLE 容器控件的功能

OLE 是 Object Linking and Embedding 的缩写。VB 应用程序能够通过 OLE 访问 Windows 中注册的其他应用程序，即在程序中使用其他程序提供的对象。使用 OLE 容器控件可以实现：

(1) 在应用程序中为可插入对象建立占位符。在程序运行时，可以创建要在 OLE 容器控件内显示的对象，或者改变在设计时放置于 OLE 容器控件内的对象。

(2) 在应用程序中创建一个链接对象。

(3) 使用 Data 控件将 OLE 容器控件绑定到一个数据库。

(4) 针对用户对 OLE 容器控件的操作执行相应代码。

(5) 将对象以图标形式显示。

例如，学生表中的“照片”，可以在图片框或影像框中显示，也可以在 OLE 容器控件中显示。

2. OLE 容器控件的对象

OLE 容器控件一次只能包含一个对象，所包含的对象可以是链接对象，也可以是嵌入对象，这两者是不同的。

(1) 插入链接对象

所谓链接对象,是指由另一个应用程序创建,然后再将它链接到 Visual Basic 应用程序中的对象。链接一个对象则会在应用程序中插入一个占位符。与嵌入对象不同的是,链接对象的数据由创建它的应用程序真正存储和管理。

当插入一个链接对象时,显示在 OLE 容器控件中的数据只存在于源文件中,任何与对象的当前数据相链接的应用程序都可以查看数据。OLE 容器控件仅仅保留与对象链接的信息。因此,插入链接对象前必须已经有源文件存在。

如果应用程序包含一个链接对象,当该程序没运行时,对象的数据可能被另一个应用程序修改。而下次该应用程序运行时,显示的仅是该应用程序前一次为对象创建的复件,对源文件的更改不会自动出现在 OLE 容器控件中,若要在 OLE 容器控件中显示当前数据,则应该使用 Update 方法,如:OLE1.Update。

(2) 创建嵌入对象

所谓嵌入对象,是指由其他应用程序创建然后嵌入到 Visual Basic 应用程序中的对象。在创建嵌入对象时,所有与该对象相关联的数据都被复制并包含到 Visual Basic 应用程序中。

当创建嵌入对象时,既可以从文件中嵌入数据,也可以创建一个新的空对象。从文件嵌入对象时,OLE 容器控件中显示的是指定文件的复件。当创建新对象时,则自动调用创建对象的应用程序并可把数据输入对象。使用嵌入对象显示数据的应用程序,将比使用链接对象显示同样数据的应用程序大,因为有嵌入对象的应用程序还包括了源文件的数据。

与链接对象中的数据不同,嵌入对象中的数据是不持久的,当包含 OLE 容器控件的窗体卸载时,OLE 容器控件中的对象的数据变化就会消失。如果想让用户所作的更改在下次应用程序运行时出现,就必须使用 SaveToFile 方法来保存数据。

3. OLE 容器控件的主要属性

(1) OLEType

返回在 OLE 容器控件中对象的状态。可以使用 OLEType 属性确定 OLE 容器控件是否包含对象,或是确定 OLE 容器控件所包含的对象的类型。其取值为:

·0(vbOLELinked):OLE 容器控件包含一个链接的对象。

·1(vbOLEEmbedded):OLE 容器控件包含一个嵌入的对象。

·3(vbOLENone):OLE 容器控件不包含任何对象。

(2) OLETypeAllowed

设置或返回 OLE 容器控件所能包含的对象的类型。其取值为:

·0(vbOLELinked):OLE 容器控件只能包含链接对象。

·1(vbOLEEmbedded):OLE 容器控件只能包含嵌入对象。

·2(vbOLEEither):缺省值。OLE 容器控件既能包含链接对象,又能包含嵌入对象。

(3) UpdateOptions

设置或返回一个值,用来指示当链接数据修改后如何更新对象。其取值为:

·0(vbOLEAutomatic):缺省值。每当被链接的数据改变时对象都要被更新。

·1(vbOLEFrozen):每当应用程序要对它所建立的链接文档保存时对象都要被更新。

·2(vbOLEManual):仅当 Action 属性设置为 6(更新)时才更新对象。

(4) SizeMode

指定当包含对象时,OLE 容器控件如何调整大小。其取值为:

·0(vbOLESizeClip):缺省值。对象的图像被 OLE 容器控件的边框裁剪。

·1(vbOLESizeStretch):对象图像的尺寸充满 OLE 容器控件。

·2(vbOLESizeAutoSize):OLE 容器控件自动改变尺寸以便显示整个对象。

·3(vbOLESizeZoom):对象的图像能按比例进行伸展。

4. 在 OLE 容器控件中插入对象的方法

(1) 使用“插入对象”对话框

在程序设计时,窗体上每添加一个 OLE 容器控件,“插入对象”对话框就会自动显示一次;或者,在 OLE 容器控件上按鼠标右键,在弹出的快捷菜单中选择“插入对象”菜单项,打开“插入对象”对话框。使用这个对话框可以创建链接的或嵌入的对象,如图 11-22 所示。

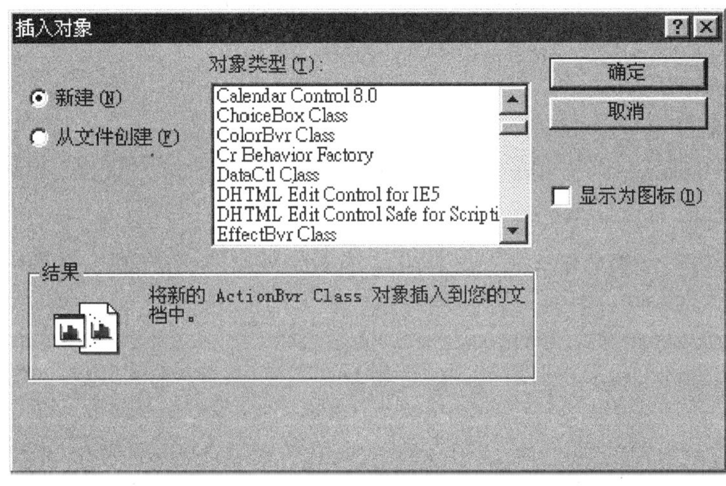

图 11-22　“插入对象”对话框

在“插入对象”对话框中,可以选择新建或从文件创建。选择新建时,对话框中显示能链接或嵌入应用程序的可用对象的类型清单,供选择;选择从文件创建,则可通过浏览窗口来选定文件,将选定的文件作为对象嵌入或链接到 OLE 容器控件,在设计时把对象插入 OLE 容器控件后,用来说明提供该对象的应用程序、源文件名和该文件内部链接的所有特定数据的 Class、SourceDoc 和 SourceItem 等属性已经自动设置完毕。

(2) 运行时创建对象

在程序代码中使用相应的方法,可以在程序运行时创建链接或嵌入对象:

·CreateEmbed 方法:创建一个嵌入对象。

·CreateLink 方法:创建一个链接对象。

例 11-6　演示 OLE 容器控件的使用。

(1) 界面设计

在窗体上添加 2 个命令按钮 Command1(Caption 属性设置为“打开”)和 Command2(Caption 属性设置为“保存”);添加 2 个单选按钮 Option1 和 Option2,用来指定是创建嵌入对象还是链接对象;添加 1 个通用对话框控件,用来选择文件;添加 OLE 容器控件,在“插入对象”对话框中选择 OLE 容器控件中的插入对象类型为“Microsoft Word 文档”,如图 11-23 所示。

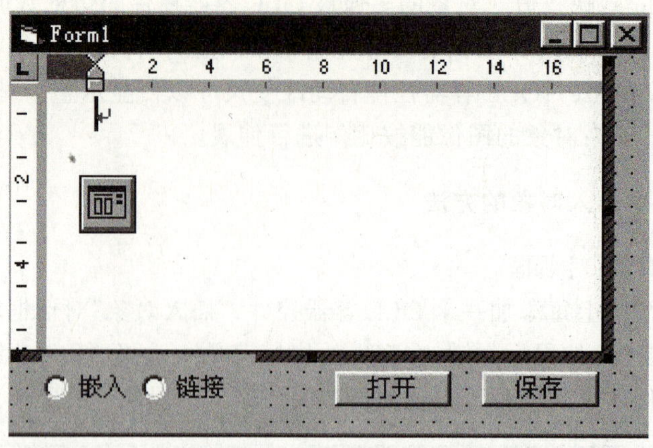

图 11-23 例 11-6 之界面设计

(2) 过程设计

设计命令按钮的鼠标单击事件如下:

```
Private Sub Command1_Click()
  Dim editfile As String
  CommonDialog1.ShowOpen        '显示打开文件对话框,选择插入对象的文件名
  editfile = CommonDialog1.FileName
  If Option1.Value = True Then
    OLE1.CreateEmbed editfile  '嵌入方式
  Else
    OLE1.CreateLink editfile    '链接方式
  End If
End Sub
Private Sub Command2_Click()
  Dim savefile As String
  CommonDialog1.ShowSave  '显示保存文件对话框,选择或输入将对象存盘的文件名
  savefile = CommonDialog1.FileName
  Open savefile For Output As #1
  OLE1.SaveToFile (1)       '保存文件
  Close #1
End Sub
```

程序启动后,选择创建对象的方式,单击"打开"按钮,在"打开文件"对话框中选择作为对象的 Word 文档文件,该文件内容随之被显示在 OLE 容器控件中,如图 11-24 所示。

双击 OLE 容器控件中的 Word 文档对象,该对象被激活(打开 Word 窗口),然后就可以对该 Word 文档进行各种操作了;单击"保存"按钮,完成对象的保存操作。

例 11-7 在 OLE 容器控件中显示图片。

(1) 界面设计,如图 11-25 所示

其中,显示性别信息的控件改用复选框 Check1。程序运行时,框内有选中标志对应性别为"男",否则为"女";

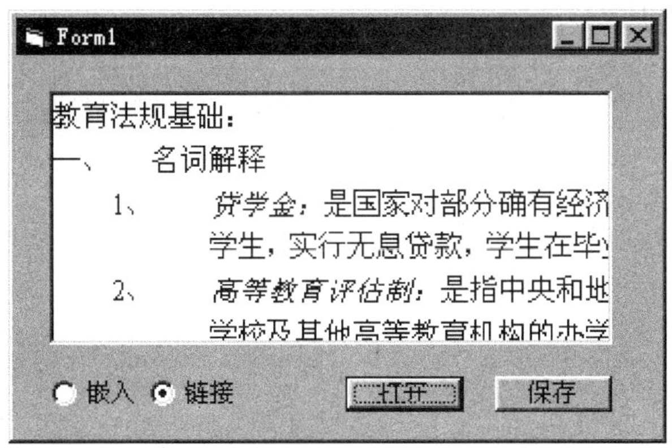

图 11-24　例 11-6 的程序运行

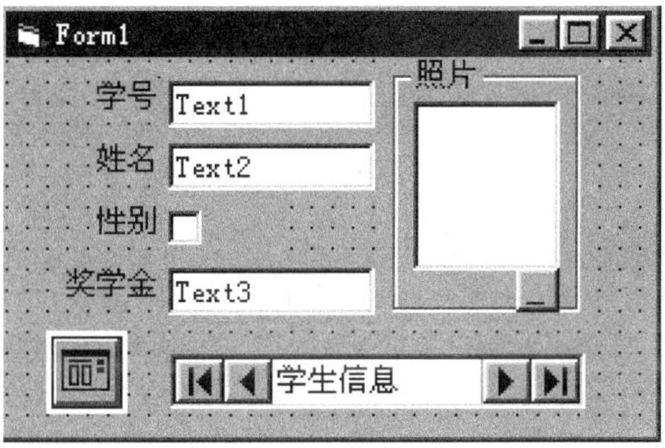

图 11-25　例 11-7 的界面设计

框架内为 OLE1 和 Command1,其中 Command1 的 Caption 属性设置为"_";

在窗体上添加通用对话框控件,用来选择图片文件。

将 Data1 的 DatabaseName 属性设置为"d: \ sdb1. mdb",RecordSource 设置为"学生"表。将 Text1、Text2、Check1、Text3 和 OLE1 分别绑定到"学生"表的学号、姓名、性别、出生日期和照片字段。

(2) 过程设计

编写 Command1 的 Click 事件过程如下:

```
Private Sub Command1 _ Click()
  CommonDialog1.Filter = "画笔图片( * .bmp)| * .bmp"   '设置过滤器链接方式
  CommonDialog1.ShowOpen '显示打开文件对话框
  If CommonDialog1.FileName <> "" Then
    OLE1.SourceDoc = CommonDialog1.FileName          '指定要链接的文件名
    OLE1.Action = 1                                  '从文件的内容中创建链接对象
  End If
End Sub
```

程序启动后,如果源数据表相应记录中已插入照片,则会在 OLE1 中显示出来。

单击命令按钮 Command1,显示打开文件对话框,选择图片文件可添加或重新设置照片。双击 OLE1 可编辑其中的照片。

程序运行的情况如图 11-26 所示。

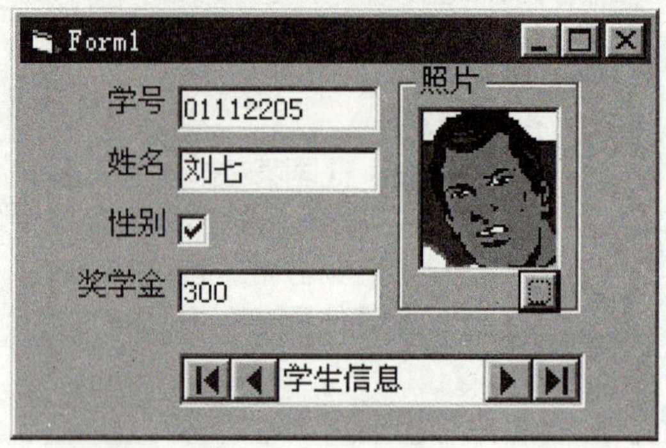

图 11-26 例 11-7 的程序运行

11.4 综合实例

11.4.1 数据库应用程序编制步骤

在相应的数据库管理系统环境或 Visual Basic 自带的插件程序——可视化数据管理器(VisData)中创建数据库及其中相关的表文件。

(1) 在 Visual Basic 中创建一个新的标准的 EXE 工程。

(2) 添加数据接口访问控件到窗体。如果使用"ADO Data"控件(不在"工具箱"中),则需要右键单击"工具箱",然后使用"部件"对话框来添加控件。

(3) 添加数据绑定控件到窗体(如果需要的话)。如果使用"DBGrid"等控件(不在"工具箱"中),则需要右键单击"工具箱",然后使用"部件"对话框来添加控件。

(4) 在设计编辑界面设置窗体上的数据接口访问控件和数据绑定控件的相关属性。

(5) 编写相应的事件过程代码。

(6) 运行并调试程序,直到实现所需要的功能和界面效果。

11.4.2 ADO Data 控件简介

由于下一小节的例子中要用到 ADO Data 控件,所以先对其进行简单介绍。

ADO Data 控件使用 Microsoft ActiveX 数据对象(ADO)来快速建立数据绑定的控件和数据提供者之间的连接。数据绑定控件是任何具有"数据源"属性的控件。Adodc 控件只承担连接数据库,负责提供应用程序的数据源工作,但并不具备显示数据库中具体信息内容的功能,也就是说,要想观察数据库中的数据信息,必须通过相应的数据绑定控件才能实现。

1. ADO Data 控件的添加

ADO Data 控件并不属于 Visual Basic 的标准内部控件,所以不在原有的工具箱中,使用前需要额外添加。具体添加步骤如下(如图 11-27 和图 11-28 所示):

(1) 首先要“引用”ADO 的对象库：在菜单“工程”中选择“引用”，在“引用”窗口中选择“Mirosoft ActiveX Data Object 2.5 Library”，并按“确定”按钮。

(2) 接着还要添加“部件”ADO 对象到工具箱：在菜单“工程”中选择“部件”，在“部件”窗口中选择“Mirosoft ADO Data Control 6.0 (OLE DB)”，并按“确定”按钮。

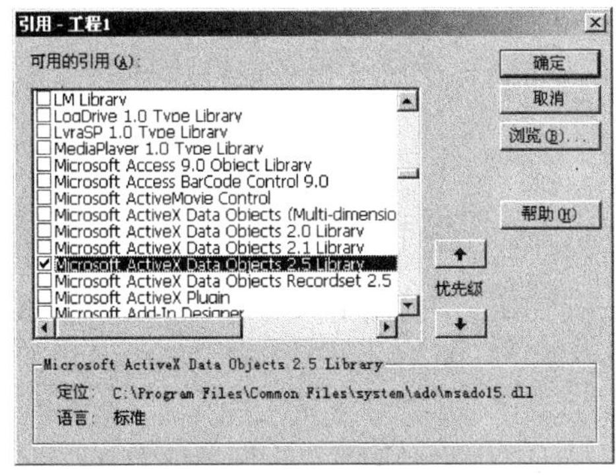

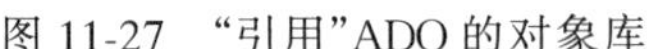

图 11-27　“引用”ADO 的对象库

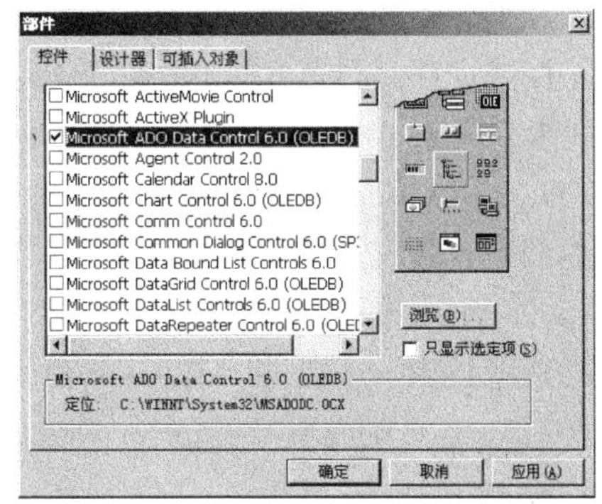

图 11-28　添加“部件”ADO 到工具箱

添加到工具箱中的 ADO Data 控件的图标为 ，当 ADO Data 控件被添加到窗体上时，数据控件缺省的名称分别为：Adodc1、Adodc2、……，而在窗体上呈现的图标为 Adodc1 。单击 Adodc 控件上的 4 个按钮时，可以翻动数据源中的记录，单击 则移到第一条记录；单击 则移到上一条记录；单击 则移到下一条记录；单击 则移到最后一条记录。

2. ADO Data 控件的相关属性

(1) ConnectionString

包含用来建立到数据源的连接的信息。其中包括的主要参数有 Provider 和 Data Source。

· Provider 参数：设置或返回连接提供者的名称。Access 的连接提供者的名称为：

Provider = Microsoft.Jet.OLEDB.4.0

· Data Source 参数：指定包含预先设置连接信息的特定提供者的文件名称(如持久数据源对象)。

Data Source = E:\adodb.mdb

(2) RecordSource

返回或设置一个记录集的查询。可以是一个数据库表的名称，也可以是一个 SQL 查询，即一个有效的 SQL 字符串，该字符串使用了适合于数据源的语法。

(3) UserName

返回或设置一个值，该值代表了 ADO Recordset 对象的一个用户。

(4) Password

设置 ADO Recordset 对象创建过程中所使用的口令。

(5) CommandText 属性

包含要发送给提供者的命令的文本。

设置或返回包含提供者命令(如 SQL 语句、表格名称或存储的过程调用)的字符串值。默认值为""(零长度字符串)。

(6) CommandType 属性

指示 Command 对象的类型。在 ADO 中定义了 4 种不同的命令类型：

· 文本类型 AdCmdText：将 CommandText 作为命令或存储过程调用的文本化定义进行计算。

· 表格名称类型 AdCmdTable：将 CommandText 作为其列全部由内部生成的 SQL 查询返回的表格的名称进行计算。

· 存储过程类型 AdCmdStoredProc：将 CommandText 作为存储过程名进行计算。

· 未知类型 AdCmdUnknown：默认值。CommandText 属性中的命令类型未知。

(7) BOFAction 属性

返回或设置一个值指示在 BOF 属性为 True 时 Data 控件进行什么操作。

(8) EOFAction 属性

返回或设置一个值指示在 EOF 属性为 True 时 Data 控件进行什么操作。

(9) ADO 对象成员 Recordset 对象的主要属性

· AbsolutePosition 属性，为记录集中当前记录号，从 0 开始。因此，如果 AbsolutePosition 值为 0，则当前记录为表中第 1 条记录；如果其值为 5，则当前记录为表中第 6 条记录，依此类推。

· RecordCount 属性，为记录集中总记录个数。

· Eof 属性，用于测试记录集的记录指针是否指到了末记录之后。

· Bof 属性，用于测试记录集的记录指针是否指到了首记录之前。

· BookMark 属性，用于惟一标识记录集中的一个特定记录的书签。

· Fields 属性，收集记录集中一个字段对象。

3．ADO Data 控件的常用方法

(1) Refresh 方法

刷新集合中的对象，以便反映来自并特定于提供者的对象。更改 ADO Data 控件的数据源属性后（如 DatabaseName、ReadOnly、Exclusive 或 Connect 属性值发生改变时），重新创建其 RecordSet 对象。

(2) 记录集 RecordSet 对象的常用方法

· MoveFirst 方法：将记录指针移到第一条记录

例如，执行语句“Adodc1.Recordset.MoveFirst”后，记录指针将移到第一条记录。

· MoveLast 方法：将记录指针移到最后一条记录

· MoveNext 方法：将记录指针向后移动一条记录

· MovePrevious 方法：将记录指针向前移动一条记录

· AddNew 方法：增加一条新记录，作为表文件的最后一条记录。

· Delete 方法：删除当前记录。

· Update 方法：更新记录内容。

· UpdateBatch 方法：批量更新记录内容。

· Find 方法：搜索 Recordset 中满足指定条件的记录。

11.4.3　数据库综合实例

例 11-8　实现学生学籍信息管理系统(简单型,程序中处理的所有数据均来源于存储学生学籍信息的数据库 adodb.mdb)的程序设计(如图 11-29 所示)。

图 11-29　学生学籍信息管理系统(简单型)初始运行界面及编辑界面

本系统是一个多窗体的数据库应用程序,在此给出简单的功能实现说明和主要控件的事件过程代码。

1. 程序初始界面(学籍信息管理系统 Form)的模块代码

(1) 功能说明

提供用户进入系统的初始界面。当用户点击"进入"按钮,系统会关闭初始界面,跳出一个登录口令验证界面。当验证口令正确,关闭口令验证窗,回到初始界面,并且初始界面中的"编辑信息"和"查询信息"2 个按钮可以使用,用户可以点击"编辑信息"或"查询信息"按钮进入下一步的操作。

(2) 事件过程代码

```
Option Explicit
Private Sub Command1 _ Click()
   口令验证.Left = (Screen.Width - 口令验证.Width)/2
   口令验证.Top = (Screen.Height - 口令验证.Height)/2
   口令验证.Show
End Sub
Private Sub Command2 _ Click()
   学籍信息管理系统.Hide
   编辑学籍信息.Show
End Sub
Private Sub Command3 _ Click()
   学籍信息管理系统.Hide
   查询学籍信息.Show
End Sub
Private Sub Command4 _ Click()
```

```
    End
End Sub
Private Sub Form _ Load()
    Left = (Screen.Width - Width)/2
    Top = (Screen.Height - Height)/2
    Command2.Enabled = False
    Command3.Enabled = False
End Sub
```

2. 口令验证界面(口令验证)的模块代码

(1) 功能说明

口令验证界面,要求如图 11-30 所示,用户输入的口令不以原口令字符形式显示。系统口令预存在数据库表文件的字段(学生.学号)中,自动验证口令正确与否,正确,关闭口令验证窗,回到初始界面,并且初始界面中的“编辑信息”和“查询信息”2 个按钮可以使用;否则,显示警告信息,通过“返回”按钮可以关闭口令验证窗,回到初始界面,但初始界面中的“编辑信息”和“查询信息”2 个按钮仍然不可以使用。

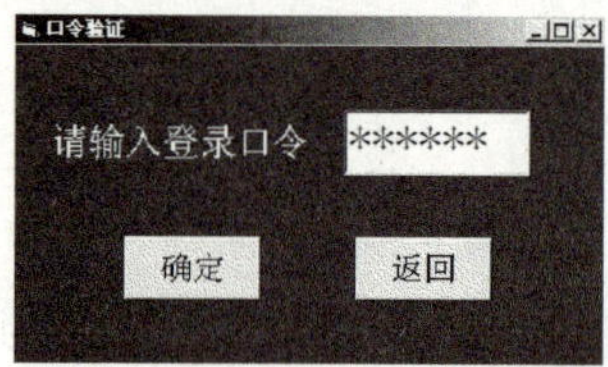

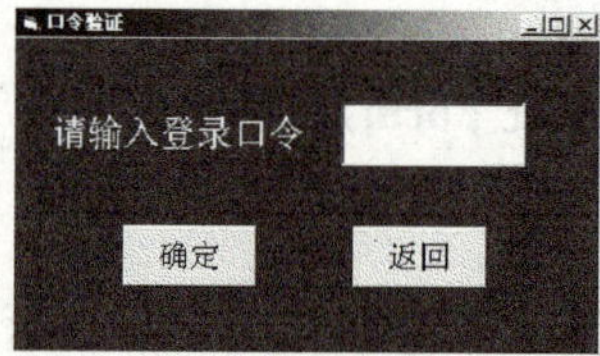

图 11-30 当用户点击“进入”按钮出现的口令验证界面及编辑界面

(2) 事件过程代码

```
Private Sub Command1 _ Click()
    If Text1.Text = "123456" Then
        学籍信息管理系统.Command1.Enabled = False
        学籍信息管理系统.Command2.Enabled = True
        学籍信息管理系统.Command3.Enabled = True
        口令验证.Hide
    Else
        MsgBox ("口令输入错误,请重新输入。")
        Text1.Text = ""
        Text1.SetFocus
    End If
End Sub
Private Sub Command2 _ Click()
    口令验证.Hide
End Sub
```

3.编辑学籍信息界面(编辑学籍信息)的模块代码

(1) 功能说明

当用户点击“编辑信息”按钮时,显示一个对数据库中 3 个表文件进行编辑浏览的窗体界面(承载 3 个表文件的 SSTab 选项卡控件,需要通过“部件”选择“Microsoft Tabbed Dialogg Control 6.0”添加到控件工具箱中)。该窗体的功能是:提供任用户翻动和编辑(输入、修改、删除)“学生”表、“成绩”表或“课程”表记录信息的命令按钮组。如果当前浏览的是“学生”、“课程”或“成绩”表中的某个表中的信息,则翻动按钮对相应表记录指针起作用。同时当记录指针指到表头或表尾时,相应的命令按钮自动设置为不可访问。

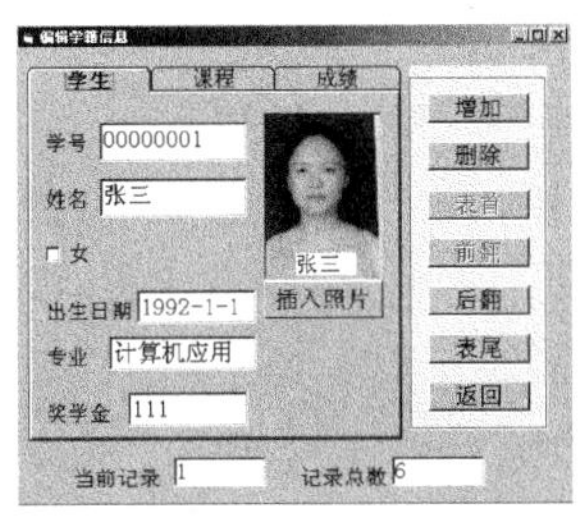

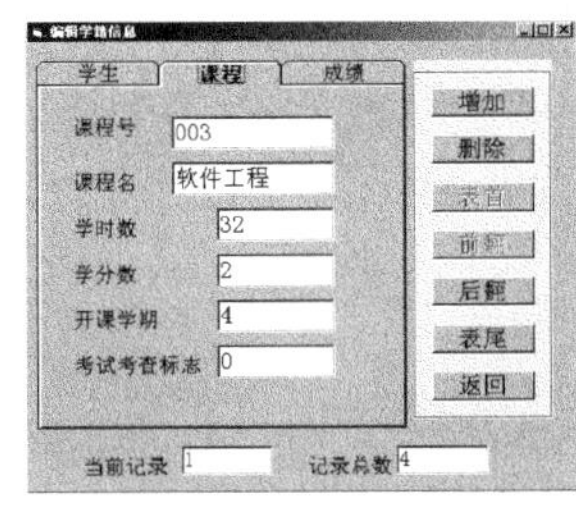

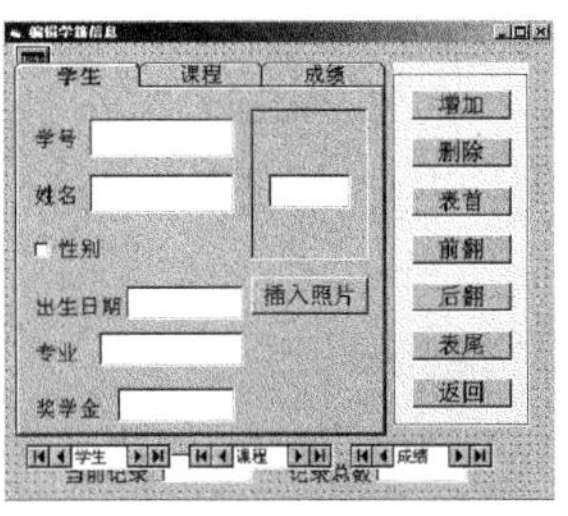

图 11-31　当用户点击“编辑信息”按钮时跳出的对数据库中 3 个表文件进行编辑浏览的界面及编辑界面

(2) 数据接口访问控件数组 Adodc1 的相关属性设置

Adodc1(0)的 ConnectionString 属性设置过程:

①在“通用”属性页中选择“使用连接字符串”后按“生成”按钮;

②在“提供程序”卡中选择“Microsoft Jet 4.0 OLE DB Provider”,按“下一步”按钮;

③在“数据链接”对话框选择数据库名称 adodb.mdb(可测试是否连接);

④确认链接、确认 ConnectionString 属性设置。

Adodc1(0)的 RecordSouse 属性设置过程:

①在“记录源”属性页选择命令类型为“2 adCmTable”;

②在“表或存储过程名称”中选择“学生”数据表。

Adodc1(1)、Adodc1(2)的 ConnectionString 属性设置过程与 Adodc1(0)相同。

Adodc1(1)、Adodc1(2)的 RecordSouse 属性设置过程第①步与 Adodc1(0)相同;第②步分别选择“课程”“成绩”数据表。

(3) 事件过程代码

```
Public pathcur As String
Private Sub Check1 _ Click()
  If Check1 = 1 Then Check1.Caption = "男" Else Check1.Caption = "女"
End Sub
Private Sub Command1 _ Click(Index As Integer)
  With Adodc1(SSTab1.Tab)  '将绑定 3 个不同表的 3 个 Ado 控件,组成 1 个控件数组。
    Select Case Index
    '下列增加或删除的处理后,当前记录指针不能适时改变(在移动后正常)
      Case 0              '添加到表尾后,移动指针到首记录。
```

```
    If Command1(0).Caption = "增加" Then
      Command1(0).Caption = "确认"
      Text15.Visible = False
      Command1(2).Enabled = False: Command1(3).Enabled = False
      Command1(4).Enabled = False: Command1(5).Enabled = False
      .Recordset.AddNew
    Else
      Command1(0).Caption = "增加"
      .Recordset.MoveFirst
      Command1(2).Enabled = False: Command1(3).Enabled = False
      Command1(4).Enabled = True: Command1(5).Enabled = True
      Text15.Visible = True
    End If
  Case 1                    '删除
    If .Recordset.AbsolutePosition > 1 Then
      .Recordset.Delete           '如不是首记录,向前移动记录指针。
      .Recordset.MovePrevious
    Else
      .Recordset.Delete           '如是首记录,移动指针到首记录。
      .Recordset.MoveFirst
    End If
  Case 2  '表头
    .Recordset.MoveFirst
    Command1(2).Enabled = False: Command1(3).Enabled = False
    Command1(4).Enabled = True: Command1(5).Enabled = True
  Case 3  '前翻
    If .Recordset.AbsolutePosition > 1 Then
      .Recordset.MovePrevious
      Command1(2).Enabled = True: Command1(3).Enabled = True
      Command1(4).Enabled = True: Command1(5).Enabled = True
    Else
      .Recordset.MoveLast
      Command1(2).Enabled = True: Command1(3).Enabled = True
      Command1(4).Enabled = False: Command1(5).Enabled = False
    End If
  Case 4  '后翻
    If Not .Recordset.EOF Then
      .Recordset.MoveNext
      Command1(2).Enabled = True: Command1(3).Enabled = True
      Command1(4).Enabled = True: Command1(5).Enabled = True
```

```
        End If
        If .Recordset.EOF Then
          .Recordset.MoveFirst
          Command1(2).Enabled = False: Command1(3).Enabled = False
          Command1(4).Enabled = True: Command1(5).Enabled = True
        End If
      Case 5  '表尾
        .Recordset.MoveLast
        Command1(2).Enabled = True: Command1(3).Enabled = True
        Command1(4).Enabled = False: Command1(5).Enabled = False
      Case 6  '返回
        编辑学籍信息.Hide
        学籍信息管理系统.Show
    End Select
    Label5(0) = .Recordset.AbsolutePosition  '显示当前记录数
    Label5(1) = .Recordset.RecordCount       '显示记录总数
  End With
  '如当前处理的是"学生"表,加载当前记录的学生照片。
  If SSTab1.Tab = 0 Then Image1.Picture = LoadPicture(Text6.Text)
  If SSTab1.Tab = 2 Then
    'Adodc1(2)绑定成绩表中无课程名,Text15 与 Adodc1(1)中课程名字段绑定,
    '将 Adodc1(1)当前记录定位在课程号为 Text14.Text 的记录。
    Adodc1(1).Recordset.MoveFirst
    Adodc1(1).Recordset.Find "课程号 = '" & Text14.Text & "'"
  End If
End Sub
Private Sub Command2_Click()  '为当前记录插入考生照片
  CommonDialog1.Action = 1
  Image1.Picture = LoadPicture(CommonDialog1.FileName)
  Text6.Text = CommonDialog1.FileName
  ChDir pathcur
End Sub
Private Sub Form_Activate()
  Left = (Screen.Width - Width)/2
  Top = (Screen.Height - Height)/2
  pathcur = CurDir
  Command1(2).Enabled = False: Command1(3).Enabled = False
  Command1(4).Enabled = True: Command1(5).Enabled = True
  Image1.Picture = LoadPicture(Text6.Text)
  If Check1.Value = 1 Then Check1.Caption = "男"
```

```
        Else Check1.Caption = "女"
    Adodc1(SSTab1.Tab).Recordset.MoveLast
    Adodc1(SSTab1.Tab).Recordset.MoveFirst
    Label5(0) = Adodc1(SSTab1.Tab).Recordset.AbsolutePosition
    Label5(1) = Adodc1(SSTab1.Tab).Recordset.RecordCount
End Sub
Private Sub SSTab1_Click(PreviousTab As Integer)
    With Adodc1(SSTab1.Tab)
        If .Recordset.RecordCount > 0 Then .Recordset.MoveFirst
        Label5(0) = .Recordset.AbsolutePosition
        Label5(1) = .Recordset.RecordCount
    End With
    Command1(2).Enabled = False: Command1(3).Enabled = False
    Command1(4).Enabled = True: Command1(5).Enabled = True
End Sub
```

4.查询学籍信息界面(查询学籍信息)的模块代码

(1) 功能说明

当用户点击“查询信息”按钮时,系统会自动关闭初始界面,跳出一个对学生成绩及课程信息进行查询的窗体界面,如图 11-32 所示,该窗体的功能是:提供任用户选择的学生姓名列表。随着用户选择学生的不同,该学生选修的相应各门课程的课程名和成绩信息及总平均成绩会自动地定位显示,课程名和成绩信息显示项可根据表中满足条件的记录个数动态地调整,如果某学生尚无选修任何课程,则在总平均成绩显示项中显示无选修课程的信息。考试课程成绩与考查课程成绩将分两栏显示,且考试课程成绩以百分制形式显示,而考查课程成绩以等级档次(优、良、中、及格和不及格)形式显示。

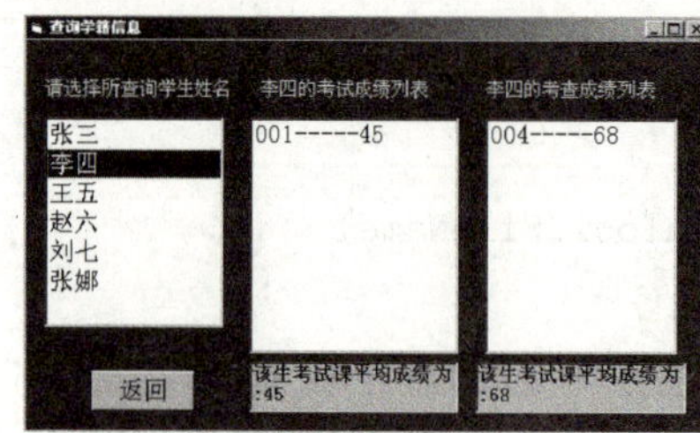

图 11-32 当用户点击“查询信息”按钮时跳出的对学生成绩及课程信息进行查询的界面及编辑界面

(2) 数据控件的相关属性设置

控件 Adodc1 访问“学生”表,其属性设置方法与“编辑学生信息”窗体相同。数据绑定控件 DataList1 的 RowSource 属性设置为 Adodc1、ListField 属性设置为“姓名”。控件 Adodc2 生成连接字符串的操作与 Adodc1 相同,但记录源的命令类型选择“1 adCmdText”,命令文本之 Select 语句空缺(如下一行所示)。

(3) 事件过程代码

```
Private Sub Command1 _ Click()
  查询学籍信息.Hide
  学籍信息管理系统.Show
End Sub
Private Sub DataList1 _ Click()
  Dim kscj As Single, kccj As Single, n As Integer, m As Integer
  With Adodc2
    'select 子句列出所有相关字段:唯一字段可只列字段名,
    .RecordSource = "select 成绩.学号,姓名,成绩.课程号,课程名,考试考查标志,分
数 from _ 学生,课程,成绩 where 学生.学号 = 成绩.学号 and 课程.课程号 = 成绩.课程号 and
_
 姓名 ='" & DataList1.Text & "'"
    .Refresh
    If Not .Recordset.EOF Then .Recordset.MoveFirst
    List1.Clear: List2.Clear
    While Not .Recordset.EOF
      If .Recordset("考试考查标志") = "1" Then
        List1.AddItem .Recordset("课程号") & "------" & .Recordset("分数")
        kscj = kscj + .Recordset("分数")
        n = n + 1
      Else
        List2.AddItem .Recordset("课程号") & "------" & .Recordset("分数")
        kccj = kccj + .Recordset("分数")
        m = m + 1
      End If
      .Recordset.MoveNext
    Wend
  End With
  If n <> 0 Then Label2(0) = "该生考试课平均成绩为:" & kscj/n _
    Else Label2(0) = "该生未选修考试课"
  If m <> 0 Then Label2(1) = "该生考试课平均成绩为:" & kccj/m _
    Else Label2(1) = "该生未选修考试课"
  Label1(1) = DataList1.Text & "的考试成绩列表"
  Label1(2) = DataList1.Text & "的考查成绩列表"
End Sub
Private Sub Form _ Load()
  Left = (Screen.Width - Width)/2
  Top = (Screen.Height - Height)/2
End Sub
```

11.5 小 结

本章主要介绍了通过数据控件访问数据库的设计过程,其中涉及数据控件和数据绑定控件的几个常用属性和方法。将数据控件和数据绑定控件二者结合,只需要编写少量的代码就可以实现对数据库的浏览、添加、更新和删除等操作。

习题十一

一、判断题

1. 将数据控件的 Visible 属性设置为 True,则数据绑定控件无法绑定到该数据控件上。
2. 同一窗体中的各个数据绑定控件不能绑定到两个不同的数据控件上。
3. 在 VB6.0 中,可以直接通过数据控件连接 Microsoft Access 2000 格式的数据库。
4. 通过数据控件和数据绑定控件操作数据库时,必须编写代码才能实现记录的显示和添加。
5. 在属性窗口中设置的数据控件的 RecordSource 属性,运行时不允许更改。
6. 可以利用 OLE 控件或 Image 控件显示实例数据库的“学生”表中的“照片”字段。
7. 命令 Data1.Recordset.Delete 执行一次只能删除当前这条记录。

二、选择题

1. Microsoft Access 97/2000 数据库文件的扩展名为______。
   A. .mdb　　B. .bas　　C. .vbp　　D. .frm
2. 以下 4 个控件中,不属于数据绑定控件的是______。
   A. Text 控件　　B. OLE 控件　　C. Option 控件　　D. Image 控件
3. 下列 4 个选项中不能使用 Refresh 方法的是______。
   A. 数据控件　　B. DBGrid 控件　　C. 窗体　　D. Timer 控件
4. 将数据控件连接数据库时,在下列属性中,无须使用______属性。
   A. RecordSource　　B. DatabaseName　　C. EOFAction　　D. Connect
5. 从数据控件记录集中取当前记录并显示于相应数据绑定控件上,使用______方法。
   A. UpdateControls　　B. Refresh　　C. UpdateRecord　　D. AddNew
6. 下列 4 个事件中,数据控件具有的事件是______。
   A. Click　　B. GotFocus　　C. DBlClick　　D. Validate
7. 数据控件的 Reposition 事件发生在______。
   A. 记录成为当前记录后　　B. 修改与删除记录前
   C. 记录成为当前记录前　　D. 移动记录指针前
8. 下列______可终止用户对数据绑定控件内数据的修改。
   A. Refresh 方法　　B. UpdateControls 方法
   C. Update 方法　　D. UpdateRecord 方法

三、程序设计题

1. 在窗体上放置合适的多个数据绑定控件和数据控件。

(1) 单击数据控件的移动记录按钮时，显示当前记录所代表学生的个人信息。

(2) 显示该学生所学的全部课程的信息。

(3) 单击窗体时结束。

2. 在窗体上建立组合框 Combo1、文本框 Text1、表格控件 DBGrid1 和数据控件 Data1。

(1) 在 Combo1 中显示 3 项："全部显示"、"按学号查询"、"按姓名查询"。

(2) 如果 Combo1 中选择"全部显示"，则在 DBGrid1 中显示"学生"表全部记录，并且 Text1 不允许输入信息。

(3) 如果 Combo1 中选择"按学号查询"，则在 Text1 中输入待查询学生的学号，输入完毕按回车键后在 DBGrid1 中显示该学生记录或显示"查无此人"。

(4) 如果 Combo1 中选择"按姓名查询"，则在 Text1 中输入待查询学生的姓名，输入完毕按回车键后在 DBGrid1 中显示该学生记录或显示"查无此人"。

(5) 单击窗体后结束。

3. 在窗体上建立多个数据绑定控件、一个数据控件 Data1、几个命令按钮和文本框。

(1) 利用 4 个命令按钮实现"学生"记录、"课程"记录、"成绩"记录的移动，包括移至第一条、移至最后一条、前移一条和后移一条记录。

(2) 用一个文本框显示当前"学生"记录、"课程"记录、"成绩"记录顺序号和记录总数。

(3) 用 4 个命令按钮实现对"学生"表、"课程"表或"成绩"表添加新记录、删除记录、保存和取消功能。

(4) 向"学生"表中添加新记录时，输入的学号若已存在，则给出提示、并要求重新输入。

(5) 在修改"学生"表记录时，更新后的学号如果已经存在，则给出提示、并要求重新更新。

(6) 向"课程"表中添加新记录时，输入的课程号若已存在，则给出提示、并要求重新输入。

(7) 在修改"课程"表记录时，更新后的课程号若已存在，则给出提示、并要求重新更新。

(8) 向"成绩"表中添加新记录时，输入的学号必须在"学生"表中存在，课程号必须在"课程"表中存在，否则给出提示、并要求重新输入。

(9) 修改"成绩"表中记录时，更新后的学号必须在"学生"表中存在，课程号必须在"课程"表中存在。否则给出提示、并要求重新更新操作。

(10) 如果要删除"学生"表中的某个学生记录时，经用户确认后，需要将"成绩"表中待删除学生的学习信息一并删除。

(11) 如果要删除"课程"表中的某门课程记录时，经用户确认后，需要将"成绩"表中待删除课程的信息一并删除。

(12) 上述所有操作均可以对"学生"表、"课程"表、"成绩"表完成，每次可以选择对 3 个表中的哪个表进行操作，通过选项卡实现操作表的选择。

(13) 单击"退出"按钮后结束。

图书在版编目（CIP）数据

Visual Basic 6.0 程序设计 / 张健主编. —杭州：浙江大学出版社，2007.8(2015.1 重印)

ISBN 978-7-308-05411-9

Ⅰ.V… Ⅱ.张… Ⅲ.BASIC 语言－程序设计－高等学校－教材 Ⅳ.TP312

中国版本图书馆 CIP 数据核字（2007）第 109338 号

Visual Basic 6.0 程序设计

张　健　主编

责任编辑　周卫群
封面设计　刘依群
出版发行　浙江大学出版社
（杭州市天目山路 148 号　邮政编码 310007）
（网址：http://www.zjupress.com）
排　　版　杭州中大图文设计有限公司
印　　刷　德清县第二印刷厂
开　　本　787mm×1092mm　1/16
印　　张　17.25
字　　数　450 千
版 印 次　2007 年 8 月第 1 版　2015 年 1 月第 4 次印刷
印　　数　8001—9500
书　　号　ISBN 978-7-308-05411-9
定　　价　28.00 元

浙江大学出版社发行部联系方式：0571－88925591；http://zjdxcbs.tmall.com